ETF大圖鑑

指數追蹤　科技　已開發市場　債券　商品
醫療保健　能源　房地產　主動式管理　反向
金融　槓桿　人工智能　印度

14大類別，全球最大ETFs

一本盡覽

序

在金融投資的多元化世界中，交易所交易基金（ETF）佔有不可或缺的地位。這些基金不僅提供了成本效益、流通性和多元化的獨特組合，而且它們在投資組合管理中扮演了重要角色。然而，選擇合適的ETF可能是一項艱鉅的任務，特別是考慮到市場上有數百種不同的ETF，各自有其獨特的焦點和優勢。為了解決這個問題，我們需要一本全面、專業且深入的指南，而《ETF大圖鑑：100間不同類別最大的ETF》正是投資者所需要的。

本書不只是一本書，而更像是一個實用工具，可以幫助投資者瞭解ETF的不同種類，選擇最適合自己的投資策略和風險承受能力的ETF。從新手到經驗豐富的投資者，都可以從這本書中獲得寶貴的洞見和知識。

在巴菲特多年的投資生涯中，除了價值投資，他也奉行了投資多元法的理念。ETF正是這個理念的完美體現。本書正是一個極好的機會去了解多元代投資。

在生活和商業中，理解與交流總是關鍵。這也適用於投資。當你手持《ETF大圖鑑：100間不同類別最大的ETF》，你不只是學習投資，你也學習如何與市場「交流」。

Peter Lynch總是說，投資最好的方法就是投資在你自己熟悉和理解的東西。《ETF大圖鑑：100間不同類別最大的ETF》，對任何希望在ETF領域採用這個方法的人來說，便是一個寶庫。

在金融市場，理解反身性的重要性（reflexivity，在經濟學中，反身性指市場情緒的自我強化效應，價格上漲吸引買家，買家追漲進一步推高價格，直到不可持續。反之亦然。）是至關重要的。這是George Soros的核心理念之一。《ETF大圖鑑：100間不同類別最大的ETF》從這個角度提供了極具價值的洞察。

賺錢與保本

首先，多元化是ETF的主要賣點。本書介紹了像是Vanguard Total Stock Market ETF（VTI）這樣的基金，這個ETF涵蓋了整個美國股市，幾乎是一個縮影。投資VTI，投資者也在保護他的資本。

當我們與人建立多元化的關係時，我們會變得更富有和更成功。在ETF投資中，這也是一個不可或缺的觀點。比如說，iShares Global Clean Energy ETF（ICLN）允許投資者在全球範圍內多元化投資於可再生能源。

Consumer Discretionary Select Sector SPDR Fund（XLY）集中在消費者非必需品上，這些都是人們在日常生活中會碰到的。投資在這個領域，也更可能作出明智的決策。

在一個由情緒驅動的市場中，像iShares MSCI Emerging Markets ETF（EEM）便提供了投資者多元化的機會，並能夠反映市場情緒變化。

低成本

就像巴菲特總是在尋找公司的價值一樣，這本書提供了低成本ETF的選擇。舉例來說，SPDR S&P 500 ETF Trust（SPY）有非常低的費用比例。低成本等於高收益，就是這麼簡單。

就像誠實和單純在人際關係中是必需品，低成本也是ETF投資中的一個大賣點。例如，Schwab US Broad Market ETF（SCHB）是一個提供廣泛市場曝露且費用非常低的ETF。

投資也不必是金融專家才能看出，像是Vanguard S&P 500 ETF（VOO）這樣的低費用ETF 便是一個好交易。費用低，那意味著風險較低。

風險管理

最好的聆聽者通常也是最好的溝通者。當你投資於像是WisdomTree U.S. Quality Dividend Growth Fund（DGRW）這樣具有穩健成長和低波動性的ETF，你其實是在「聆聽」市場，並做出明智的風險管理。

對於那些喜歡看著自己的資產穩步增長的人來說，像Dividend Appreciation ETF（VIG）這種注重股息成長的ETF是一個好選擇。

使用像是iShares Edge MSCI Min Vol USA ETF（USMV）這樣的最小波動性ETF，投資者可以在高度反身性的環境中管理風險。

流通性

在社交場合中，親切和方便總是受到歡迎。同樣地，在ETF世界裡，像是SPDR Dow Jones Industrial Average ETF（DIA）這樣的高流通性基金也是極為受歡迎的。

有時投資者需要快速行動。像iShares Russell 2000 ETF（IWM），具有很高的流通性，這意味著你可以迅速買入或賣出，迅速變現。

高流通性ETF，如SPDR S&P 500 ETF Trust（SPY），提供了快速反應市場變化的機會，這是在反身性框架中極為重要的。

透明度

聰明的投資者都會先了解投資的是什麼，這本書以極大的透明度介紹了每一個ETF。Gold Miners ETF（GDX）會每天公開其持股，這樣投資者可以清楚地知道他的錢投到哪裡。

在任何成功的關係中，瞭解與信任都是基石。投資於像是Invesco QQQ ETF（QQQ）這樣每日都會公佈持股的ETF，能大大增加你對投資的理解和信任。

透明度在任何投資決策中都是關鍵。像Technology Select Sector SPDR Fund（XLK），這樣的ETF會讓你確切知道你投資在哪裡。

在一個反身性市場中，Goldman Sachs ActiveBeta U.S. Large Cap Equity ETF（GSLC）提供了投資組合的完全透明度，有助於減少資訊不對稱。

長期視角

這本書還收集了長期主題性的ETF，比如ARK Innovation ETF（ARKK），這是一個專注於創新和長期增長的基金。它教你如何看待長期的價值而不是短期的波動。

對未來有一個清晰的視野是非常重要的。Global X Robotics & Artificial Intelligence ETF（BOTZ）專注於高科技和未來發展，這是一個長期投資的好選擇。

投資者若想看得遠一點，像ARK Innovation ETF（ARKK）或Global X FinTech ETF（FINX）這樣專注於金融科技和創新的ETF，便是值得考慮的。

對於那些看好未來機會的投資者，像Global X Internet of Things ETF（SNSR）專注於物聯網等新興科技，提供了一個反身性的投資機會。

總結

這本書從多方面提供多種ETF的資訊，對於希望在多變的市場環境中獲得成功的投資者，這本書提供了一個全面但具戰術性的指南。

這本書就像一個精心組織的購物清單，幫你找到最適合你的ETF，正如你會在自己熟悉的超市找到最好的產品。

不論是一個新手還是一個老手，我會建議你花點時間研讀，就像你會仔細研究一個潛在的投資目標。畢竟，知識永遠是最好的投資。

無論您是ETF投資的新手，還是尋求更多專業知識的經驗豐富的投資者，《ETF大圖鑑：100間不同類別最大的ETF》都是一本不可多得的資源。

本書所刊載有關各ETF之部份數據及資訊取材自ETF DATABASE及Yahoo Finance截至2023年10月、11月的資訊。由於金融市場瞬息萬變，本書數據及資訊只能作一般參考，並且隨時變動，敬請讀者留者。

目錄

股票ETF

科技ETF

已開發市場ETF

Contents

債券ETF

醫療保健ETF

能源ETF

房地產ETF

主動式管理ETF

金融ETF

槓桿ETF

人工智能ETF

印度ETF

反向ETF

商品ETF

Contents

SPY SPDR S&P 500 ETF Trust

SPY是追蹤S&P 500指數的ETF，是最大和最受歡迎和最廣泛交易的ETF之一，提供便捷和經濟高效的方式來投資於美國最大和最有影響力的公司。S&P 500指數包括由標準普爾公司選定的500家大型資本化美國公司，這些公司來自多個行業。SPY是用來參考整體美國股市表現的主要工具之一。由於其低費用、高流通性和緊密追蹤其基準指數的特點，成為了許多專業和散戶投資者的首選。SPY也是一個受歡迎的交易工具，經常用於日交易和其他短期交易策略。其高度的流通性意味著購買和出售大量股票相對容易，價差也較小。由於SPY涵蓋了多個行業和部門，它也可以作為一個多元化的投資工具。對於那些尋求長期增長和穩健回報的投資者，將SPY納入投資組合可能是一個聰明的選擇。它是一個市值加權的指數基金，某些大型科技股（如蘋果、微軟等）在基金中佔有較大的比重。

概況	
發行人	State Street
品牌	SPDR
結構	UIT
費用率	0.09%
創立日期	Jan 22, 1993

費用率分析

SPY 費用率	ETF DB類別 平均費用率	FactSet劃分 平均費用率
0.09%	0.37%	0.58%

ETF主題	
類別	大盤成長股票
資產類別	股票
資產類別規模	大盤股
資產類別風格	混合
地區（一般）	北美
地區（具體）	美國

股息

	SPY	ETF DB類別平均	FactSet 劃分平均
股息	$ 1.58	$ 0.33	$ 0.17
派息日期	2023-09-15	N/A	N/A
年度股息	$ 6.51	$ 0.92	$ 0.59
年度股息率	1.50%	1.92%	1.32%

回報

	SPY	ETF DB類別平均	FactSet 劃分平均
1個月	-1.72%	-1.69%	-1.18%
3個月	-0.41%	-0.68%	-0.41%
今年迄今	15.36%	16.96%	7.81%
1年	23.88%	23.62%	12.50%
3年	9.57%	4.96%	3.72%
5年	11.25%	6.36%	2.35%

年度總回報（%）紀錄

年份	SPY	類別
2022	-18.17%	無
2021	28.75%	無
2020	18.37%	無
2019	31.22%	無
2018	-4.56%	無
2017	21.70%	無
2016	12.00%	無
2015	1.25%	-0.63%
2014	13.46%	11.79%
2013	32.31%	31.44%

風險統計數據

	3年		5年		10年	
	SPY	類別平均	SPY	類別平均	SPY	類別平均
Alpha	-0.07	-0.65	-0.05	-0.48	-0.07	0.1
Beta值	1	0.98	1	1	1	1
平均年度回報率	0.93	0.86	0.93	1.28	1.03	0.69
R平方	100	94.06	100	95.34	100	96.99
標準差	17.82	10.9	18.92	11.36	14.92	15.42
夏普比率	0.51	0.94	0.49	1.34	0.74	0.48
崔納比率	8.03	10.38	8.02	15.73	10.64	6.54

10大持股

編碼	持股	% 資產
AAPL	Apple Inc.	7.19%
MSFT	Microsoft Corporation	6.51%
AMZN	Amazon.com, Inc.	3.33%
NVDA	NVIDIA Corporation	2.95%
GOOGL	Alphabet Inc. Class A	2.03%
META	Meta Platforms Inc. Class A	1.84%
TSLA	Tesla, Inc.	1.83%
GOOG	Alphabet Inc. Class C	1.76%
BRK.B	Berkshire Hathaway Inc. Class B	1.67%
UNH	UnitedHealth Group Incorporated	1.25%

交易數據

52 Week Lo	$342.72
52 Week Hi	$457.83
AUM	$401,560.0 M
股數	924.2 M

歷史交易數據

1 個月平均量	84,867,776
3 個月平均量	76,952,904

持倉分析

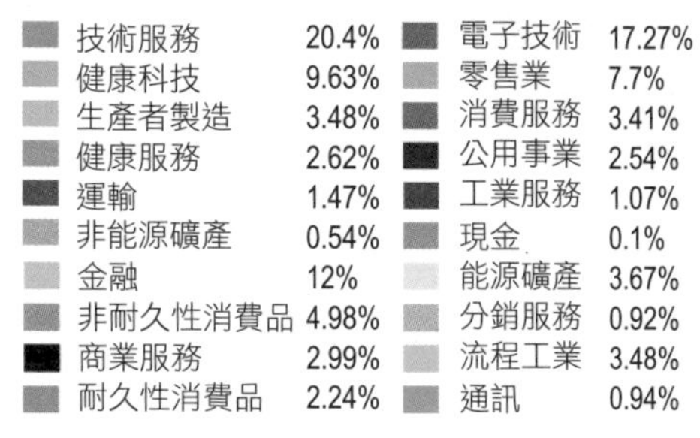

資產分配

股票99.59%　現金0.38%

持股比較

	SPY	ETF DB類別平均	FactSet劃分平均
持股數目	1000	412	174
10大持股佔比	39.52%	42.67%	59.61%
15大持股佔比	49.25%	51.39%	64.18%
50大持股佔比	83.04%	80.70%	80.85%

IVV iShares Core S&P 500 ETF

IVV是由BlackRock管理，其目標是追蹤S&P 500指數的表現，提供投資者一個簡單、成本效益高的方式來獲得美國最大和最有影響力的500家公司的股票投資。IVV也是一個市值加權的基金，較大的公司會佔據更大的基金份額。這種加權方式提供了一個廣泛的市場曝露，涵蓋了多個不同的行業。IVV是極為流通的基金，適合用於多種投資策略，包括長期投資和短期交易。由於其低費用和高度多元化，常被視為一個核心投資組合的良好構成部分。由於和S&P500指數有著高度的相關性，常被用作對冲或風險管理工具。

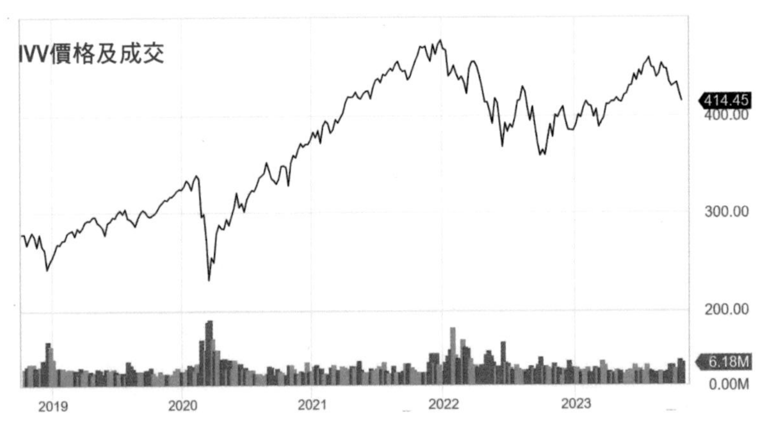

概況	
發行人	Blackrock Financial
品牌	iShares
結構	ETF
費用率	0.03%
創立日期	May 15, 2000

費用率分析

IVV 費用率	ETF DB類別 平均費用率	FactSet劃分 平均費用率
0.03%	0.37%	0.58%

ETF主題	
類別	大盤成長股票
資產類別	股票
資產類別規模	大盤股
資產類別風格	混合
地區（一般）	北美
地區（具體）	美國

股息

	IVV	ETF DB類別平均	FactSet 劃分平均
股息	$ 1.99	$ 0.33	$ 0.17
派息日期	2023-09-26	N/A	N/A
年度股息	$ 6.70	$ 0.92	$ 0.59
年度股息率	1.55%	1.30%	1.33%

回報

	IVV	ETF DB類別平均	FactSet 劃分平均
1個月	-1.59%	-1.54%	-1.06%
3個月	-2.60%	-3.47%	-1.71%
今年迄今	15.34%	16.54%	7.77%
1年	23.94%	23.94%	12.70%
3年	9.53%	4.81%	3.71%
5年	11.65%	6.47%	2.45%

年度總回報 (%) 紀錄

年份	IVV	類別
2022	-18.16%	無
2021	28.76%	無
2020	18.40%	無
2019	31.25%	無
2018	-4.47%	無
2017	21.76%	無
2016	12.16%	無
2015	1.30%	-0.63%
2014	13.56%	11.79%
2013	32.30%	31.44%

交易數據

52 Week Lo	$352.68
52 Week Hi	$459.78
AUM	$350,605.0 M
股數	803.4 M

歷史交易數據

1 個月平均量	4,805,854
3 個月平均量	4,116,833

風險統計數據

	3年		5年		10年	
	IVV	類別平均	IVV	類別平均	IVV	類別平均
Alpha	-0.03	-0.65	-0.03	-0.48	-0.04	0.15
Beta值	1	0.98	1	1	1	1
平均年度回報率	0.94	0.86	0.94	1.28	1.03	0.69
R平方	100	94.06	100	95.34	100	96.99
標準差	17.85	10.9	18.97	11.38	14.96	15.42
夏普比率	0.51	0.94	0.5	1.34	0.75	0.48
崔納比率	8.07	10.38	8.04	15.73	10.67	6.54

持倉分析

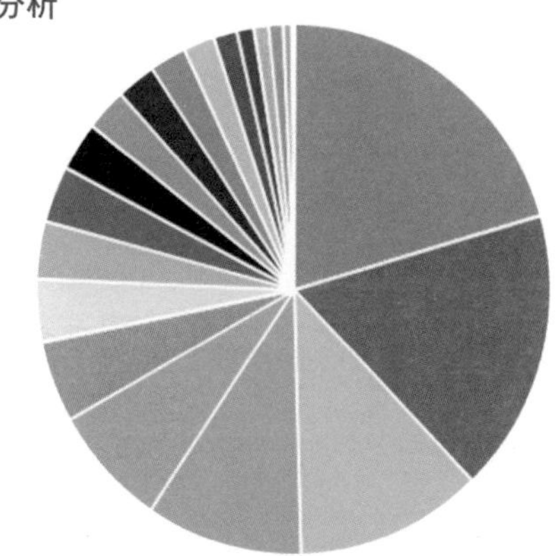

技術服務	20.23%	電子技術	17.29%
健康科技	9.6%	零售業	7.64%
生產者製造	3.48%	消費服務	3.46%
健康服務	2.58%	公用事業	2.56%
運輸	1.47%	工業服務	1.07%
非能源礦產	0.54%	現金	0.25%
金融	12.15%	能源礦產	3.72%
非耐久性消費品	4.93%	分銷服務	0.92%
商業服務	3.02%	流程工業	1.92%
耐久性消費品	2.31%	通訊	0.94%
		其他	0.04%

10大持股

編碼	持股	% 資產
AAPL	Apple Inc.	7.18%
MSFT	Microsoft Corporation	6.50%
AMZN	Amazon.com, Inc.	3.32%
NVDA	NVIDIA Corporation	2.95%
GOOGL	Alphabet Inc. Class A	2.03%
META	Meta Platforms Inc. Class A	1.83%
TSLA	Tesla, Inc.	1.82%
GOOG	Alphabet Inc. Class C	1.75%
BRK.B	Berkshire Hathaway Inc. Class B	1.66%
UNH	UnitedHealth Group Incorporated	1.25%

資產分配

股票99.81% 現金0.23%

持股比較

	IVV	ETF DB類別平均	FactSet劃分平均
持股數目	1000	414	174
10大持股佔比	39.66%	42.80%	59.69%
15大持股佔比	49.24%	51.54%	64.27%
50大持股佔比	83.53%	80.86%	80.94%

VOO Vanguard S&P 500 ETF

VOO是由先鋒集團（Vanguard）管理，旨在追蹤S&P 500指數的表現。這一指數涵蓋了美國最大和最具影響力的500家公司，包括各種不同行業和經濟部門。VOO是個成本效益極高的投資選項，費用比率相對較低，讓長期投資者能更有效地保留他們的收益。這個基金的流通性很高，適用於各種投資策略，無論是長期持有還是短期交易。與S&P500指數高度相關，VOO經常被用作多元化投資組合的核心部分。由於它涵蓋了多個行業，從科技和健康護理到消費品和金融服務，這使得投資者能夠廣泛地接觸美國經濟。

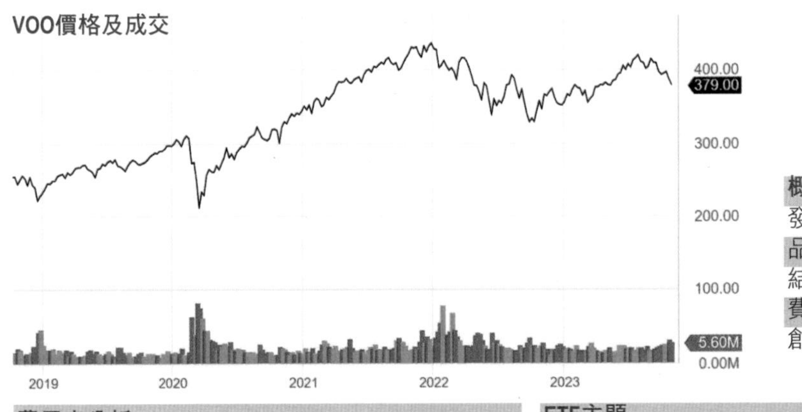

概況	
發行人	Vanguard
品牌	Vanguard
結構	ETF
費用率	0.03%
創立日期	Sep 07, 2010

費用率分析		
VOO 費用率	ETF DB類別 平均費用率	FactSet劃分 平均費用率
0.03%	0.37%	0.58%

ETF主題	
類別	大盤成長股票
資產類別	股票
資產類別規模	大盤股
資產類別風格	混合
地區（一般）	北美
地區（具體）	美國

股息	VOO	ETF DB類別平均	FactSet 劃分平均
股息	$ 1.49	$ 0.33	$ 0.17
派息日期	2023-09-28	N/A	N/A
年度股息	$ 6.23	$ 0.92	$ 0.59
年度股息率	1.57%	1.30%	1.33%

回報	VOO	ETF DB類別平均	FactSet 劃分平均
1個月	-1.63%	-1.54%	-1.06%
3個月	-2.59%	-3.47%	-1.71%
今年迄今	15.37%	16.54%	7.77%
1年	23.92%	23.94%	12.70%
3年	9.54%	4.81%	3.71%
5年	11.60%	6.47%	2.45%

年度總回報（%）紀錄

年份	VOO	類別
2022	-18.19%	無
2021	28.78%	無
2020	18.29%	無
2019	31.35%	無
2018	-4.50%	無
2017	21.77%	無
2016	12.17%	無
2015	1.31%	-0.63%
2014	13.55%	11.79%
2013	32.39%	31.44%

交易數據

52 Week Lo	$322.62
52 Week Hi	$420.55
AUM	$330,711.0 M
股數	828.5 M

歷史交易數據

1 個月平均量	4,485,864
3 個月平均量	4,035,244

風險統計數據

	3年		5年		10年	
	VOO	類別平均	VOO	類別平均	VOO	類別平均
Alpha	-0.04	-0.65	-0.04	-0.48	-0.04	0.15
Beta值	1	0.98	1	1	1	1
平均年度回報率	0.94	0.86	0.94	1.28	1.03	0.69
R平方	100	94.06	100	95.34	100	96.99
標準差	17.85	10.9	18.98	11.38	14.96	15.42
夏普比率	0.51	0.94	0.5	1.34	0.75	0.48
崔納比率	8.06	10.38	8.03	15.73	10.66	6.54

持倉分析

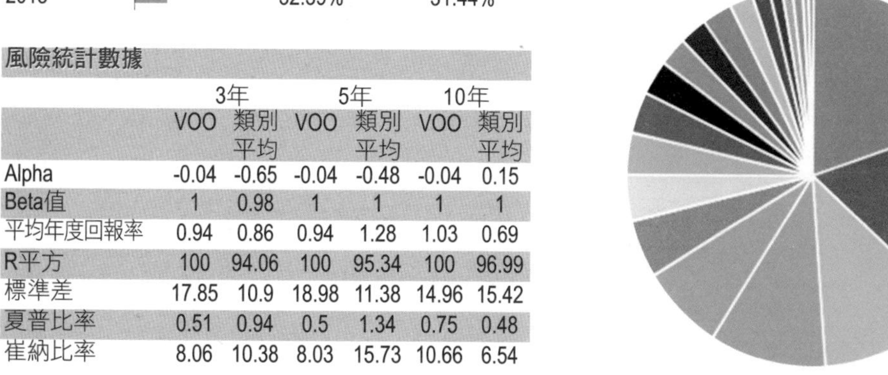

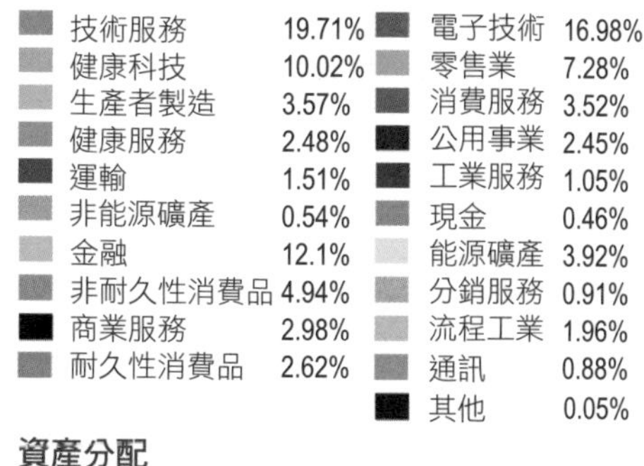

10大持股

編碼	持股	% 資產
AAPL	Apple Inc.	7.72%
MSFT	Microsoft Corporation	6.82%
AMZN	Amazon.com, Inc.	3.13%
NVDA	NVIDIA Corporation	2.82%
GOOGL	Alphabet Inc. Class A	1.91%
TSLA	Tesla, Inc.	1.90%
META	Meta Platforms Inc. Class A	1.71%
GOOG	Alphabet Inc. Class C	1.66%
BRK.B	Berkshire Hathaway Inc. Class B	1.64%
UNH	UnitedHealth Group Incorporated	1.20%

資產分配

股票99.47% 現金0.46%

持股比較

	VOO	ETF DB類別平均	FactSet劃分平均
持股數目	1000	414	174
10大持股佔比	38.55%	42.80%	59.69%
15大持股佔比	47.85%	51.54%	64.27%
50大持股佔比	81.86%	80.86%	80.94%

VTI Vanguard Total Stock Market ETF

VTI是由先鋒集團（Vanguard）管理，旨在追蹤CRSP US Total Market Index的表現。這一指數覆蓋了美國股票市場的廣泛範圍，包括大型股、中型股、小型股，以及微型股。VTI提供了一個一站式的方案，讓投資者能夠廣泛地接觸美國股市。它的多元化特點是其最大的賣點之一，包含了多達數千家不同的公司，涵蓋了各種不同的行業和經濟部門。由於其極低的費用比率和高度的多元化，VTI常被視為長期投資組合的選擇，適合尋求在美國股市中實現廣泛多元化的投資者的理想選擇。

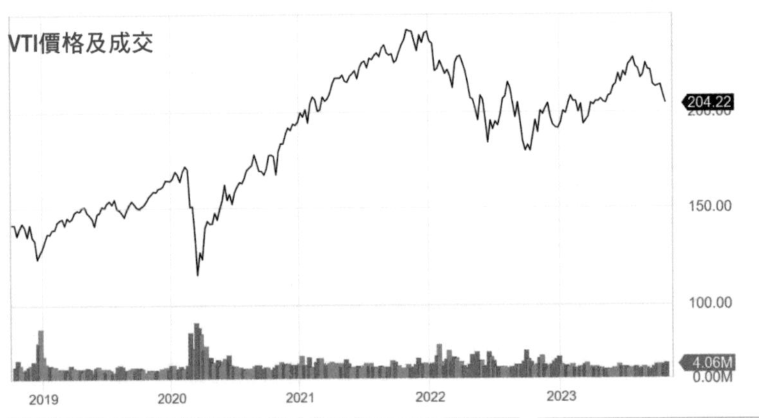

概況	
發行人	Vanguard
品牌	Vanguard
結構	ETF
費用率	0.03%
創立日期	May 24, 2001

費用率分析		
VTI 費用率	ETF DB類別 平均費用率	FactSet劃分 平均費用率
0.03%	0.37%	0.47%

ETF主題	
類別	大盤成長股票
資產類別	股票
資產類別規模	大盤股
資產類別風格	混合
地區（一般）	北美
地區（具體）	美國

股息	VTI	ETF DB類別平均	FactSet 劃分平均
股息	$ 0.80	$ 0.33	$ 0.24
派息日期	2023-09-21	N/A	N/A
年度股息	$ 3.34	$ 0.92	$ 0.73
年度股息率	1.56%	1.30%	1.48%

回報	VTI	ETF DB類別平均	FactSet 劃分平均
1個月	-1.91%	-1.54%	-1.61%
3個月	-3.19%	-3.47%	-2.87%
今年迄今	14.28%	16.54%	7.16%
1年	22.37%	23.94%	12.86%
3年	8.29%	4.81%	3.67%
5年	10.78%	6.47%	3.60%

年度總回報（%）紀錄

年份	VTI	類別
2022	-19.51%	無
2021	25.67%	無
2020	21.03%	無
2019	30.67%	無
2018	-5.21%	無
2017	21.21%	無
2016	12.83%	無
2015	0.36%	-0.63%
2014	12.54%	11.79%
2013	33.45%	31.44%

交易數據

52 Week Lo	$176.25
52 Week Hi	$228.13
AUM	$309,420.0 M
股數	1,435.3 M

歷史交易數據

1 個月平均量	3,400,282
3 個月平均量	2,961,609

風險統計數據

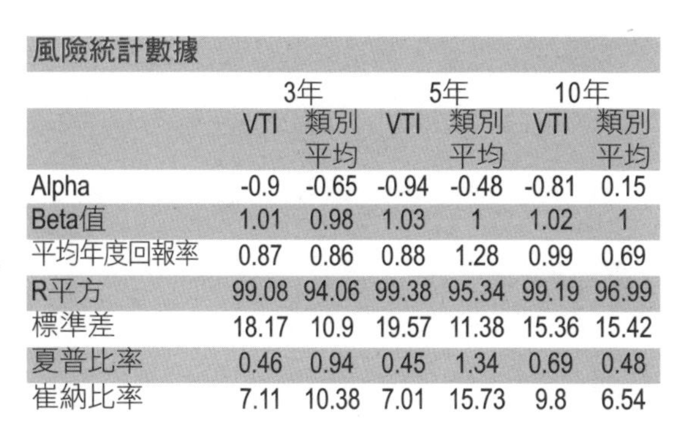

	3年		5年		10年	
	VTI	類別平均	VTI	類別平均	VTI	類別平均
Alpha	-0.9	-0.65	-0.94	-0.48	-0.81	0.15
Beta值	1.01	0.98	1.03	1	1.02	1
平均年度回報率	0.87	0.86	0.88	1.28	0.99	0.69
R平方	99.08	94.06	99.38	95.34	99.19	96.99
標準差	18.17	10.9	19.57	11.38	15.36	15.42
夏普比率	0.46	0.94	0.45	1.34	0.69	0.48
崔納比率	7.11	10.38	7.01	15.73	9.8	6.54

持倉分析

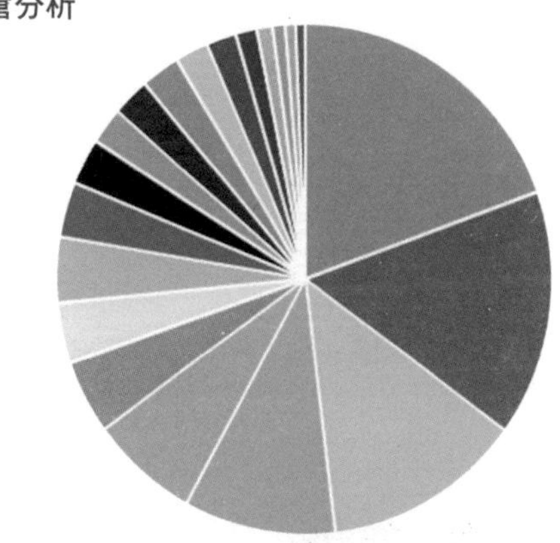

技術服務	19.1%	電子技術	15.35%
健康科技	9.66%	零售業	6.94%
生產者製造	4.06%	消費服務	3.44%
健康服務	2.3%	公用事業	2.4%
運輸	1.91%	工業服務	1.35%
非能源礦產	0.69%	現金	0%
金融	12.8%	能源礦產	3.74%
非耐久性消費品	4.61%	分銷服務	1.02%
商業服務	2.9%	流程工業	2.05%
耐久性消費品	2.51%	通訊	0.79%
		雜項開支	0.6%
		其他	0.04%

10大持股

編碼	持股	% 資產
AAPL	Apple Inc.	6.70%
MSFT	Microsoft Corporation	5.86%
AMZN	Amazon.com, Inc.	2.63%
NVDA	NVIDIA Corporation	2.30%
GOOGL	Alphabet Inc. Class A	1.64%
TSLA	Tesla, Inc.	1.63%
META	Meta Platforms Inc. Class A	1.47%
BRK.B	Berkshire Hathaway Inc. Class B	1.41%
GOOG	Alphabet Inc. Class C	1.40%
UNH	UnitedHealth Group Incorporated	1.03%

資產分配

股票97.69%　開放式基金0.57%　現金0%
其他0%　優先股0%

持股比較

	VTI	ETF DB類別平均	FactSet劃分平均
持股數目	4000	414	427
10大持股佔比	35.49%	42.80%	36.29%
15大持股佔比	44.74%	51.54%	45.63%
50大持股佔比	96.57%	80.86%	80.19%

QQQ Invesco QQQ Trust Series I

QQQ是由Invesco公司管理。這個基金主要目標是追蹤NASDAQ-100指數的表現，該指數包括了納斯達克交易所上市的100家最大和最活躍的非金融公司。QQQ特別受到科技股和成長型公司的影響，因為這些類型的公司在NASDAQ-100指數中佔有很大的比重。除了科技股，該指數還包括消費品、醫療保健和其他幾個行業的領先公司。由於它主要投資於創新和高成長潛力的公司，QQQ經常被視為風險較高但回報也可能較高的投資，是希望在科技和其他高成長行業的熱門選項。QQQ的費用比率相對較低，但高於一些追蹤更廣泛指數的基金。

概況	
發行人	Invesco
品牌	Invesco
結構	UIT
費用率	0.20%
創立日期	Mar 10, 1999

費用率分析		
QQQ 費用率	ETF DB類別 平均費用率	FactSet劃分 平均費用率
0.03%	0.37%	0.58%

ETF主題	
類別	大盤成長股票
資產類別	股票
資產類別規模	大盤股
資產類別風格	成長
地區（一般）	北美
地區（具體）	美國

股息	QQQ	ETF DB類別平均	FactSet 劃分平均
股息	$ 0.54	$ 0.33	$ 0.17
派息日期	2023-09-18	N/A	N/A
年度股息	$ 2.17	$ 0.92	$ 0.59
年度股息率	0.59%	1.30%	1.33%

回報	QQQ	ETF DB類別平均	FactSet 劃分平均
1個月	-0.23%	-1.54%	-1.06%
3個月	-2.41%	-3.47%	-1.71%
今年迄今	39.34%	16.54%	7.77%
1年	42.64%	23.94%	12.70%
3年	9.05%	4.81%	3.71%
5年	17.30%	6.47%	2.45%

年度總回報（%）紀錄

年份	QQQ	類別
2022	-32.58%	無
2021	27.42%	無
2020	48.62%	無
2019	38.96%	無
2018	-0.12%	無
2017	32.66%	無
2016	7.10%	無
2015	9.45%	3.98%
2014	19.18%	14.09%
2013	36.63%	36.02%

交易數據

52 Week Lo	$257.34
52 Week Hi	$387.42
AUM	$205,297.0 M
股數	557.1 M

歷史交易數據

1 個月平均量	52,090,132
3 個月平均量	50,857,856

風險統計數據

	3年		5年		10年	
	QQQ	類別平均	QQQ	類別平均	QQQ	類別平均
Alpha	-1.1	-0.19	4.18	-0.12	4.1	1.99
Beta值	1.15	1.05	1.1	1.05	1.11	1.04
平均年度回報率	0.96	0.97	1.37	1.38	1.48	0.88
R平方	84.2	80.09	86.44	90.29	84.06	91.36
標準差	22.48	12.1	22.52	12.36	18.17	16.71
夏普比率	0.42	0.96	0.65	1.34	0.91	0.58
崔納比率	6.45	10.86	11.78	16.11	14.56	8.25

持倉分析

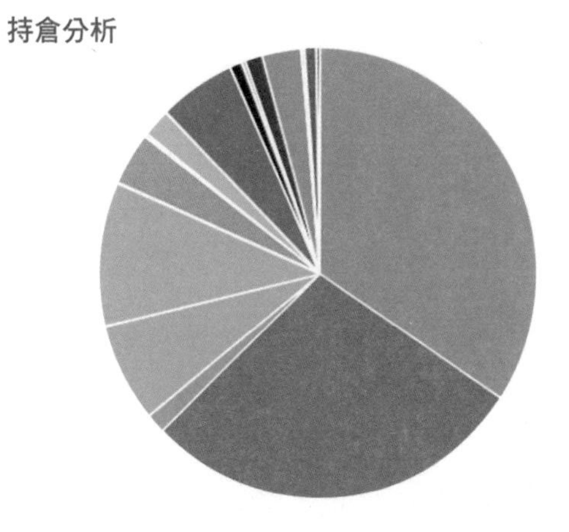

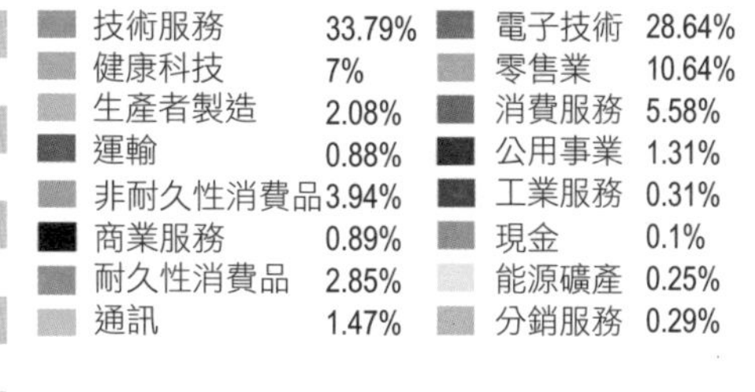

10大持股

編碼	持股	% 資產
AAPL	Apple Inc.	11.07%
MSFT	Microsoft Corporation	9.64%
AMZN	Amazon.com, Inc.	5.30%
NVDA	NVIDIA Corporation	4.44%
META	Meta Platforms Inc. Class A	3.88%
GOOGL	Alphabet Inc. Class A	3.23%
GOOG	Alphabet Inc. Class C	3.18%
TSLA	Tesla, Inc.	3.15%
AVGO	Broadcom Inc.	3.09%
COST	Costco Wholesale Corporation	2.13%

資產分配

股票98.25%　美國存託憑證1.5%　現金0.26%

持股比較

	QQQ	ETF DB類別平均	FactSet劃分平均
持股數目	100	414	174
10大持股佔比	38.55%	42.80%	59.69%
15大持股佔比	47.85%	51.54%	64.27%
50大持股佔比	81.86%	80.86%	80.94%

VEA Vanguard FTSE Developed Markets ETF

VEA是由Vanguard集團管理。這個基金主要投資於已開發市場，不包括美國和加拿大的大型和中型公司。它追蹤的是FTSE Developed All Cap ex US Index，這個指數反映了已開發國家股票市場的廣泛表現。VEA包括來自多個行業和地區的公司，其中包括歐洲、日本、澳洲和其他已開發國家。這種多樣化的投資組合有助於減少地區和行業特定風險。VEA專注於已開發市場，被視為相對穩健和低風險的投資選項，尤其是與新興市場或更專門的區域基金相比。由於它不包括美國股票，因此可能不提供與美國市場相同的增長機會。VEA以其低費用比率而聞名，這使得它成為成本效益高的選項，特別是對於那些尋求長期、多樣化的國際投資的投資者。

VEA價格及成交

50.00
41.71
40.00
30.00
20.00
13.41M
0.00M
2019 2020 2021 2022 2023

概況	
發行人	Vanguard
品牌	Vanguard
結構	ETF
費用率	0.05%
創立日期	Jul 20, 2007

費用率分析

VEA 費用率	ETF DB類別 平均費用率	FactSet劃分 平均費用率
0.05%	0.40%	0.36%

ETF主題	
類別	國外大盤股
資產類別	股票
資產類別規模	大盤股
資產類別風格	混合
地區（一般）	已開發市場
地區（具體）	EAFE （ 歐洲、澳洲和遠東地區 ）

股息

	VEA	ETF DB類別平均	FactSet 劃分平均
股息	$ 0.31	$ 0.43	$ 0.32
派息日期	2023-09-18	N/A	N/A
年度股息	$ 1.39	$ 0.92	$ 0.96
年度股息率	3.21%	1.30%	2.91%

回報

	VEA	ETF DB類別平均	FactSet 劃分平均
1個月	-3.90%	-3.23%	-2.84%
3個月	-6.92%	-5.54%	-4.39%
今年迄今	6.05%	5.32%	4.91%
1年	24.01%	22.04%	17.65%
3年	4.84%	3.95%	3.22%
5年	4.54%	3.18%	2.26%

年度總回報（%）紀錄

年份	VEA	類別
2022	-15.36%	無
2021	11.67%	無
2020	9.74%	無
2019	22.62%	無
2018	-14.75%	無
2017	26.42%	無
2016	2.67%	無
2015	-0.38%	-2.56%
2014	-5.98%	-3.50%
2013	21.83%	18.48%

交易數據

52 Week Lo	$35.17
52 Week Hi	$47.49
AUM	$109,891.0 M
股數	2,505.5 M

歷史交易數據

1 個月平均量	11,995,896
3 個月平均量	10,044,937

風險統計數據

	3年		5年		10年	
	VEA	類別平均	VEA	類別平均	VEA	類別平均
Alpha	1.59	0.72	0.71	1.34	0.67	-0.3
Beta值	1.09	1.01	1.06	0.95	1.02	0.96
平均年度回報率	0.58	0.14	0.41	0.66	0.43	0.3
R平方	96.9	91.75	97.05	93.83	96.34	93.95
標準差	19.1	13.42	19.03	13.95	15.33	19.03
夏普比率	0.26	0.15	0.16	0.57	0.26	0.14
崔納比率	3.02	1.18	1.27	7.64	2.76	0.97

持倉分析

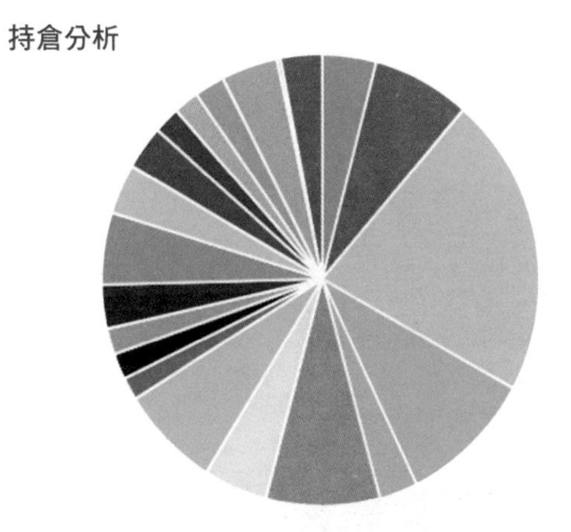

技術服務	4.27%	電子技術	7.37%
健康科技	9.93%	零售業	2.84%
生產者製造	7.31%	消費服務	1.62%
健康服務	0.21%	公用事業	3.1%
運輸	3.14%	工業服務	1.96%
非能源礦產	4.18%	現金	0.28%
金融	21.5%	能源礦產	4.69%
非耐久性消費品	8.46%	分銷服務	1.88%
商業服務	1.86%	流程工業	3.57%
耐久性消費品	5.15%	通訊	2.23%
		雜項開支	1.71%
		其他	0%

10大持股

編碼	持股	% 資產
NESN	Nestle S.A.	1.53%
ASML	ASML Holding NV	1.36%
005930	Samsung Electronics Co., Ltd.	1.25%
NOVO.B	Novo Nordisk A/S Class B	1.20%
MC	LVMH Moet Hennessy Louis Vuitton SE	1.11%
ROG	Roche Holding Ltd Dividend Right Cert.	1.01%
AZN	AstraZeneca PLC	1.01%
SHEL	Shell Plc	0.97%
NOVN	Novartis AG	0.97%
7203	Toyota Motor Corp.	0.91%

資產分配

股票92.98%　短暫0.61%　現金0.28%　單元0.06%
開放式基金1.66%　存託憑證/證書0.18%　其他0%
優先股1.49%

持股比較

	VEA	ETF DB類別平均	FactSet劃分平均
持股數目	4500	812	1143
10大持股佔比	13.59%	24.77%	17.12%
15大持股佔比	19.34%	31.56%	23.21%
50大持股佔比	54.84%	60.93%	52.39%

VTV Vanguard Value ETF

VTV是由Vanguard集團管理，專注於美國大型和中型公司中被視為「價值股」的投資。這個基金追蹤CRSP US Large Cap Value Index，該指數由基於多個價值因子（例如價盈比、價淨比等）被分類為價值型的美國大型和中型公司組成。VTV包含多個不同行業的價值股，如金融、健康護理、消費品和能源等，有助於投資組合多樣化。價值股通常是那些被市場低估但具有基本面健康的公司，這些股票通常提供較高的股息收入和相對穩定的資本增值潛力。由於它專注於價值股，VTV可能在某些市場環境下（尤其是當價值投資風格優於成長投資風格的時候）表現較好。在費用方面，VTV以其低費用比率而聞名，這使得它成為一個成本效益高的投資選項。

VTV價格及成交

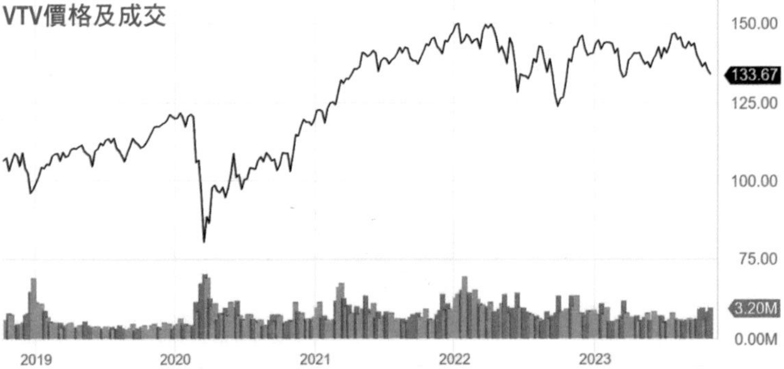

150.00
133.67
125.00
100.00
75.00
3.20M
0.00M
2019 2020 2021 2022 2023

概況	
發行人	Vanguard
品牌	Vanguard
結構	ETF
費用率	0.04%
創立日期	Jan 26, 2004

費用率分析		
VTV 費用率	ETF DB類別 平均費用率	FactSet劃分 平均費用率
0.04%	0.35%	0.30%

ETF主題	
類別	大盤價值股票
資產類別	股票
資產類別規模	大盤股
資產類別風格	價值
地區（一般）	北美
地區（具體）	美國

股息	VTV	ETF DB類別平均	FactSet 劃分平均
股息	$ 0.90	$ 0.38	$ 0.37
派息日期	2023-09-21	N/A	N/A
年度股息	$ 3.68	$ 1.53	$ 1.26
年度股息率	2.68%	3.14%	2.59%

回報	VTV	ETF DB類別平均	FactSet 劃分平均
1個月	-2.77%	-2.65%	-2.38%
3個月	-2.29%	-2.86%	-2.58%
今年迄今	0.69%	2.04%	3.00%
1年	12.73%	13.67%	11.03%
3年	11.40%	7.68%	6.66%
5年	8.37%	3.74%	3.58%

年度總回報（%）紀錄

年份	VTV	類別
2022	-2.07%	無
2021	26.51%	無
2020	2.26%	無
2019	25.65%	無
2018	-5.44%	無
2017	17.14%	無
2016	17.12%	無
2015	-0.98%	-1.89%
2014	13.17%	12.53%
2013	33.10%	30.05%

交易數據

52 Week Lo	$122.75
52 Week Hi	$146.80
AUM	$98,148.9 M
股數	710.8 M

歷史交易數據

1 個月平均量	2,572,464
3 個月平均量	2,209,608

風險統計數據

	3年		5年		10年	
	VTV	類別平均	VTV	類別平均	VTV	類別平均
Alpha	3.24	0.43	-1.59	0.71	-0.94	-0.34
Beta值	0.85	0.91	0.9	0.9	0.91	0.97
平均年度回報率	0.96	0.88	0.73	1.25	0.87	0.64
R平方	84.2	86.29	86.44	84.94	87.61	88.42
標準差	22.48	10.58	18.32	10.81	14.52	15.87
夏普比率	0.42	1	0.38	1.38	0.64	0.43
崔納比率	6.45	11.86	6.07	17.48	9.49	5.97

持倉分析

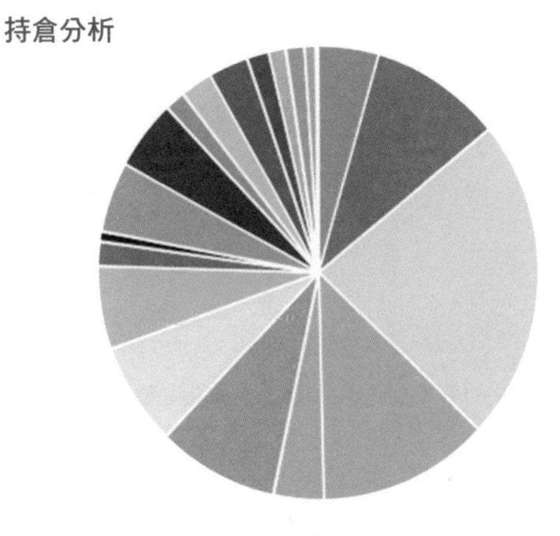

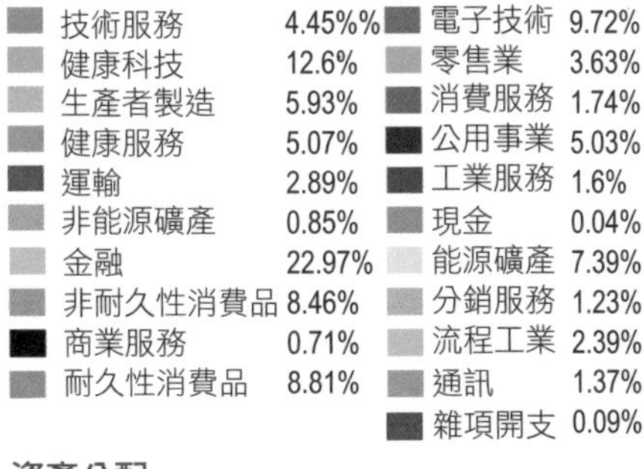

10大持股

編碼	持股	% 資產
BRK.B	Berkshire Hathaway Inc. Class B	3.81%
XOM	Exxon Mobil Corporation	2.80%
UNH	UnitedHealth Group Incorporated	2.78%
JPM	JPMorgan Chase & Co.	2.51%
JNJ	Johnson & Johnson	2.23%
PG	Procter & Gamble Company	2.06%
AVGO	Broadcom Inc.	2.04%
CVX	Chevron Corporation	1.78%
ABBV	AbbVie, Inc.	1.57%
MRK	Merck & Co., Inc.	1.56%

資產分配

股票99.87% 開放式基金0.09% 現金0.04%

持股比較

	VTV	ETF DB類別平均	FactSet劃分平均
持股數目	343	232	262
10大持股佔比	21.13%	27.53%	27.10%
15大持股佔比	29.52%	36.30%	35.85%
50大持股佔比	54.89%	73.87%	72.43%

IEFA iShares Core MSCI EAFE ETF

IEFA是由BlackRock管理，專注於投資於已開發國際股票市場，不包括美國和加拿大。這個基金追蹤MSCI EAFE Index，這是一個由歐洲、澳洲和遠東（EAFE）已開發市場中大型和中型公司組成的指數。

IEFA涵蓋多個行業和地區，包括但不限於金融、健康護理、消費必需品和工業等。這個基金旨在為投資者提供一個方便的途徑來獲取全球多元化的收益，同時降低單一國家或行業的風險。由於IEFA投資於多個已開發市場，它可能受益於全球經濟增長和地區多元化。在費用方面，IEFA是一個低成本的ETF選項，具有相對低的費用比率，對於長期投資者來吸引。

IEFA價格及成交

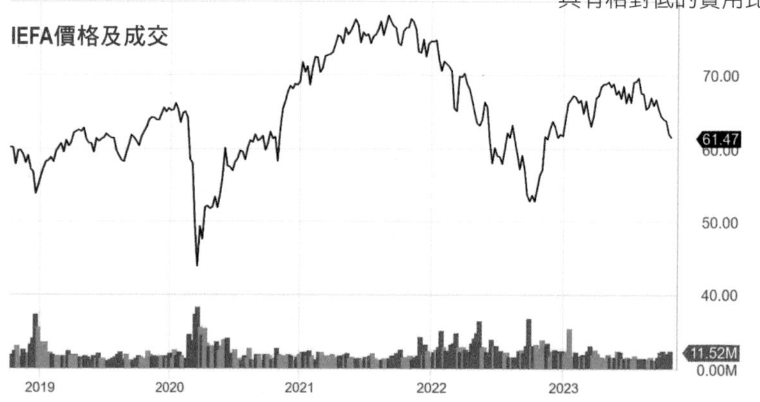

概況	
發行人	BlackRock Financial Management
品牌	iShares
結構	ETF
費用率	0.07%
創立日期	Oct 18, 2012

費用率分析

IEFA 費用率	ETF DB類別 平均費用率	FactSet劃分 平均費用率
0.07%	0.40%	0.45%

ETF主題	
類別	國外大盤股
資產類別	股票
資產類別規模	大盤股
資產類別風格	混合
地區（一般）	已開發市場
地區（具體）	EAFE（歐洲、澳洲和遠東地區）

股息	IEFA	ETF DB類別平均	FactSet 劃分平均
股息	$ 1.31	$ 0.43	$ 0.52
派息日期	2023-06-07	N/A	N/A
年度股息	$ 1.58	$ 1.30	$ 1.32
年度股息率	2.29%	3.94%	3.47%

回報	IEFA	ETF DB類別平均	FactSet 劃分平均
1個月	-5.06%	-4.77%	-4.13%
3個月	-8.13%	-7.04%	-5.89%
今年迄今	5.13%	3.65%	4.45%
1年	19.87%	16.82%	15.48%
3年	4.51%	3.28%	2.85%
5年	3.97%	2.76%	2.32%

年度總回報（%）紀錄

年份	IEFA	類別
2022	-15.21%	無
2021	11.65%	無
2020	8.17%	無
2019	22.63%	無
2018	-14.13%	無
2017	26.59%	無
2016	1.58%	無
2015	0.73%	-2.56%
2014	-6.33%	-3.50%
2013	22.42%	18.48%

交易數據

52 Week Lo	$54.99
52 Week Hi	$74.74
AUM	$46,789.6 M
股數	673.8 M

歷史交易數據

1 個月平均量	17,058,892
3 個月平均量	14,337,904

風險統計數據

	3年		5年		10年	
	IEFA	類別平均	IEFA	類別平均	IEFA	類別平均
Alpha	1.45	0.72	0.5	1.34	0.68	-0.3
Beta值	1.09	1.01	1.04	0.95	1.01	0.96
平均年度回報率	0.57	0.14	0.39	0.66	0.43	0.3
R平方	96.39	91.75	96.5	93.83	96.03	93.95
標準差	19.08	13.42	18.72	13.95	15.27	19.03
夏普比率	0.25	0.15	0.15	0.57	0.26	0.14
崔納比率	2.89	1.18	1.11	7.64	2.78	0.97

持倉分析

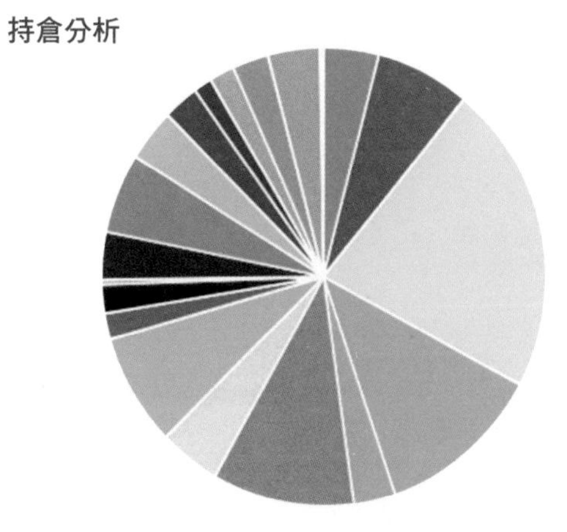

技術服務	4.45%	電子技術	9.72%
健康科技	12.6%	零售業	3.63%
生產者製造	5.93%	消費服務	1.74%
健康服務	5.07%	公用事業	5.03%
運輸	2.89%	工業服務	1.6%
非能源礦產	0.85%	現金	0.04%
金融	22.97%	能源礦產	7.39%
非耐久性消費品	8.81%	分銷服務	1.23%
商業服務	0.71%	流程工業	2.39%
耐久性消費品	1.49%	通訊	1.37%
		雜項開支	0.09%

10大持股

編碼	持股	% 資產
NESN	Nestle S.A.	2.13%
SML	ASML Holding NV	1.76%
NOVO.B	Novo Nordisk A/S Class B	1.68%
MC	LVMH Moet Hennessy Louis Vuitton SE	1.58%
AZN	AstraZeneca PLC	1.38%
ROG	Roche Holding Ltd Dividend Right Cert.	1.37%
NOVN	Novartis AG	1.35%
SHEL	Shell Plc	1.32%
7203	Toyota Motor Corp.	1.15%
HSBA	HSBC Holdings Plc	1.05%

資產分配

股票96.19% 封閉式基金0% 現金0.23% 單元0.05%
開放式基金0% 存託憑證/證書0.16% 保證0% 其他0%
優先股1.66% 美國存託憑證0%

持股比較

	IEFA	ETF DB類別平均	FactSet劃分平均
持股數目	3000	817	513
10大持股佔比	16.98%	24.81%	42.83%
15大持股佔比	23.62%	31.63%	47.81%
50大持股佔比	51.80%	61.07%	69.73%

VUG Vanguard Growth ETF

VUG是由Vanguard Group管理，專門投資於具有高成長潛力的大型美國公司股票。該基金主要追蹤 CRSP US Large Cap Growth Index，一個衡量美國大型成長公司表現的指數。VUG基金涵蓋多個行業，包括科技、健康護理、消費等，目的是捕捉有潛力提供高於市場平均水平回報的企業。這些通常是創新能力強、收入和利潤增長快速的公司。VUG是低成本的投資選項，其年度費用比率相對較低。由於VUG主要集中在成長股上，因此可能會比其他更多元化或偏向價值股的基金更加波動。在經濟下滑或市場不穩定的情況下，成長股通常會受到較大的影響。

VUG價格及成交

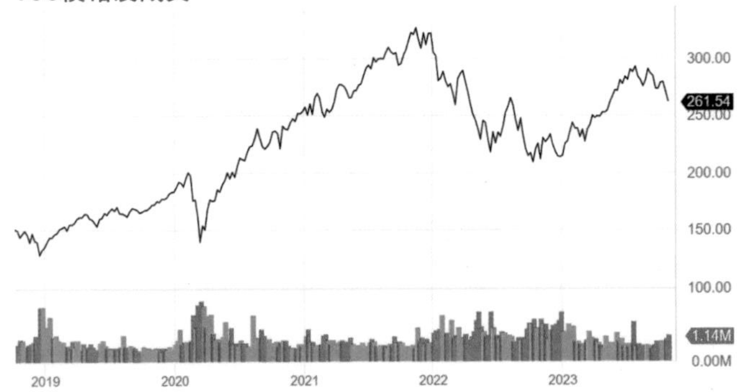

概況	
發行人	Vanguard
品牌	Vanguard
結構	ETF
費用率	0.04%
創立日期	Jan 26, 2004

費用率分析		
VUG 費用率	ETF DB類別 平均費用率	FactSet劃分 平均費用率
0.04%	0.37%	0.42%

ETF主題	
類別	大盤成長股票
資產類別	股票
資產類別規模	大盤股
資產類別風格	成長
地區（一般）	北美洲
地區（具體）	美國

股息	VUG	ETF DB類別平均	FactSet 劃分平均
股息	$ 0.38	$ 0.33	$ 0.15
派息日期	2023-09-21	N/A	N/A
年度股息	$ 1.66	$ 0.92	$ 0.48
年度股息率	0.59%	1.30%	0.64%

回報	VUG	ETF DB類別平均	FactSet 劃分平均
1個月	-2.44%	-3.02%	-2.10%
3個月	-5.02%	-5.47%	-4.36%
今年迄今	30.19%	14.78%	18.37%
1年	27.43%	17.55%	16.19%
3年	5.98%	4.34%	2.58%
5年	13.39%	6.06%	4.44%

年度總回報（%）紀錄

年份	VUG	類別
2022	-33.15%	無
2021	27.34%	無
2020	40.22%	無
2019	37.03%	無
2018	-3.30%	無
2017	27.72%	無
2016	6.28%	無
2015	3.25%	3.98%
2014	13.61%	14.09%
2013	32.48%	36.02%

交易數據

52 Week Lo	$205.35
52 Week Hi	$294.67
AUM	$92,490.3 M
股數	329.7 M

歷史交易數據

1 個月平均量	829,717
3 個月平均量	824,088

持倉分析

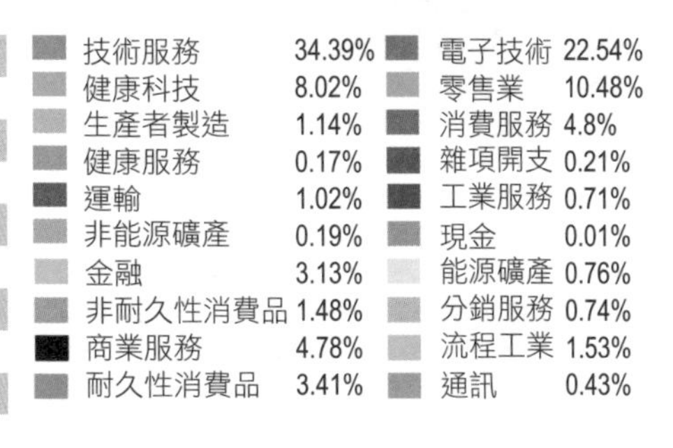

技術服務	34.39%	電子技術	22.54%
健康科技	8.02%	零售業	10.48%
生產者製造	1.14%	消費服務	4.8%
健康服務	0.17%	雜項開支	0.21%
運輸	1.02%	工業服務	0.71%
非能源礦產	0.19%	現金	0.01%
金融	3.13%	能源礦產	0.76%
非耐久性消費品	1.48%	分銷服務	0.74%
商業服務	4.78%	流程工業	1.53%
耐久性消費品	3.41%	通訊	0.43%

風險統計數據

	3年		5年		10年	
	VUG	類別平均	VUG	類別平均	VUG	類別平均
Alpha	-3.75	-0.19	1.46	-0.12	0.75	1.99
Beta值	1.15	1.05	1.1	1.05	1.1	1.04
平均年度回報率	0.74	0.97	1.15	138	1.19	0.88
R平方	88.19	80.09	90.51	90.29	90.48	91.36
標準差	22	12.1	22.14	12.36	17.28	16.71
夏普比率	0.31	0.96	0.54	1.34	0.76	0.58
崔納比率	4.08	10.86	9.11	16.11	11.26	8.25

10大持股

編碼	持股	% 資產
AAPL	Apple Inc.	12.78%
MSFT	Microsoft Corporation	11.79%
AMZN	Amazon.com, Inc.	5.93%
NVDA	NVIDIA Corporation	5.13%
GOOGL	Alphabet Inc. Class A	3.90%
TSLA	Tesla, Inc.	3.39%
META	Meta Platforms Inc. Class A	3.35%
GOOG	Alphabet Inc. Class C	3.27%
LLY	Eli Lilly and Company	2.31%
V	Visa Inc. Class A	1.80%

資產分配

股票99.75%　開放式基金0.18%　現金0.01%

持股比較

	VUG	ETF DB類別平均	FactSet劃分平均
持股數目	223	414	172
10大持股佔比	53.65%	42.64%	46.88%
15大持股佔比	60.25%	51.43%	56.68%
50大持股佔比	79.50%	80.77%	87.60%

IWF iShares Russell 1000 Growth ETF

IWF是由黑石集團（BlackRock）管理。這款基金旨在追蹤Russell 1000 Growth Index的表現，該指數由美國市值最大，超過600隻的成長股組成。IWF涵蓋了多種行業，包括科技、醫療保健、消費等。這款基金的目標是尋找收入和/或盈利成長快於平均水平的企業，並將它們納入投資組合中。由於IWF主要集中在大型成長股上，通常具有較高的波動性和風險水平，這也意味著在牛市期間，它有可能獲得超額回報。在費用方面，IWF具有相對合理的年度費用比率。由於它的投資焦點和相對較高的波動性，該基金更適合於有較高風險承受能力和尋求長期資本增值的投資者。

IWF價格及成交

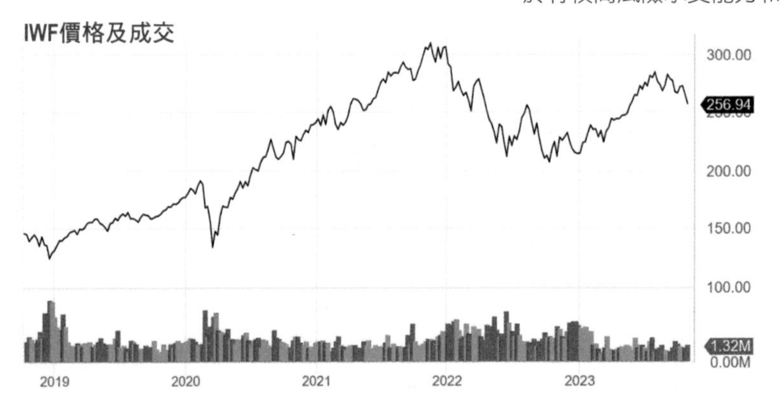

概況	
發行人	BlackRock Financial Management
品牌	iShares
結構	ETF
費用率	0.19%
創立日期	May 22, 2000

費用率分析

IWF 費用率	ETF DB類別 平均費用率	FactSet劃分 平均費用率
0.19%	0.37%	0.42%

ETF主題	
類別	大盤成長股票
資產類別	股票
資產類別規模	大盤股
資產類別風格	成長
地區（一般）	北美洲
地區（具體）	美國

股息

	IWF	ETF DB類別平均	FactSet 劃分平均
股息	$ 0.51	$ 0.33	$ 0.15
派息日期	2023-09-26	N/A	N/A
年度股息	$ 2.00	$ 0.92	$ 0.48
年度股息率	0.73%	1.30%	0.64%

回報

	IWF	ETF DB類別平均	FactSet 劃分平均
1個月	-2.00%	-3.02%	-2.10%
3個月	-4.22%	-5.47%	-4.36%
今年迄今	26.99%	14.78%	18.37%
1年	26.29%	17.55%	16.19%
3年	7.08%	4.34%	2.58%
5年	13.69%	6.06%	4.44%

年度總回報（%）紀錄

年份	IWF	類別
2022	-29.31%	無
2021	27.43%	無
2020	38.25%	無
2019	35.86%	無
2018	-1.65%	無
2017	29.95%	無
2016	7.01%	無
2015	5.50%	3.98%
2014	12.78%	14.09%
2013	33.14%	36.02%

交易數據

52 Week Lo	$206.23
52 Week Hi	$286.41
AUM	$71,523.5 M
股數	261.0 M

歷史交易數據

1 個月平均量	1,311,535
3 個月平均量	1,170,389

風險統計數據

	3年		5年		10年	
	IWF	類別平均	IWF	類別平均	IWF	類別平均
Alpha	-2.58	-0.19	1.81	-0.12	1.6	1.99
Beta值	1.1	1.05	1.08	1.05	1.07	1.04
平均年度回報率	0.8	0.97	1.15	138	1.23	0.88
R平方	90.23	80.09	92.16	90.29	92.13	91.36
標準差	20.8	12.1	21.29	12.36	16.66	16.71
夏普比率	0.37	0.96	0.56	1.34	0.82	0.58
崔納比率	5.19	10.86	9.62	16.11	12.23	8.25

持倉分析

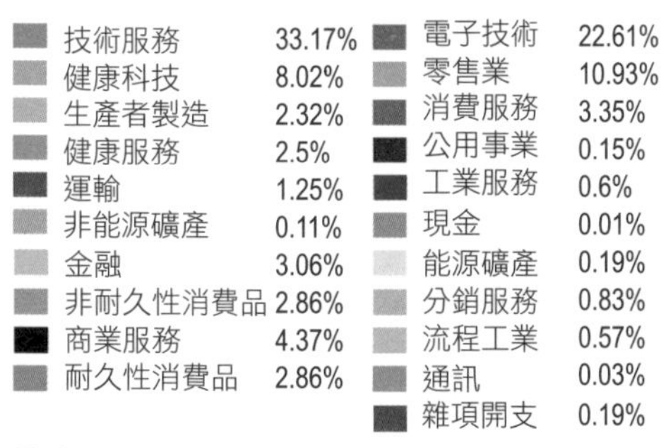

技術服務	33.17%	電子技術	22.61%
健康科技	8.02%	零售業	10.93%
生產者製造	2.32%	消費服務	3.35%
健康服務	2.5%	公用事業	0.15%
運輸	1.25%	工業服務	0.6%
非能源礦產	0.11%	現金	0.01%
金融	3.06%	能源礦產	0.19%
非耐久性消費品	2.86%	分銷服務	0.83%
商業服務	4.37%	流程工業	0.57%
耐久性消費品	2.86%	通訊	0.03%
		雜項開支	0.19%

10大持股

編碼	持股	% 資產
AAPL	Apple Inc.	12.32%
MSFT	Microsoft Corporation	11.53%
AMZN	Amazon.com, Inc.	5.42%
NVDA	NVIDIA Corporation	4.71%
GOOGL	Alphabet Inc. Class A	3.85%
GOOG	Alphabet Inc. Class C	3.33%
META	Meta Platforms Inc. Class A	3.29%
TSLA	Tesla, Inc.	3.14%
LLY	Eli Lilly and Company	2.41%
UNH	UnitedHealth Group Incorporated	1.97%

資產分配

股票99.9%　開放式基金0.14%　現金0.01%

持股比較

	IWF	ETF DB類別平均	FactSet劃分平均
持股數目	446	414	172
10大持股佔比	51.97%	42.72%	46.95%
15大持股佔比	59.63%	51.47%	56.74%
50大持股佔比	77.63%	80.80%	87.64%

QQQ Invesco QQQ Trust Series I

QQQ是追蹤Nasdaq-100指數的ETF。Nasdaq-100指數包含了納斯達克證券交易所（不包括金融業）市值最大的100家非金融公司，如科技、電信、生物技術等領域的公司。Invesco QQQ Trust給投資者提供了一種便捷的方式來獲利於這個指數的表現，容許他們通過購買一個證券而非數十家公司的股票來分散投資於這些大型和科技導向的公司。QQQ是廣受歡迎的ETF，常常被視為衡量科技和創新行業整體表現的指標。由於包含了許多高成長性的科技股，故經常被活躍交易者和長期投資者用來投資於科技行業。

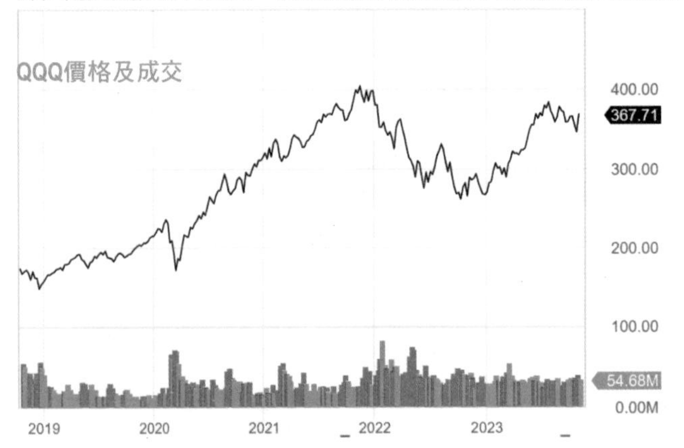

概況	
發行人	Invesco
品牌	Invesco
結構	UIT
費用率	0.20%
創立日期	Mar 10, 1999

費用率分析		
QQQ 費用率	ETF DB類別 平均費用率	FactSet劃分 平均費用率
0.20%	0.37%	0.58%

ETF主題	
類別	科技股
資產類別	股票
資產類別規模	大盤股
資產類別風格	成長
地區（一般）	北美
地區（具體）	美國

股息	QQQ	ETF DB類別平均	FactSet 劃分平均
股息	$0.54	$0.33	$0.17
派息日期	18/9/2023	N/A	N/A
年度股息	$2.17	$0.92	$0.59
年度股息率	0.60%	1.33%	1.35%

回報	QQQ	ETF DB類別平均	FactSet 劃分平均
1個月	-2.88%	-3.78%	-2.57%
3個月	-6.55%	-6.88%	-3.82%
今年迄今	35.77%	13.90%	6.23%
1年	35.77%	13.90%	6.23%
3年	8.31%	4.10%	3.37%
5年	16.57%	6.17%	2.31%

年度總回報（%）紀錄

年份	QQQ	類別
2022	-32.58%	無
2021	27.42%	無
2020	48.62%	無
2019	38.96%	無
2018	-0.12%	無
2017	32.66%	無
2016	7.10%	無
2015	9.45%	3.98%
2014	19.18%	14.09%
2013	36.63%	36.02%

交易數據

52 Week Lo	$257.34
52 Week Hi	$387.42
AUM	$205,297.0 M
股數	557.1 M

歷史交易數據

1 個月平均量	52,905,300
3 個月平均量	51,254,720

風險統計數據

	3年		5年		10年	
	QQQ	類別平均	QQQ	類別平均	QQQ	類別平均
Alpha	-1.1	-0.19	4.18	-0.12	4.1	1.99
Beta值	1.15	1.05	1.1	1.05	1.11	1.04
平均年度回報率	0.96	0.97	1.37	1.38	1.48	0.88
R平方	84.2	89.09	86.44	90.29	84.06	91.36
標準差	22.48	12.1	22.52	12.36	18.17	10.71
夏普比率	0.42	0.96	0.65	1.34	0.91	0.58
崔納比率	6.45	10.86	11.78	16.11	14.56	8.25

持倉分析

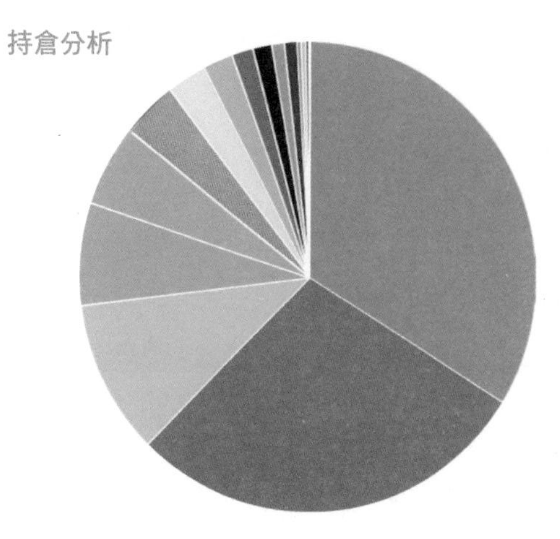

技術服務33.79%　電子技術28.64%　零售業10.64%
健康科技7%　消費服務5.58%　非耐久性消費品3.94%
耐久性消費品2.84%　生產者製造2.08%　通訊1.47%
公用事業1.32%　商業服務089%　運輸0.88%
工業服務0.31%　分銷服務0.29%　能源礦產0.25%
現金0.1%

10大持股

編碼	持股	% 資產
AAPL	Apple Inc.	11.01%
MSFT	Microsoft Corporation	9.88%
AMZN	Amazon.com, Inc.	5.32%
NVDA	NVIDIA Corporation	4.17%
META	Meta Platforms Inc. Class A	3.91%
GOOGL	Alphabet Inc. Class A	3.28%
GOOG	Alphabet Inc. Class C	3.24%
AVGO	Broadcom Inc.	3.08%
TSLA	Tesla, Inc.	2.80%
ADBE	Adobe Incorporated	2.18%

資產分配

股票 98.47%　美國存託憑證 1.45%　現金0.1%

持股比較

	QQQ	ETF DB 類別平均	FactSet 劃分平均
持股數目	102	415	175
10大持股佔比	48.87%	42.78%	59.87%
15大持股佔比	57.86%	51.56%	64.46%
50大持股佔比	85.31%	80.84%	81.18%

VGT Vanguard Information Technology ETF

VGT追蹤資訊科技產業的廣泛公司指數，包含軟體、諮詢和硬體 三個領域。該基金追蹤了技術領域一些最重要的公司，涵蓋了廣泛的市值規模，並且完全專注於美股，三隻證券佔基金的45%儘管該基金總共持有超過425隻證券，但仍有54%的資產投資在前十名。該基金將其大部分資產投入到巨型基金和大盤基金中，故此相對上波動性較小。該基金著重價值投資，而不是提供強勁成長機會。對於希望在不受半導體影響的情況下廣泛投資科技業的人來說，這是一隻不錯的基金。

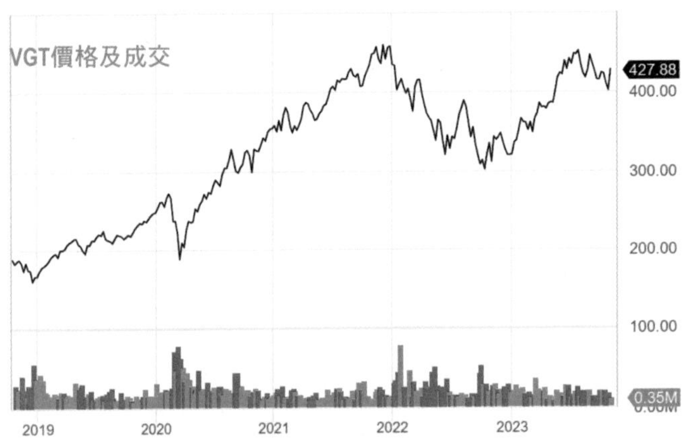

概況	
發行人	Vanguard
品牌	Vanguard
結構	ETF
費用率	0.10%
創立日期	Jan 26, 2004

費用率分析

VGT 費用率	ETF DB類別 平均費用率	FactSet劃分 平均費用率
0.10%	0.55%	0.45%

ETF主題	
類別	科技股
資產類別	股票
資產類別規模	大盤股
資產類別風格	成長
地區（一般）	北美
地區（具體）	美國

股息

	VGT	ETF DB類別平均	FactSet 劃分平均
股息	$0.88	$0.28	$0.16
派息日期	28/9/2023	N/A	N/A
年度股息	$3.20	$0.38	$0.66
年度股息率	0.76%	0.80%	0.93%

回報

	VGT	ETF DB類別平均	FactSet 劃分平均
1個月	-2.32%	-5.22%	-2.99%
3個月	-9.02%	-13.71%	-8.21%
今年迄今	31.38%	20.84%	18.52%
1年	34.85%	19.49%	19.88%
3年	9.45%	0.80%	4.18%
5年	18.45%	4.70%	8.83%

年度總回報（%）紀錄

年份	VGT	類別
2022	-29.70%	無
2021	30.45%	無
2020	46.00%	無
2019	48.61%	無
2018	2.45%	無
2017	37.07%	無
2016	13.77%	無
2015	5.04%	4.50%
2014	17.99%	14.22%
2013	30.96%	34.51%

交易數據

52 Week Lo	$301.07
52 Week Hi	$461.98
AUM	$54,257.5 M
股數	119.3 M

歷史交易數據

1 個月平均量	567,439
3 個月平均量	556,330

風險統計數據

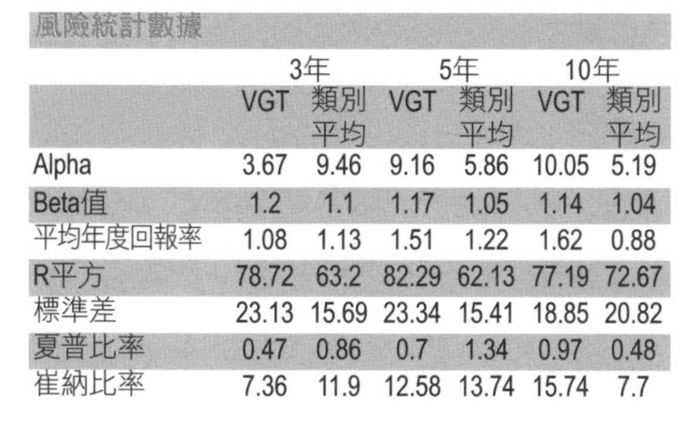

	3年		5年		10年	
	VGT	類別平均	VGT	類別平均	VGT	類別平均
Alpha	3.67	9.46	9.16	5.86	10.05	5.19
Beta值	1.2	1.1	1.17	1.05	1.14	1.04
平均年度回報率	1.08	1.13	1.51	1.22	1.62	0.88
R平方	78.72	63.2	82.29	62.13	77.19	72.67
標準差	23.13	15.69	23.34	15.41	18.85	20.82
夏普比率	0.47	0.86	0.7	1.34	0.97	0.48
崔納比率	7.36	11.9	12.58	13.74	15.74	7.7

持倉分析

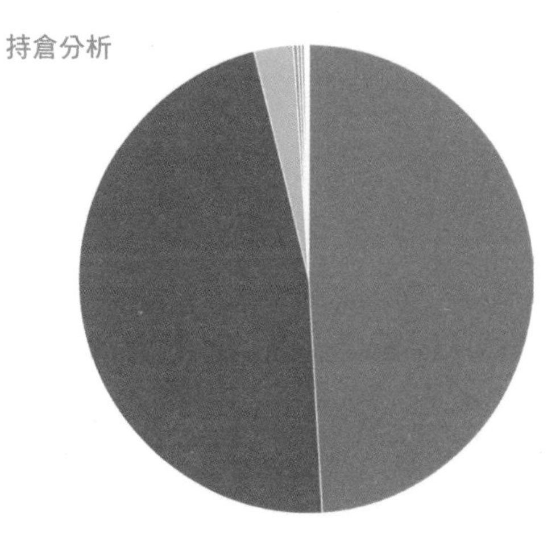

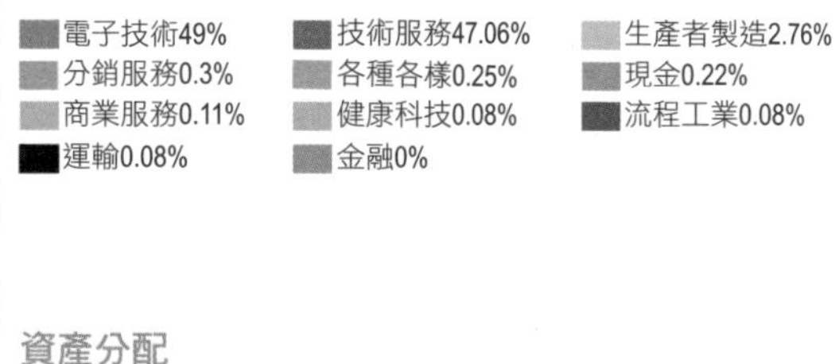

10大持股

編碼	持股	% 資產
AAPL	Apple Inc.	21.25%
MSFT	Microsoft Corporation	17.06%
NVDA	NVIDIA Corporation	6.17%
AVGO	Broadcom Inc.	3.18%
ADBE	Adobe Incorporated	2.16%
CSCO	Cisco Systems, Inc.	2.03%
CRM	Salesforce, Inc.	1.87%
ACN	Accenture Plc Class A	1.79%
ORCL	Oracle Corporation	1.59%
AMD	Advanced Micro Devices, Inc.	1.53%

資產分配

股票 99.47%　開放式基金 0.25%　現金0.22%

持股比較

	VGT	ETF DB 類別平均	FactSet 劃分平均
持股數目	321	67	104
10大持股佔比	58.63%	47.00%	47.01%
15大持股佔比	65.02%	60.69%	56.91%
50大持股佔比	81.63%	94.32%	90.56%

XLK Technology Select Sector SPDR Fund

XLK是State Street Global Advisors提供的科技選擇行業SPDR基金的ETF，追蹤標準普爾500指數中的科技行業公司，投資者以單一交易就能獲得對標準普爾500指數中科技類股票的廣泛曝光。XLK包括了諸如蘋果（Apple）、微軟（Microsoft）和其他大型科技公司的股票，投資者能夠通過一個投資工具獲利於該行業領先企業的業績表現。XLK涵蓋了計算機硬體、軟體、通信設備、半導體以及其他科技相關領域的公司。XLK常被投資者用來作科技行業的策略性投資，或者作為長期投資組合中對科技行業的配置。該ETF也流通性很高的工具，投資者能夠在日間交易時段內快速進入和退出。

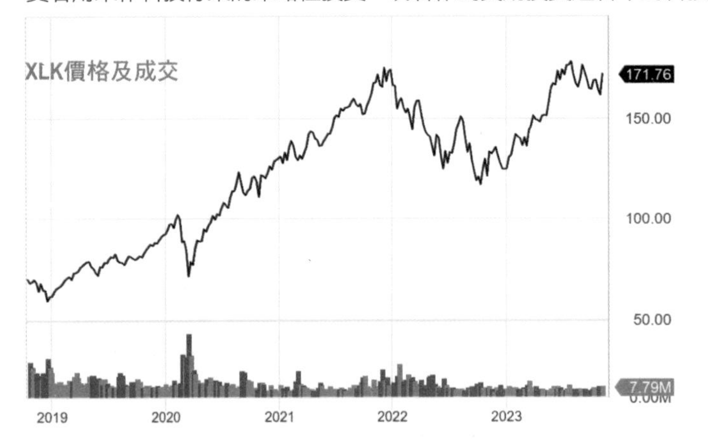

概況	
發行人	State Street
品牌	SPDR
結構	ETF
費用率	0.10%
創立日期	Dec 16, 1998

費用率分析		
XLK 費用率	ETF DB類別 平均費用率	FactSet劃分 平均費用率
0.10%	0.55%	0.45%

ETF主題	
類別	科技股
資產類別	股票
資產類別規模	大盤股
資產類別風格	成長
地區（一般）	北美
地區（具體）	美國

股息	XLK	ETF DB類別平均	FactSet 劃分平均
股息	$0.36	$0.28	$0.16
派息日期	18/9/2023	N/A	N/A
年度股息	$1.40	$0.38	$0.66
年度股息率	0.84%	0.80%	0.93%

回報	XLK	ETF DB類別平均	FactSet 劃分平均
1個月	-1.53%	-5.22%	-2.99%
3個月	-7.29%	-13.71%	-8.21%
今年迄今	34.87%	20.84%	18.52%
1年	39.07%	19.49%	19.88%
3年	12.22%	0.80%	4.18%
5年	20.23%	4.70%	8.83%

年度總回報（%）紀錄

年份	XLK	類別
2022	-27.73%	無
2021	34.74%	無
2020	43.61%	無
2019	49.86%	無
2018	-1.66%	無
2017	34.25%	無
2016	15.02%	無
2015	5.49%	4.50%
2014	17.85%	14.22%
2013	26.25%	34.51%

交易數據

52 Week Lo	$117.13
52 Week Hi	$181.08
AUM	$51,473.5 M
股數	288.7 M

歷史交易數據

1 個月平均量	6,994,509
3 個月平均量	6,458,923

持倉分析

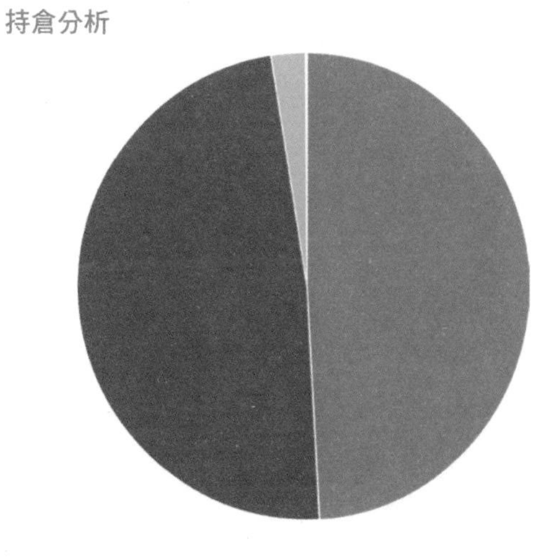

風險統計數據

	3年		5年		10年	
	XLK	類別平均	XLK	類別平均	XLK	類別平均
Alpha	5.62	9.46	10.61	5.86	10.38	5.19
Beta值	1.18	1.1	1.14	1.05	1.11	1.04
平均年度回報率	1.24	1.13	1.62	1.22	1.63	0.88
R平方	76.88	63.2	80.16	62.13	76.44	72.67
標準差	23.12	15.69	23.12	15.41	18.41	20.82
夏普比率	0.55	0.86	0.76	1.34	1	0.48
崔納比率	9.2	11.9	14.23	13.74	16.39	7.7

10大持股

編碼	持股	% 資產
MSFT	Microsoft Corporation	23.36%
AAPL	Apple Inc.	23.34%
AVGO	Broadcom Inc.	4.49%
NVDA	NVIDIA Corporation	4.28%
ADBE	Adobe Incorporated	3.12%
CSCO	Cisco Systems, Inc.	2.69%
CRM	Salesforce, Inc.	2.45%
ACN	Accenture Plc Class A	2.35%
ORCL	Oracle Corporation	2.09%
AMD	Advanced Micro Devices, Inc.	2.02%

資產分配

持股比較

	XLK	ETF DB 類別平均	FactSet 劃分平均
持股數目	66	67	104
10大持股佔比	70.19%	47.00%	47.01%
15大持股佔比	78.60%	60.69%	56.91%
50大持股佔比	97.82%	94.32%	90.56%

IYW iShares U.S. Technology ETF

IYW是追蹤美國科技行業上市公司表現的ETF。IYW追蹤的是Dow Jones U.S. Technology Index，該指數包含了美國股市中科技行業的大型和中型公司。這款ETF提供了投資於軟體、硬體、半導體、網際網路軟體與服務等子行業的美國科技公司的機會。透過投資IYW，投資者可以一次性擁有一籃子科技公司股票，以實現分散投資並捕捉該行業的整體增長潛力。由於IYW涵蓋了多種科技公司，它可以作為投資組合中科技部門的核心持股。該ETF的組成份額包括蘋果、微軟等大型科技公司，這些公司在市場上有顯著的地位並對指數的表有重大影響。科技股通常會因為市場情緒、產業週期、以及快速 變化的科技環境而具有較高的波動性。

概況	
發行人	Blackrock Financial Management
品牌	iShares
結構	ETF
費用率	0.40%
創立日期	May 15, 2000

費用率分析

IYW 費用率	ETF DB類別 平均費用率	FactSet劃分 平均費用率
0.40%	0.57%	0.48%

ETF主題	
類別	科技股
資產類別	股票
資產類別規模	大盤股
資產類別風格	成長
地區（一般）	北美
地區（具體）	美國

股息

	IYW	ETF DB類別平均	FactSet 劃分平均
股息	$0.09	$0.28	$0.16
派息日期	26/9/2023	N/A	N/A
年度股息	$0.41	$0.38	$0.66
年度股息率	0.39%	0.81%	0.95%

回報

	IYW	ETF DB類別平均	FactSet 劃分平均
1個月	0.44%	-2.79%	-1.94%
3個月	-4.52%	-12.99%	-7.81%
今年迄今	41.65%	19.72%	16.66%
1年	38.73%	15.34%	15.84%
3年	11.12%	0.75%	4.14%
5年	19.06%	4.55%	8.56%

年度總回報（%）紀錄

年份	IYW	類別
2022	-34.83%	無
2021	35.44%	無
2020	47.46%	無
2019	46.64%	無
2018	-0.92%	無
2017	36.61%	無
2016	13.72%	無
2015	3.69%	4.50%
2014	19.46%	14.22%
2013	26.56%	34.51%

交易數據

52 Week Lo	$69.69
52 Week Hi	$114.07
AUM	$11,661.7 M
股數	102.7 M

歷史交易數據

1 個月平均量	789,648
3 個月平均量	910,891

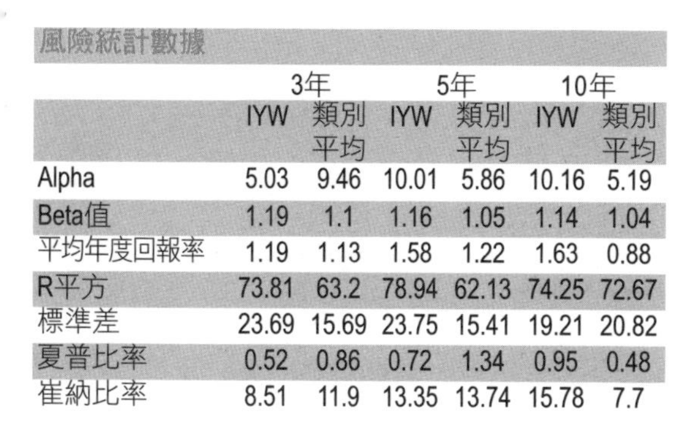

風險統計數據

	3年		5年		10年	
	IYW	類別平均	IYW	類別平均	IYW	類別平均
Alpha	5.03	9.46	10.01	5.86	10.16	5.19
Beta值	1.19	1.1	1.16	1.05	1.14	1.04
平均年度回報率	1.19	1.13	1.58	1.22	1.63	0.88
R平方	73.81	63.2	78.94	62.13	74.25	72.67
標準差	23.69	15.69	23.75	15.41	19.21	20.82
夏普比率	0.52	0.86	0.72	1.34	0.95	0.48
崔納比率	8.51	11.9	13.35	13.74	15.78	7.7

持倉分析

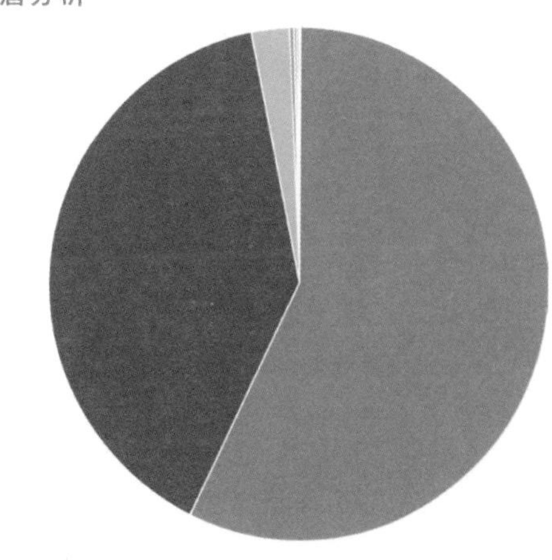

10大持股

編碼	持股	% 資產
AAPL	Apple Inc.	18.09%
MSFT	Microsoft Corporation	17.25%
GOOGL	Alphabet Inc. Class A	5.91%
GOOG	Alphabet Inc. Class C	5.11%
NVDA	NVIDIA Corporation	4.33%
META	Meta Platforms Inc. Class A	3.94%
AVGO	Broadcom Inc.	3.06%
ADBE	Adobe Incorporated	2.78%
CRM	Salesforce, Inc.	2.25%
AMD	Advanced Micro Devices, Inc.	1.88%

資產分配

股票 99.84% 開放式基金 0.16% 現金0.01%

持股比較

	IYW	ETF DB 類別平均	FactSet 劃分平均
持股數目	136	67	104
10大持股佔比	64.18%	47.00%	47.01%
15大持股佔比	72.49%	60.69%	56.91%
50大持股佔比	92.01%	94.32%	90.56%

SMH VanEck Semiconductor ETF

SMH追蹤生產半導體（現代計算的重要組成部分）的25家最大的美國上市公司的整體業績。半導體晶片是眾多電子設備的大腦，包括智慧型手機、計算器、電腦等等。隨著技術不斷改進和擴展，總是需要這些晶片來幫助為新設備提供動力。該基金完全專注於美國股票，為投資者提供集中投資美國半導體產業的機會。該基金在巨型、大型和中型公司之間平均分配，提供了均衡的風險/回報狀況。前十大持倉量佔總資產的三分之二以上。這只ETF的定價相當合理，對於希望投資科技業的投資者來說，是長期核心持有的選項。

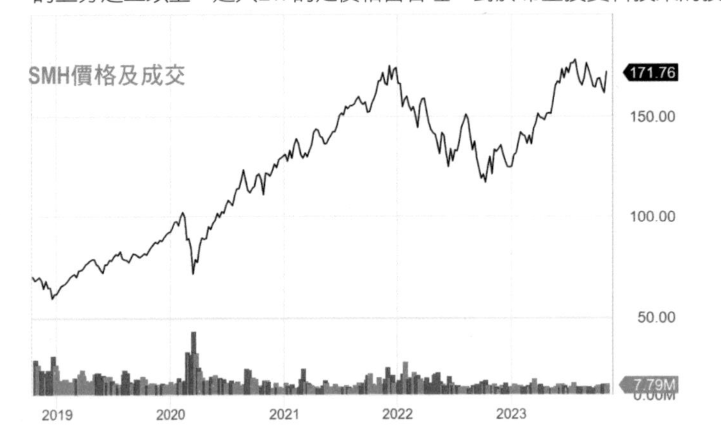

概況	
發行人	VanEck
品牌	VanEck
結構	ETF
費用率	0.35%
創立日期	May 05, 2000

費用率分析

SMH 費用率	ETF DB類別 平均費用率	FactSet劃分 平均費用率
0.35%	0.55%	0.25%

ETF主題	
類別	科技股
資產類別	股票
資產類別規模	大盤股
資產類別風格	成長
地區（一般）	已開發市場
地區（具體）	廣泛

股息

	SMH	ETF DB類別平均	FactSet 劃分平均
股息	$2.40	$0.28	$1.21
派息日期	19/12/2022	N/A	N/A
年度股息	$2.40	$0.38	$1.21
年度股息率	1.66%	0.80%	0.87%

回報

	SMH	ETF DB類別平均	FactSet 劃分平均
1個月	-2.00%	-5.22%	-2.50%
3個月	-9.92%	-13.71%	-11.03%
今年迄今	42.27%	20.84%	21.14%
1年	63.38%	19.49%	31.69%
3年	16.60%	0.80%	8.30%
5年	25.95%	4.70%	12.98%

年度總回報（%）紀錄

年份	SMH	類別
2022	-33.52%	無
2021	42.14%	無
2020	55.54%	無
2019	64.44%	無
2018	-9.04%	無
2017	38.44%	無
2016	35.53%	無
2015	-0.37%	4.50%
2014	30.20%	14.22%
2013	33.31%	34.51%

交易數據

52 Week Lo	$86.79
52 Week Hi	$161.17
AUM	$10,643.9 M
股數	66.3 M

歷史交易數據

1 個月平均量	9,040,830
3 個月平均量	8,184,114

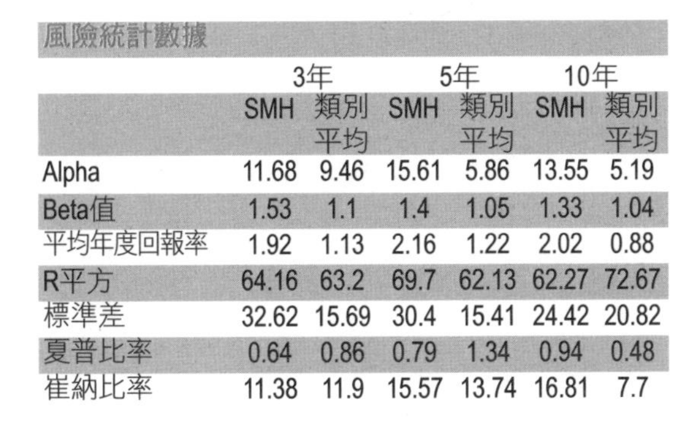

風險統計數據

	3年		5年		10年	
	SMH	類別平均	SMH	類別平均	SMH	類別平均
Alpha	11.68	9.46	15.61	5.86	13.55	5.19
Beta值	1.53	1.1	1.4	1.05	1.33	1.04
平均年度回報率	1.92	1.13	2.16	1.22	2.02	0.88
R平方	64.16	63.2	69.7	62.13	62.27	72.67
標準差	32.62	15.69	30.4	15.41	24.42	20.82
夏普比率	0.64	0.86	0.79	1.34	0.94	0.48
崔納比率	11.38	11.9	15.57	13.74	16.81	7.7

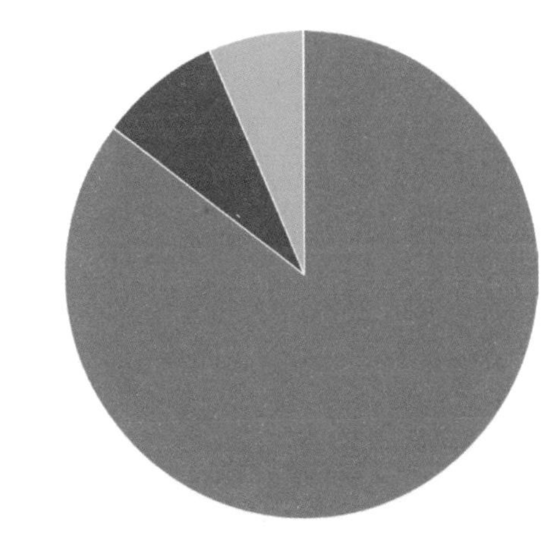

電子技術85.32% 生產者製造8.26% 技術服務6.4% 現金0.02%

10大持股

編碼	持股	% 資產
NVDA	NVIDIA Corporation	19.11%
TSM	Taiwan Semiconductor Manufacturing Co., Ltd. Sponsored ADR	12.96%
AVGO	Broadcom Inc.	6.95%
ASML	ASML Holding NV ADR	5.65%
AMD	Advanced Micro Devices, Inc.	4.98%
QCOM	QUALCOMM Incorporated	4.64%
INTC	Intel Corporation	4.62%
AMAT	Applied Materials, Inc.	4.43%
TXN	Texas Instruments Incorporated	4.33%
ADI	Analog Devices, Inc.	4.10%

資產分配

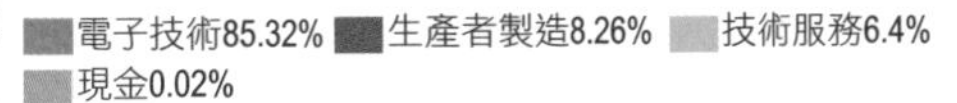

股票 79.77% 美國存託憑證 20.21% 現金0.02%

持股比較

	SMH	ETF DB 類別平均	FactSet 劃分平均
持股數目	26	67	39
10大持股佔比	71.77%	47.00%	58.90%
15大持股佔比	88.63%	60.69%	76.37%
50大持股佔比	100.00%	94.32%	99.93%

VEA Vanguard FTSE Developed Markets ETF

VEA是由先鋒集團（Vanguard Group）管理，專注於投資於已開發國家（不包括美國和加拿大）的大型和中型公司。這款基金追蹤FTSE Developed All Cap ex US Index，該指數包含來自歐洲、亞太地區和其他已開發市場的數千家公司。VEA基金涵蓋多個行業，如金融、醫療保健、工業和消費品等，提供投資者一個多元化的國際投資組合。這不僅增加了國際多元化的機會，也可能降低與僅投資於單一國家或地區相關的風險。VEA是一款費用相對低廉的基金，年度費用比率通常遠低於同類基金，這對長期投資者來說是一個吸引人的特點。VEA提供了一個經濟有效的方式來獲得多個已開發市場的股票曝露，並且透過多元化降低了單一市場的風險。

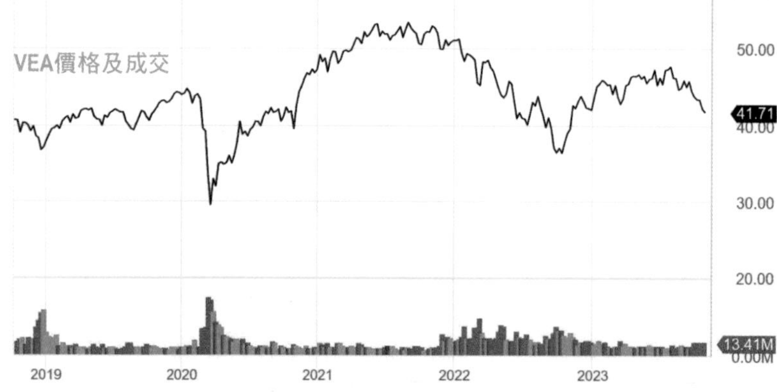

概況	
發行人	Vanguard
品牌	Vanguard
結構	ETF
費用率	0.05%
創立日期	Jul 20, 2007

費用率分析

VEA 費用率	ETF DB類別 平均費用率	FactSet劃分 平均費用率
0.05%	0.40%	0.36%

ETF主題	
類別	國外大盤股
資產類別	公平
資產類別規模	大盤股
資產類別風格	混合
地區（一般）	已開發市場
地區（具體）	EAFE（歐洲、澳洲和遠東地區）

股息

	VEA	ETF DB類別平均	FactSet 劃分平均
股息	$ 0.31	$ 0.43	$ 0.32
派息日期	2023-09-18	N/A	N/A
年度股息	$ 1.39	$ 1.30	$ 0.96
年度股息率	3.19%	3.94%	2.92%

回報

	VEA	ETF DB類別平均	FactSet 劃分平均
1個月	-5.51%	-4.77%	-4.05%
3個月	-8.43%	-7.04%	-5.53%
今年迄今	4.27%	3.65%	3.71%
1年	18.01%	16.82%	13.85%
3年	4.15%	3.28%	2.83%
5年	3.96%	2.76%	2.01%

年度總回報（%）紀錄

年份	VEA	類別
2022	-15.36%	無
2021	11.67%	無
2020	9.74%	無
2019	22.62%	無
2018	-14.75%	無
2017	26.42%	無
2016	2.67%	無
2015	-0.38%	-2.56%
2014	-5.98%	-3.50%
2013	21.83%	18.48%

交易數據

52 Week Lo	$35.42
52 Week Hi	$47.49
AUM	$109,891.0 M
股數	2,505.5 M

歷史交易數據

1 個月平均量	12,142,021
3 個月平均量	10,214,157

風險統計數據

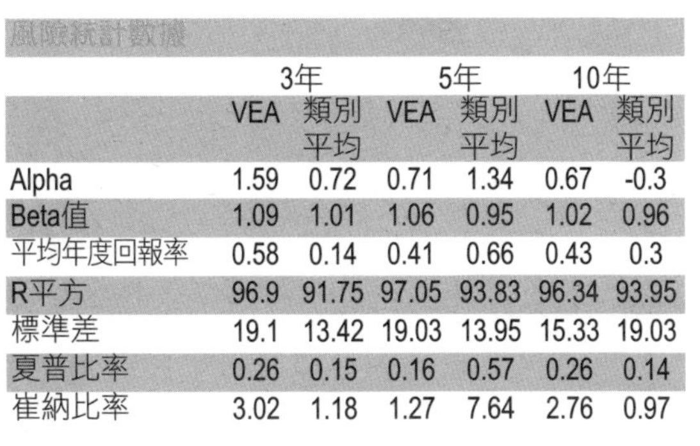

	3年		5年		10年	
	VEA	類別平均	VEA	類別平均	VEA	類別平均
Alpha	1.59	0.72	0.71	1.34	0.67	-0.3
Beta值	1.09	1.01	1.06	0.95	1.02	0.96
平均年度回報率	0.58	0.14	0.41	0.66	0.43	0.3
R平方	96.9	91.75	97.05	93.83	96.34	93.95
標準差	19.1	13.42	19.03	13.95	15.33	19.03
夏普比率	0.26	0.15	0.16	0.57	0.26	0.14
崔納比率	3.02	1.18	1.27	7.64	2.76	0.97

持倉分析

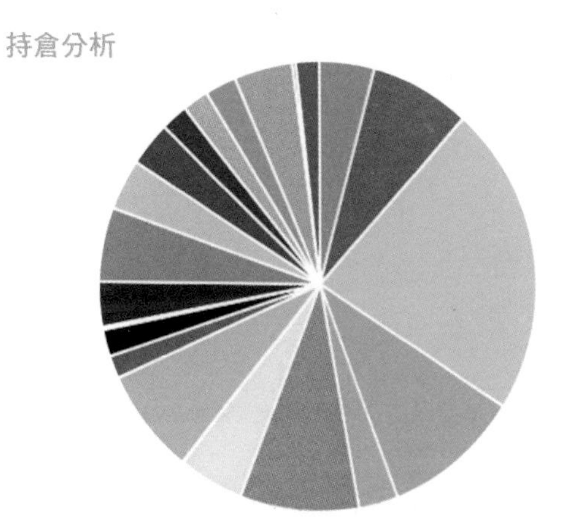

技術服務	4.27%	電子技術	7.37%
健康科技	9.93%	零售業	2.84%
生產者製造	7.31%	消費服務	1.62%
健康服務	0.21%	公用事業	3.1%
運輸	3.14%	工業服務	1.96%
非能源礦產	4.18%	現金	0.28%
金融	21.5%	能源礦產	4.69%
非耐久性消費品	8.46%	分銷服務	1.88%
商業服務	1.86%	流程工業	3.57%
耐久性消費品	5.15%	通訊	2.23%
		雜項開支	1.71%
		其他	0%

10大持股

編碼	持股	% 資產
NESN	Nestle S.A.	1.53%
ASML	ASML Holding NV	1.36%
005930	Samsung Electronics Co., Ltd.	1.25%
NOVO.B	Novo Nordisk A/S Class B	1.20%
MC	LVMH Moet Hennessy Louis Vuitton SE	1.11%
ROG	Roche Holding Ltd Dividend Right Cert.	1.01%
AZN	AstraZeneca PLC	1.01%
SHEL	Shell Plc	0.97%
NOVN	Novartis AG	0.97%
7203	Toyota Motor Corp.	0.91%

資產分配

股票92.98% 短暫0.61% 現金0.28% 單元0.06% 開放式基金1.66% 存託憑證/證書0.18% 其他0% 優先股1.49%

持股比較

	VEA	ETF DB類別平均	FactSet劃分平均
持股數目	4500	817	1143
10大持股佔比	13.59%	24.81%	17.25%
15大持股佔比	19.34%	31.63%	23.35%
50大持股佔比	54.84%	61.07%	52.55%

IEFA iShares Core MSCI EAFE ETF

IEFA是由BlackRock管理，主要投資於已開發國家（不包括美國和加拿大）的大型和中型股票。這款基金追蹤MSCI EAFE Index，這是一個包括來自歐洲、澳洲和遠東（EAFE）國家的指數。IEFA的投資組合廣泛涵蓋多個行業，包括但不限於消費品、金融、醫療保健和科技。這種多元化有助於減少單一市場或行業的風險，並為投資者提供一個全球視角的投資機會。費用方面，IEFA是費用相對較低的國際ETF，通常具有較低的年度費用比率，這使其成為長期和價值導向的投資者的一個有吸引力的選項。

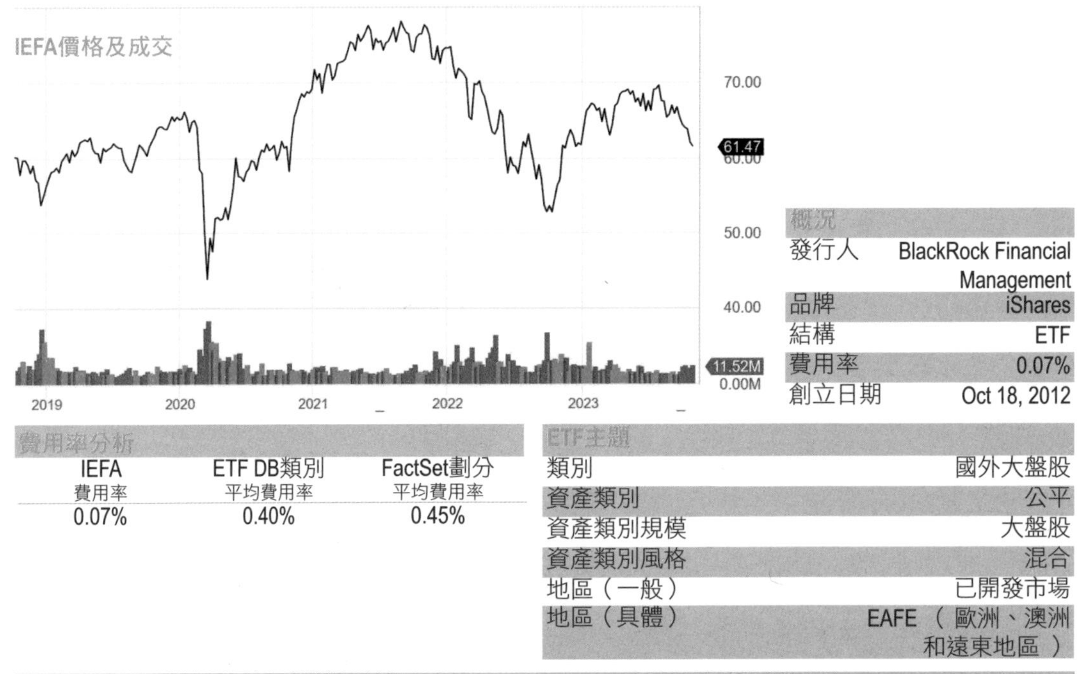

概況	
發行人	BlackRock Financial Management
品牌	iShares
結構	ETF
費用率	0.07%
創立日期	Oct 18, 2012

費用率分析		
IEFA 費用率	ETF DB類別 平均費用率	FactSet劃分 平均費用率
0.07%	0.40%	0.45%

ETF主題	
類別	國外大盤股
資產類別	公平
資產類別規模	大盤股
資產類別風格	混合
地區（一般）	已開發市場
地區（具體）	EAFE （歐洲、澳洲和遠東地區 ）

股息	IEFA	ETF DB類別平均	FactSet 劃分平均
股息	$ 1.28	$ 0.43	$ 0.52
派息日期	2023-06-07	N/A	N/A
年度股息	$ 1.62	$ 1.30	$ 1.32
年度股息率	2.53%	3.94%	3.47%

回報	IEFA	ETF DB類別平均	FactSet 劃分平均
1個月	-5.35%	-4.77%	-4.13%
3個月	-8.46%	-7.04%	-5.89%
今年迄今	4.33%	3.65%	4.45%
1年	19.00%	16.82%	15.48%
3年	3.95%	3.28%	2.85%
5年	3.79%	2.76%	2.32%

年度總回報（%）紀錄

年份	IEFA	類別
2022	-15.21%	無
2021	11.65%	無
2020	8.17%	無
2019	22.63%	無
2018	-14.13%	無
2017	26.59%	無
2016	1.58%	無
2015	0.73%	-2.56%
2014	-6.33%	-3.50%
2013	22.42%	18.48%

交易數據

52 Week Lo	$51.56
52 Week Hi	$69.85
AUM	$96,365.2 M
股數	1,490.4 M

歷史交易數據

1 個月平均量	9,258,156
3 個月平均量	7,658,818

風險統計數據

	3年		5年		10年	
	IEFA	類別平均	IEFA	類別平均	IEFA	類別平均
Alpha	1.45	0.72	0.5	1.34	0.68	-0.3
Beta值	1.09	1.01	1.04	0.95	1.01	0.96
平均年度回報率	0.57	0.14	0.39	0.66	0.43	0.3
R平方	96.39	91.75	96.5	93.83	96.03	93.95
標準差	19.08	13.42	18.72	13.95	15.27	19.03
夏普比率	0.25	0.15	0.15	0.57	0.26	0.14
崔納比率	2.89	1.18	1.11	7.64	2.78	0.97

持倉分析

技術服務	4.19%	電子技術	6.98%
健康科技	11.55%	零售業	2.9%
生產者製造	7.82%	消費服務	1.8%
健康服務	0.29%	公用事業	3.31%
運輸	2.58%	工業服務	1.35%
非能源礦產	3.79%	現金	0.29%
金融	21.15%	能源礦產	4.32%
非耐久性消費品	10.19%	分銷服務	1.83%
商業服務	1.95%	流程工業	3.79%
耐久性消費品	5.49%	通訊	2.56%
		雜項開支	0.03%
		其他	0%

10大持股

編碼	持股	% 資產
NESN	Nestle S.A.	1.81%
ASML	ASML Holding NV	1.51%
NOVO.B	Novo Nordisk A/S Class B	1.43%
MC	LVMH Moet Hennessy Louis Vuitton SE	1.36%
AZN	AstraZeneca PLC	1.19%
ROG	Roche Holding Ltd Dividend Right Cert.	1.18%
NOVN	Novartis AG	1.15%
SHEL	Shell Plc	1.14%
7203	Toyota Motor Corp.	1.00%
HSBA	HSBC Holdings Plc	0.89%

資產分配

股票96.19% 封閉式基金0% 現金0.23% 單元0.05%
開放式基金0% 存託憑證/證書0.16% 保證0% 其他0%
優先股1.66% 美國存託憑證0.19%

持股比較

	IEFA	ETF DB類別平均	FactSet劃分平均
持股數目	3000	817	513
10大持股佔比	15.16%	24.81%	42.83%
15大持股佔比	21.41%	31.63%	47.81%
50大持股佔比	58.87%	61.07%	69.73%

BNDX Vanguard Total International Bond ETF

BNDX是Vanguard管理，旨在提供投資者一個全面、多元化的國際債券投資機會。這個基金主要追蹤Bloomberg Barclays Global Aggregate ex-USD Float Adjusted RIC Capped Index（美元以外的全球綜合浮動調整RIC上限指數）。BNDX的投資組合主要由非美元計價的債券組成，涵蓋多個國家和行業。這些債券主要是由政府、國際組織和企業發行，提供了一定程度的收益和信用風險多元化。由於BNDX是全球定位的基金，投資者可以在美國以外的市場上尋求潛在的回報，並且有機會獲得貨幣多元化的好處。BNDX具有相對較低的年度費用比率，這使得它對於長期和價值導向的投資者來說是一個有吸引力的選項。

BNDX價格及成交

概況	
發行人	Vanguard
品牌	Vanguard
結構	ETF
費用率	0.07%
創立日期	Jun 04, 2013

費用率分析		
BNDX 費用率	ETF DB類別 平均費用率	FactSet劃分 平均費用率
0.07%	0.40%	0.07%

ETF主題	
類別	債券市場總量
資產類別	債券
地區（一般）	已開發市場
地區（具體）	廣泛

股息	BNDX	ETF DB類別平均	FactSet 劃分平均
股息	$ 0.08	$ 0.17	$ 0.58
派息日期	2023-10-02	N/A	N/A
年度股息	$ 0.98	$ 1.69	$ 1.03
年度股息率	2.08%	4.20%	2.16%

回報	BNDX	ETF DB類別平均	FactSet 劃分平均
1個月	-1.62%	-2.32%	-1.31%
3個月	-2.09%	-3.26%	-1.76%
今年迄今	1.31%	-0.25%	1.70%
1年	2.16%	2.27%	2.47%
3年	-4.61%	-2.26%	-4.05%
5年	-0.13%	0.31%	0.25%

年度總回報（%）紀錄

年份	BNDX	類別
2022	-12.76%	無
2021	-2.28%	無
2020	4.65%	無
2019	7.87%	無
2018	2.81%	無
2017	2.40%	無
2016	4.61%	無
2015	1.19%	無
2014	8.74%	無

交易數據

52 Week Lo	$45.93
52 Week Hi	$48.86
AUM	$50,815.8 M
股數	1,063.3 M

歷史交易數據

1 個月平均量	2,615,761
3 個月平均量	2,245,462

資產分配

主權74.85%　公司19.77%　現金1.09%
其他0.01%　優先股0.05%　資產支持證券0%

風險統計數據

	3年		5年		10年	
	BNDX	類別平均	BNDX	類別平均	BNDX	類別平均
Alpha	-0.7	無	-0.48	無	0.67	無
Beta值	0.76	無	0.77	無	0.78	無
平均年度回報率	-0.34	無	0.01	無	0.16	無
R平方	73.43	無	73.84	無	72.58	無
標準差	5.52	無	5.05	無	4.02	無
夏普比率	-1.12	無	-0.34	無	0.17	無
崔納比率	-1.12	無	-2.38	無	0.78	無

10大持股

編碼	持股	% 資產
N/A	U.S. Dollar	1.09%
N/A	Germany 3.1% 18-SEP-2025	0.39%
N/A	Germany 3.1% 18-SEP-2025	0.39%
N/A	Treasury Gilt 4.125% 29-JAN-2027	0.38%
N/A	Treasury Gilt 4.125% 29-JAN-2027	0.38%
N/A	Treasury Gilt 4.125% 29-JAN-2027	0.38%
N/A	Spain 0.0% 31-JAN-2027	0.36%
N/A	Spain 0.0% 31-JAN-2027	0.36%
N/A	Spain 0.0% 31-JAN-2027	0.36%
N/A	Spain 0.0% 31-JAN-2027	0.36%

持股比較

	BNDX	ETF DB類別平均	FactSet劃分平均
持股數目	7500	1433	6250
10大持股佔比	4.45%	36.60%	6.49%
15大持股佔比	6.10%	42.00%	8.46%
50大持股佔比	16.66%	65.55%	21.03%

EFA iShares MSCI EAFE ETF

EFA是由iShares發行，旨在追蹤MSCI EAFE指數的表現。該指數包含來自歐洲、澳洲和遠東地區的大型和中型公司股票。這個基金提供了一個方便的方式，讓投資者能夠多元化投資於這些成熟市場。EFA包含了多個行業的公司，如金融、醫療保健、消費品和科技等，並涵蓋多個國家，包括但不限於英國、日本、法國和德國。這種多元化有助於減少特定市場或行業的風險。該基金的費用比率中等，流通性通常很好，尤其是對於希望獲得國際曝露但不想選擇單一股票或其他金融產品的投資者。EFA提供了一個綜合性的方式來投資於成熟的國際市場，適合希望在其投資組合中增加國際多元化的投資者。

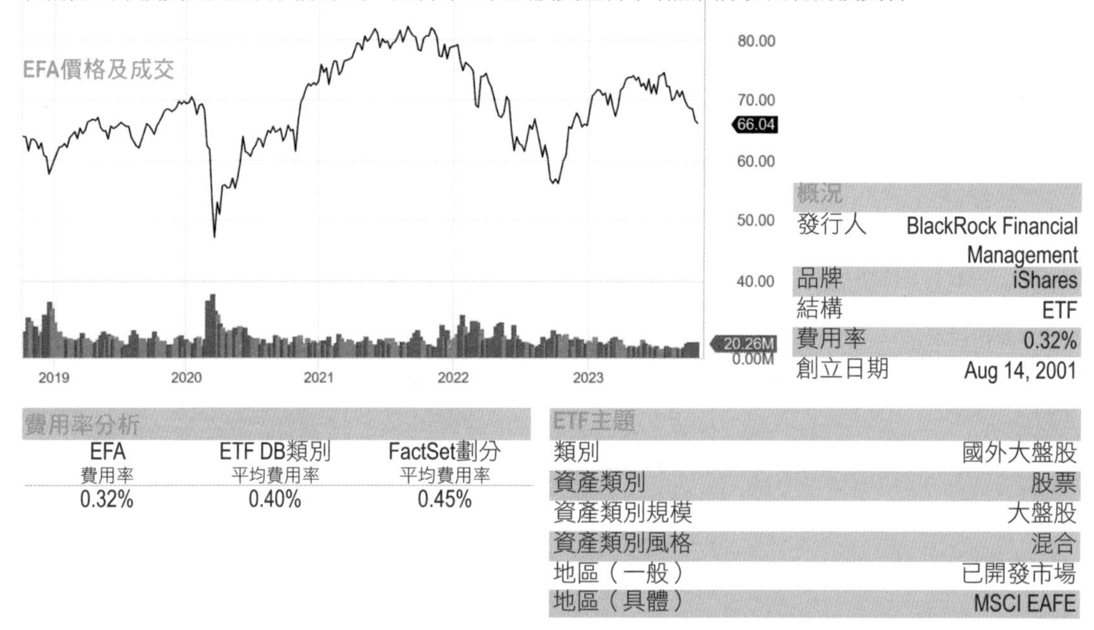

概況	
發行人	BlackRock Financial Management
品牌	iShares
結構	ETF
費用率	0.32%
創立日期	Aug 14, 2001

費用率分析

EFA 費用率	ETF DB類別 平均費用率	FactSet劃分 平均費用率
0.32%	0.40%	0.45%

ETF主題	
類別	國外大盤股
資產類別	股票
資產類別規模	大盤股
資產類別風格	混合
地區（一般）	已開發市場
地區（具體）	MSCI EAFE

股息

	EFA	ETF DB類別平均	FactSet 劃分平均
股息	$ 1.31	$ 0.43	$ 0.52
派息日期	2023-06-07	N/A	N/A
年度股息	$ 1.58	$ 1.30	$ 1.32
年度股息率	2.29%	3.94%	3.47%

回報

	EFA	ETF DB類別平均	FactSet 劃分平均
1個月	-5.06%	-4.77%	-4.13%
3個月	-8.13%	-7.04%	-5.89%
今年迄今	5.13%	3.65%	4.45%
1年	19.87%	16.82%	15.48%
3年	4.51%	3.28%	2.85%
5年	3.97%	2.76%	2.32%

年度總回報（%）紀錄

年份	EFA	類別
2022	-14.35%	無
2021	11.46%	無
2020	7.59%	無
2019	22.03%	無
2018	-13.81%	無
2017	25.10%	無
2016	1.37%	無
2015	-1.00%	-2.56%
2014	-6.20%	-3.50%
2013	21.39%	18.48%

交易數據

52 Week Lo	$$54.99
52 Week Hi	$74.74
AUM	$46,789.6 M
股數	673.8 M

歷史交易數據

1 個月平均量	17,058,892
3 個月平均量	14,337,904

持倉分析

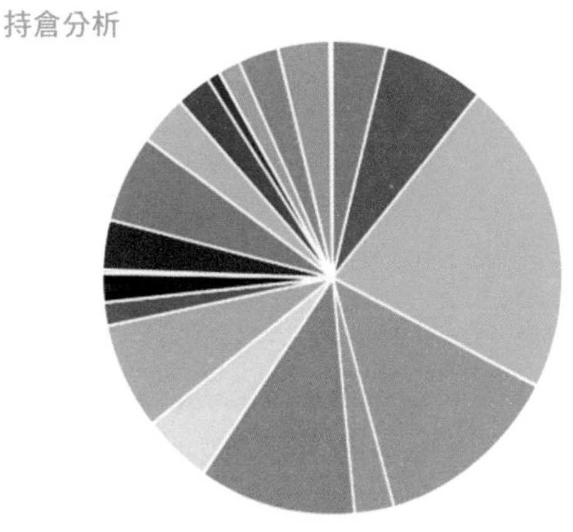

技術服務	4.1%	電子技術	7.4%
健康科技	12.91%	零售業	2.73%
生產者製造	7.39%	消費服務	1.62%
健康服務	0.25%	公用事業	3.38%
運輸	2.41%	工業服務	0.92%
非能源礦產	3.72%	現金	0.25%
金融	21.17%	能源礦產	4.81%
非耐久性消費品	11.07%	分銷服務	1.59%
商業服務	1.9%	流程工業	3.53%
耐久性消費品	5.98%	通訊	2.83%

風險統計數據

	3年		5年		10年	
	EFA	類別平均	EFA	類別平均	EFA	類別平均
Alpha	1.94	0.72	0.65	1.34	0.42	-0.3
Beta值	1.09	1.01	1.02	0.95	1.01	0.96
平均年度回報率	0.61	0.14	0.4	0.66	0.4	0.3
R平方	96.06	91.75	96.11	93.83	95.83	93.95
標準差	19.09	13.42	18.52	13.95	15.19	19.03
夏普比率	0.28	0.15	0.16	0.57	0.24	0.14
崔納比率	3.37	1.18	1.29	7.64	2.52	0.97

10大持股

編碼	持股	% 資產
NESN	Nestle S.A.	2.13%
ASML	ASML Holding NV	1.76%
NOVO.B	Novo Nordisk A/S Class B	1.68%
MC	LVMH Moet Hennessy Louis Vuitton SE	1.58%
AZN	AstraZeneca PLC	1.38%
ROG	Roche Holding Ltd Dividend Right Cert.	1.37%
NOVN	Novartis AG	1.35%
SHEL	Shell Plc	1.32%
7203	Toyota Motor Corp.	1.15%
HSBA	HSBC Holdings Plc	1.05%

資產分配

股票97.6%　存託憑證/證書0.12%　現金0.16%
美國存託憑證0.2%　優先股1.89%　單元0.04%

持股比較

	EFA	ETF DB類別平均	FactSet劃分平均
持股數目	1000	817	513
10大持股佔比	16.98%	24.81%	42.83%
15大持股佔比	23.62%	31.63%	47.81%
50大持股佔比	51.80%	61.07%	69.73%

VCIT Vanguard Intermediate-Term Corporate Bond ETF

VCIT是由先鋒（Vanguard）發行，專注於投資中期期限（一般為5至10年）的企業債券。這些債券主要是投資級別，即被信用評級機構評為中到高度信用可靠的。基金的目標是提供穩定的收益和保本的投資機會，同時降低與短期和長期債券相比的利率風險。VCIT為投資者提供了多元化的方式來參與企業債市場，而無需自己購買和管理單一的債券。VCIT的費用比率相對較低，這使它成為成本效益高的選擇。該基金通常具有良好的流通性，方便投資者進出市場。VCIT適合尋求中期投資期限和相對較低風險的投資者。

概況	
發行人	Vanguard
品牌	Vanguard
結構	ETF
費用率	0.04%
創立日期	Nov 19, 2009

費用率分析		
VCIT 費用率	ETF DB類別 平均費用率	FactSet劃分 平均費用率
0.04%	0.20%	0.13%

ETF主題	
類別	公司債
資產類別	債券
地區（一般）	已開發市場
地區（具體）	廣泛

股息	VCIT	ETF DB類別平均	FactSet 劃分平均
股息	$ 0.26	$ 0.16	$ 0.10
派息日期	2023-10-02	N/A	N/A
年度股息	$ 2.87	$ 1.62	$ 1.02
年度股息率	3.87%	4.15%	3.86%

回報	VCIT	ETF DB類別平均	FactSet 劃分平均
1個月	-3.63%	-2.18%	-2.50%
3個月	-5.19%	-2.79%	-3.49%
今年迄今	-1.64%	0.55%	-0.47%
1年	2.55%	3.94%	2.98%
3年	-5.37%	-2.20%	-2.96%
5年	0.96%	0.79%	0.96%

年度總回報（%）紀錄

年份	VCIT	類別
2022	-13.98%	無
2021	-1.77%	無
2020	9.46%	無
2019	14.10%	無
2018	-1.73%	無
2017	5.31%	無
2016	5.26%	無
2015	0.92%	0.02%
2014	7.66%	6.69%
2013	-1.94%	-1.63%

交易數據

52 Week Lo	$70.74
52 Week Hi	$79.64
AUM	$37,489.2 M
股數	496.6 M

歷史交易數據

1 個月平均量	7,196,117
3 個月平均量	5,454,123

資產分配

公司99.48%　開放式基金0%　優先股0.05%
主權0.49%

風險統計數據

	3年		5年		10年	
	VCIT	類別平均	VCIT	類別平均	VCIT	類別平均
Alpha	2.47	0.37	1.73	0.54	1.33	-1.85
Beta值	1.23	1.15	1.25	1.46	1.25	1.82
平均年度回報率	-0.36	0.41	0.13	0.42	0.21	0.51
R平方	97.38	73.11	78.34	67.18	80.09	67.47
標準差	7.74	3.47	7.89	4.64	6.13	7.1
夏普比率	-0.82	1.43	-0.03	1.13	0.22	0.74
崔納比率	-5.34	4.51	-0.45	4.08	0.95	2.85

10大持股

編碼	持股	% 資產
N/A	T-Mobile USA, Inc. 3.875% 15-APR-2030	0.42%
N/A	United States Treasury Notes 3.875% 15-AUG-2033	0.33%
N/A	United States Treasury Notes 3.875% 15-AUG-2033	0.33%
N/A	Boeing Company 5.15% 01-MAY-2030	0.32%
N/A	JPMorgan Chase & Co. 4.912% 25-JUL-2033	0.32%
N/A	Boeing Company 5.15% 01-MAY-2030	0.32%
N/A	Boeing Company 5.15% 01-MAY-2030	0.32%
N/A	JPMorgan Chase & Co. 4.912% 25-JUL-2033	0.32%
N/A	JPMorgan Chase & Co. 4.912% 25-JUL-2033	0.32%
N/A	JPMorgan Chase & Co. 4.912% 25-JUL-2033	0.32%

持股比較

	VCIT	ETF DB類別平均	FactSet劃分平均
持股數目	2500	991	985
10大持股佔比	3.32%	20.52%	8.99%
15大持股佔比	4.87%	24.50%	12.31%
50大持股佔比	14.82%	42.88%	29.61%

VCSH Vanguard Short-Term Corporate Bond ETF

VCSH是由先鋒（Vanguard）管理，主要投資在短期（一般為1至5年）的企業債券。這些債券多數是投資級的，被認為信用風險較低。由於其短期性質，VCSH通常受到利率變動的影響較小，使它成為相對較保守的固定收益投資選項。該基金的主要目的是提供穩定的收入和資本保全，同時提供比貨幣市場基金或短期政府債券稍高的收益。VCSH的費用比率也相對較低，這有助於提高其總回報。基金通常具有良好的流通性，讓投資者能夠輕鬆地買賣，適合尋求短期、低風險和相對穩定收益的投資者的選項。

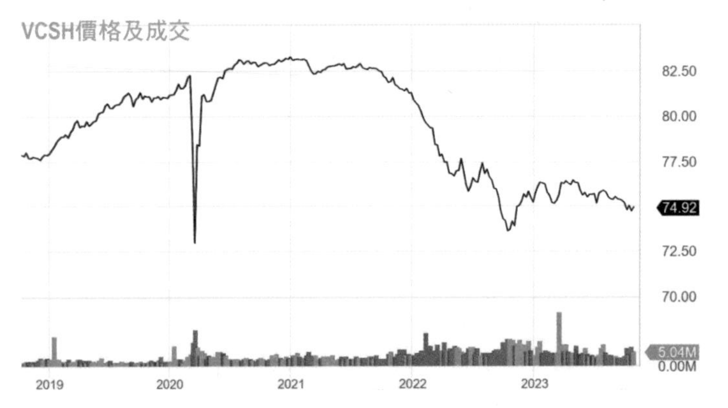

概況	
發行人	Vanguard
品牌	Vanguard
結構	ETF
費用率	0.04%
創立日期	Nov 19, 2009

費用率分析

VCSH 費用率	ETF DB類別 平均費用率	FactSet劃分 平均費用率
0.04%	0.20%	0.14%

ETF主題	
類別	公司債
資產類別	債券
地區（一般）	Investment Grade Corporate
地區（具體）	廣泛

股息

	VCSH	ETF DB類別平均	FactSet 劃分平均
股息	$ 0.22	$ 0.16	$ 0.11
派息日期	2023-10-02	N/A	N/A
年度股息	$ 2.19	$ 1.62	$ 1.15
年度股息率	2.93%	4.17%	3.10%

回報

	VCSH	ETF DB類別平均	FactSet 劃分平均
1個月	-0.46%	-2.11%	-0.26%
3個月	-0.70%	-3.18%	-0.38%
今年迄今	1.62%	0.55%	1.72%
1年	4.82%	5.13%	4.36%
3年	-1.28%	-2.15%	-0.88%
5年	1.55%	0.81%	1.22%

年度總回報（%）紀錄

年份	VCSH	類別
2022	-5.62%	無
2021	-0.63%	無
2020	5.13%	無
2019	7.02%	無
2018	0.92%	無
2017	2.17%	無
2016	2.60%	無
2015	1.26%	1.08%
2014	1.82%	1.26%
2013	1.38%	0.97%

交易數據

52 Week Lo	$71.24
52 Week Hi	$75.64
AUM	$36,443.9 M
股數	480.3 M

歷史交易數據

1 個月平均量	4,718,870
3 個月平均量	4,094,318

資產分配

公司99.05% 開放式基金0.41% 優先股0.02%
主權0.72%

風險統計數據

	3年		5年		10年	
	VCSH	類別平均	VCSH	類別平均	VCSH	類別平均
Alpha	0.5	0.47	0.66	0.92	0.53	無
Beta值	0.5	0.3	0.52	0.32	0.51	無
平均年度回報率	-0.09	0.15	0.14	0.16	0.15	無
R平方	89.39	54.6	63.33	49.89	64.84	無
標準差	3.3	1.04	3.68	1.22	2.76	無
夏普比率	-0.94	1.61	-0.04	1.56	0.2	無
崔納比率	-6.29	-2.87	-0.44	6.25	1.01	無

10大持股

編碼	持股	% 資產
N/A	United States Treasury Notes 4.625% 30-SEP-2028	0.63%
N/A	Vanguard Cash Management Market Liquidity Fund	0.41%
N/A	Vanguard Cash Management Market Liquidity Fund	0.41%
N/A	CVS Health Corporation 4.3% 25-MAR-2028	0.23%
N/A	Boeing Company 2.196% 04-FEB-2026	0.23%
N/A	Boeing Company 2.196% 04-FEB-2026	0.23%
N/A	CVS Health Corporation 4.3% 25-MAR-2028	0.23%
N/A	Boeing Company 2.196% 04-FEB-2026	0.23%
N/A	CVS Health Corporation 4.3% 25-MAR-2028	0.23%
N/A	Boeing Company 2.196% 04-FEB-2026	0.23%

持股比較

	VCSH	ETF DB類別平均	FactSet劃分平均
持股數目	2500	991	1420
10大持股佔比	3.06%	20.60%	7.57%
15大持股佔比	4.16%	24.58%	10.25%
50大持股佔比	11.01%	42.92%	25.60%

IXUS iShares Core MSCI Total International Stock ETF

由BlackRock管理，旨在追蹤MSCI ACWI除了美國以外所有國家的股票表現。該基金提供了一個綜合性的投資方案，讓投資者能夠涵蓋全球各大地區和國家（不包括美國）的股票市場。這個基金主要投資於已發展市場和新興市場，涵蓋各行各業，包括科技、金融、消費品和醫療保健等。IXUS的資產配置非常多樣化，通過一個單一的投資工具就能對全球股票市場進行廣泛接觸。由於基金的國際性質，它也會受到匯率波動、地緣政治因素以及不同國家經濟狀況的影響。費用比率相對較低，這有助於提高長期投資回報。IXUS是適合希望進行國際多元化，並尋求長期增長的投資者。

概況	
發行人	BlackRock Financial Management
品牌	iShares
結構	ETF
費用率	0.07%
創立日期	Oct 18, 2012

費用率分析

IXUS 費用率	ETF DB類別 平均費用率	FactSet劃分 平均費用率
0.07%	0.40%	0.50%

ETF主題	
類別	國外大盤股
資產類別	股票
資產類別規模	大盤股
資產類別風格	混合
地區（一般）	已開發市場
地區（具體）	廣泛

股息

	IXUS	ETF DB類別平均	FactSet 劃分平均
股息	$ 0.98	$ 0.44	$ 0.28
派息日期	2023-06-07	N/A	N/A
年度股息	$ 1.47	$ 1.32	$ 1.00
年度股息率	2.54%	4.05%	3.37%

回報

	IXUS	ETF DB類別平均	FactSet 劃分平均
1個月	-6.44%	-6.27%	-5.46%
3個月	-10.16%	-9.23%	-8.93%
今年迄今	1.51%	1.88%	0.81%
1年	15.19%	16.18%	11.58%
3年	1.82%	3.01%	0.58%
5年	3.27%	2.66%	2.02%

年度總回報（%）紀錄

年份	IXUS	類別
2022	-16.45%	無
2021	8.87%	無
2020	10.80%	無
2019	21.69%	無
2018	-14.40%	無
2017	28.14%	無
2016	4.72%	無
2015	-4.67%	-2.56%
2014	-5.01%	-3.50%
2013	13.66%	18.48%

交易數據

52 Week Lo	$49.74
52 Week Hi	$65.25
AUM	$33,091.5 M
股數	509.5 M

歷史交易數據

1 個月平均量	1,869,443
3 個月平均量	1,629,180

風險統計數據

	3年		5年		10年	
	IXUS	類別平均	IXUS	類別平均	IXUS	類別平均
Alpha	0.05	0.72	0.08	1.34	0.2	-0.3
Beta值	1.04	1.01	1.03	0.95	1.02	0.96
平均年度回報率	0.44	0.14	0.36	0.66	0.39	0.3
R平方	99.04	91.75	99.41	93.83	99.47	93.95
標準差	17.97	13.42	18.37	13.95	15.11	19.03
夏普比率	0.18	0.15	0.13	0.57	0.23	0.14
崔納比率	1.67	1.18	0.75	7.64	2.32	0.97

持倉分析

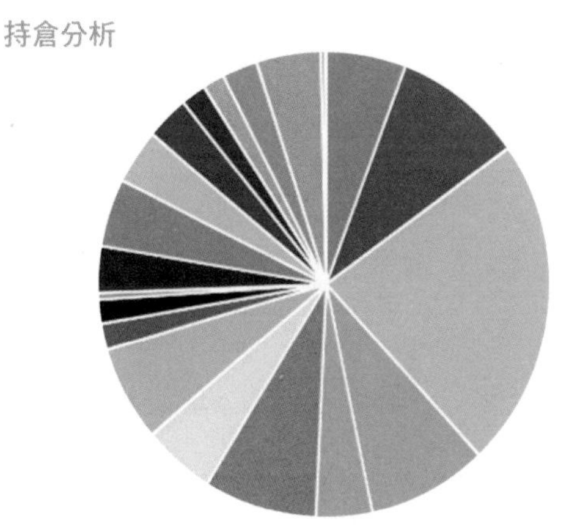

技術服務	5.83%	電子技術	9.42%
健康科技	8.38%	零售業	4.02%
生產者製造	6.54%	消費服務	1.81%
健康服務	0.45%	公用事業	3.21%
運輸	3.1%	工業服務	1.83%
非能源礦產	4.58%	現金	0.34%
金融	22.66%	能源礦產	5.08%
非耐久性消費品	8%	分銷服務	1.55%
商業服務	1.63%	流程工業	3.74%
耐久性消費品	4.63%	通訊	2.45%
		雜項開支	0.06%
		其他	0%

10大持股

編碼	持股	% 資產
2330	Taiwan Semiconductor Manufacturing Co., Ltd.	1.52%
NESN	Nestle S.A.	1.15%
ASML	ASML Holding NV	0.97%
700	Tencent Holdings Ltd.	0.96%
NOVO.B	Novo Nordisk A/S Class B	0.91%
005930	Samsung Electronics Co., Ltd.	0.87%
MC	LVMH Moet Hennessy Louis Vuitton SE	0.86%
AZN	AstraZeneca PLC	0.76%
ROG	Roche Holding Ltd Dividend Right Cert.	0.75%
SHEL	Shell Plc	0.73%

資產分配

股票95.72% 全球存託憑證0% 現金0.33% 單元0.25%
無投票權存託憑證0.61% 存託憑證/證書0.11% 保證0%
優先股1.64% 美國存託憑證0.7% 其他0%

持股比較

	IXUS	ETF DB類別平均	FactSet劃分平均
持股數目	4500	821	1149
10大持股佔比	11.30%	24.67%	37.30%
15大持股佔比	15.95%	31.49%	45.80%
50大持股佔比	43.93%	61.12%	73.30%

SCHF Schwab International Equity ETF

SCHF是由Charles Schwab Investment Management管理，旨在追蹤FTSE Developed ex-US Index的表現。這個指數包括除美國以外的已發展國家的大型和中型公司股票。基金主要投資於已發展市場，包括但不限於歐洲、亞洲和澳洲。SCHF提供了多元化的國際股票投資，涵蓋多個行業，包括金融、消費品、工業和科技等。SCHF的費用比率相對較低，使它成為長期和價值導向的投資者的選項。該基金也提供了對全球經濟的廣泛接觸，同時減少了對單一市場或行業的過度依賴。由於是國際基金，投資者需注意匯率風險和地緣政治不穩定等可能的影響因素。

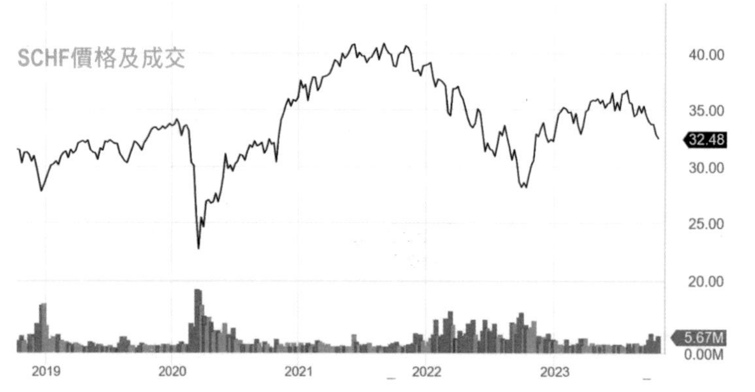

概況	
發行人	Charles Schwab
品牌	Schwab
結構	ETF
費用率	0.06%
創立日期	Nov 03, 2009

費用率分析		
SCHF 費用率	ETF DB類別 平均費用率	FactSet劃分 平均費用率
0.06%	0.40%	0.37%

ETF主題	
類別	國外大盤股
資產類別	股票
資產類別規模	大盤股
資產類別風格	混合
地區（一般）	已開發市場
地區（具體）	廣泛

股息	SCHF	ETF DB類別平均	FactSet 劃分平均
股息	$ 0.39	$ 0.44	$ 0.33
派息日期	2023-06-21	N/A	N/A
年度股息	$ 1.02	$ 1.32	$ 0.96
年度股息率	3.07%	4.05%	2.98%

回報	SCHF	ETF DB類別平均	FactSet 劃分平均
1個月	-6.74%	-6.27%	-5.13%
3個月	-10.36%	-9.23%	-7.20%
今年迄今	2.95%	1.88%	2.21%
1年	18.18%	16.18%	12.88%
3年	3.94%	3.01%	2.55%
5年	3.98%	2.66%	1.93%

年度總回報（%）紀錄

年份	SCHF	類別
2022	-14.79%	無
2021	11.41%	無
2020	9.50%	無
2019	22.24%	無
2018	-14.32%	無
2017	26.00%	無
2016	3.03%	無
2015	-2.50%	-2.56%
2014	-5.69%	-3.50%
2013	18.93%	18.48%

風險統計數據

	3年		5年		10年	
	SCHF	類別平均	SCHF	類別平均	SCHF	類別平均
Alpha	2.02	0.72	0.89	1.34	0.65	-0.3
Beta值	1.05	1.01	1.02	0.95	1	0.96
平均年度回報率	0.61	0.14	0.42	0.66	0.42	0.3
R平方	97.05	91.75	97.45	93.83	97.37	93.95
標準差	18.35	13.42	18.28	13.95	14.98	19.03
夏普比率	0.28	0.15	0.18	0.57	0.26	0.14
崔納比率	3.58	1.18	1.56	7.64	2.78	0.97

10大持股

編碼	持股	% 資產
NESN	Nestle S.A.	1.68%
ASML	ASML Holding NV	1.41%
005930	Samsung Electronics Co., Ltd.	1.29%
NOVO.B	Novo Nordisk A/S Class B	1.29%
MC	LVMH Moet Hennessy Louis Vuitton SE	1.16%
ROG	Roche Holding Ltd Dividend Right Cert.	1.10%
SHEL	Shell Plc	1.09%
AZN	AstraZeneca PLC	1.08%
NOVN	Novartis AG	1.08%
7203	Toyota Motor Corp.	1.07%

交易數據

52 Week Lo	$27.43
52 Week Hi	$36.85
AUM	$32,849.7 M
股數	894.6 M

歷史交易數據

1 個月平均量	4,680,591
3 個月平均量	3,313,468

持倉分析

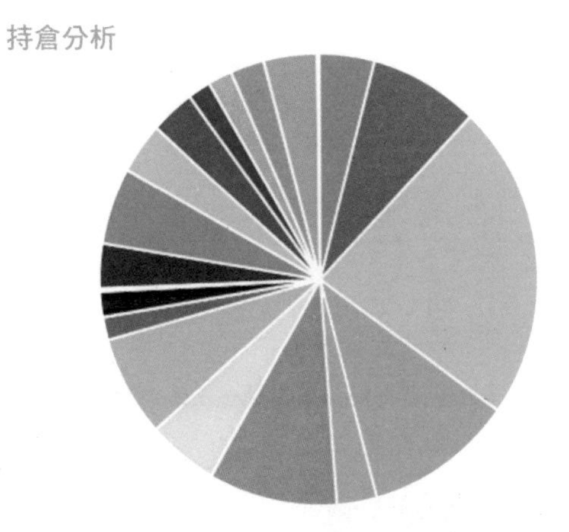

技術服務	4.42%	電子技術	8.21%
健康科技	10.77%	零售業	3.01%
生產者製造	7.2%	消費服務	1.63%
健康服務	0.22%	公用事業	3.17%
運輸	3.29%	工業服務	1.71%
非能源礦產	3.93%	現金	0.12%
金融	22.31%	能源礦產	5.11%
非耐久性消費品	9.43%	分銷服務	1.77%
商業服務	1.79%	流程工業	3.68%
耐久性消費品	5.42%	通訊	2.48%
		雜項開支	0.13%

資產分配

股票97.96% 現金0.09% 單元0.03% 保證0%
開放式基金0.05% 存託憑證/證書0.09% 優先股1.66%

持股比較

	SCHF	ETF DB類別平均	FactSet劃分平均
持股數目	2000	821	1149
10大持股佔比	11.30%	24.67%	37.30%
15大持股佔比	15.95%	31.49%	45.80%
50大持股佔比	43.93%	61.12%	73.30%

VT Vanguard Total World Stock ETF

VT是由Vanguard管理，旨在追蹤FTSE Global All Cap Index的表現。這個指數包括全球各地的大型、中型和小型公司股票，涵蓋已發展和新興市場。這款基金提供了一個全面的全球股票市場接觸，包括美國、歐洲、亞洲和其他地區。由於其全球範圍的多元化，被認為是適合長期和多元化投資組合的好選擇。VT的費用比率相對較低，對於長期投資者來說是優點。然而，全球接觸也意味著投資者需要考慮到匯率風險、地緣政治不穩定以及其他可能影響國際市場的因素。基金投資於多個行業，包括科技、金融、醫療保健和消費品等，這有助於分散風險。

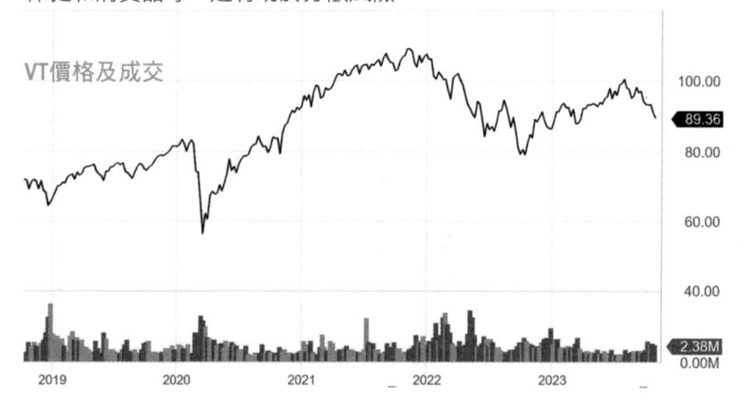

概況	
發行人	Vanguard
品牌	Vanguard
結構	ETF
費用率	0.07%
創立日期	Jun 24, 2008

費用率分析

VT 費用率	ETF DB類別 平均費用率	FactSet劃分 平均費用率
0.07%	0.37%	0.76%

ETF主題	
類別	大盤成長股票
資產類別	公平
資產類別規模	大盤股
資產類別風格	混合
地區（一般）	已開發市場
地區（具體）	廣泛

股息

	VT	ETF DB類別平均	FactSet 劃分平均
股息	$ 0.41	$ 0.33	$ 0.20
派息日期	2023-09-18	N/A	N/A
年度股息	$ 1.98	$ 0.92	$ 0.46
年度股息率	2.15%	1.34%	1.36%

回報

	VT	ETF DB類別平均	FactSet 劃分平均
1個月	-5.68%	-4.80%	-3.88%
3個月	-8.65%	-8.24%	-6.26%
今年迄今	6.83%	12.44%	1.00%
1年	15.53%	16.75%	5.06%
3年	5.33%	4.15%	1.04%
5年	7.22%	6.03%	1.03%

年度總回報（%）紀錄

年份	VT	類別
2022	-18.01%	無
2021	18.27%	無
2020	16.61%	無
2019	26.82%	無
2018	-9.76%	無
2017	24.49%	無
2016	8.51%	無
2015	-1.86%	-2.56%
2014	3.67%	-3.50%
2013	22.95%	18.48%

交易數據

52 Week Lo	$77.97
52 Week Hi	$100.31
AUM	$29,585.5 M
股數	294.4 M

歷史交易數據

1 個月平均量	2,277,265
3 個月平均量	1,679,515

風險統計數據

	3年		5年		10年	
	VT	類別平均	VT	類別平均	VT	類別平均
Alpha	0.13	無	-0.06	無	0.09	無
Beta值	1.02	無	1.02	無	1.01	無
平均年度回報率	0.69	無	0.66	無	0.71	無
R平方	99.79	無	99.74	無	99.55	無
標準差	17.36	無	18.52	無	14.68	無
夏普比率	0.36	無	0.33	無	0.5	無
崔納比率	4.96	無	4.51	無	6.43	無

持倉分析

技術服務	13.52%	電子技術	12.42%
健康科技	8.8%	零售業	5.51%
生產者製造	4.46%	消費服務	2.56%
健康服務	1.52%	公用事業	2.44%
運輸	2.08%	工業服務	1.34%
非能源礦產	4.58%	現金	0.75%
金融	15.43%	能源礦產	4.03%
非耐久性消費品	5.47%	分銷服務	1.09%
商業服務	2.22%	流程工業	2.36%
耐久性消費品	3.16%	通訊	1.39%
		雜項開支	1.93%
		其他	0%

10大持股

編碼	持股	% 資產
AAPL	Apple Inc.	4.08%
MSFT	Microsoft Corporation	3.57%
AMZN	Amazon.com, Inc.	1.66%
NVDA	NVIDIA Corporation	1.42%
GOOGL	Alphabet Inc. Class A	1.02%
TSLA	Tesla, Inc.	1.02%
META	Meta Platforms Inc. Class A	0.90%
GOOG	Alphabet Inc. Class C	0.87%
BRK.B	Berkshire Hathaway Inc. Class B	0.74%
UNH	UnitedHealth Group Incorporated	0.63%

資產分配

股票90.52% 外國人0.14% 現金0.75% 單元0.08%
開放式基金0.6% 全球存託憑證0.05% 優先股0% 保證0%
封閉式基金0% 美國存託憑證0.33% 短暫0.09%
無投票權存託憑證0% 存託憑證/證書0.05% 其他0%

持股比較

	VT	ETF DB類別平均	FactSet劃分平均
持股數目	10000	415	383
10大持股佔比	21.44%	42.85%	46.10%
15大持股佔比	27.09%	51.61%	55.18%
50大持股佔比	58.33%	80.84%	82.54%

IGSB iShares 1-5 Year Investment Grade Corporate Bond ETF

是由BlackRock管理，專門投資於短期的企業債券。這款基金主要追蹤ICE BofA 1-5 Year US Corporate Index，這個指數包含具有1到5年到期的美國企業債券。由於IGSB專注於短期債券，它的利率風險相對較低，吸引尋求較低波動性和穩定收益的投資者。該基金通常適用於資金保值和收益生成的戰略配置，或作為一個多元化投資組合中的一部分。IGSB主要投資於投資級企業債券，這些債券通常由信用評級較高的企業發行。由於是短期債券，因此對於利率變化的敏感性較低，對於在利率上升環境中保護資本尤為重要。費用比率相對較低，長期投資者可以更有效地保有他們的資本。

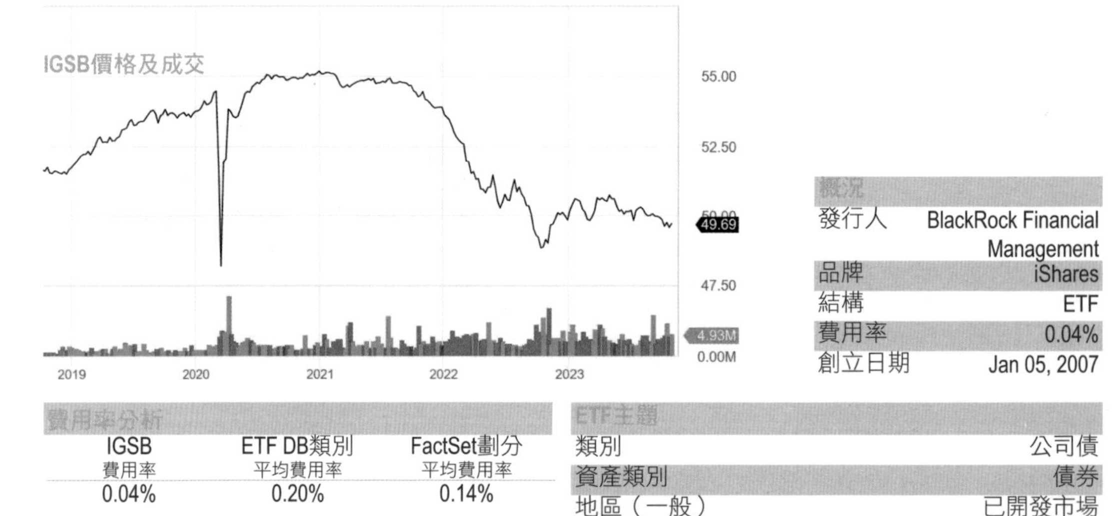

概況	
發行人	BlackRock Financial Management
品牌	iShares
結構	ETF
費用率	0.04%
創立日期	Jan 05, 2007

費用率分析

IGSB 費用率	ETF DB類別 平均費用率	FactSet劃分 平均費用率
0.04%	0.20%	0.14%

ETF主題	
類別	公司債
資產類別	債券
地區（一般）	已開發市場
地區（具體）	廣泛

股息

	IGSB	ETF DB類別平均	FactSet 劃分平均
股息	$ 0.14	$ 0.16	$ 0.11
派息日期	2023-10-02	N/A	N/A
年度股息	$ 1.54	$ 1.62	$ 1.15
年度股息率	3.10%	4.17%	3.10%

回報

	IGSB	ETF DB類別平均	FactSet 劃分平均
1個月	-0.42%	-2.11%	-0.26%
3個月	-0.59%	-3.18%	-0.38%
今年迄今	1.86%	0.55%	1.72%
1年	5.06%	5.13%	4.36%
3年	-1.16%	-2.15%	-0.88%
5年	1.71%	0.81%	1.22%

年度總回報（%）紀錄		
年份	IGSB	類別
2022	-5.63%	無
2021	-0.56%	無
2020	5.37%	無
2019	7.11%	無
2018	1.25%	無
2017	1.27%	無
2016	1.79%	無
2015	0.63%	1.08%
2014	0.67%	1.26%
2013	1.16%	0.97%

交易數據	
52 Week Lo	$47.16
52 Week Hi	$50.12
AUM	$23,354.3 M
股數	464.6 M

歷史交易數據	
1 個月平均量	4,874,235
3 個月平均量	4,477,045

資產分配

公司99.53% 優先股0.01% 現金0.15%
主權0.03% 其他0.05%

風險統計數據	3年		5年		10年	
	IGSB	類別平均	IGSB	類別平均	IGSB	類別平均
Alpha	0.48	0.47	0.75	0.92	0.24	無
Beta值	0.48	0.3	0.51	0.32	0.45	無
平均年度回報率	-0.08	0.15	0.15	0.16	0.12	無
R平方	88.58	54.6	61.88	49.89	58.59	無
標準差	3.22	1.04	3.63	1.22	2.62	無
夏普比率	-0.94	1.61	-0.02	1.56	0.1	無
崔納比率	-6.3	-2.87	-0.24	6.25	0.49	無

10大持股		
編碼	持股	% 資產
N/A	Bank of America Corporation 3.419% 20-DEC-2028	0.18%
N/A	Bank of America Corporation 3.419% 20-DEC-2028	0.18%
N/A	Bank of America Corporation 1.734% 22-JUL-2027	0.18%
N/A	Boeing Company 2.196% 04-FEB-2026	0.16%
N/A	U.S. Dollar	0.16%
N/A	U.S. Dollar	0.16%
N/A	U.S. Dollar	0.16%
N/A	Boeing Company 2.196% 04-FEB-2026	0.16%
N/A	Boeing Company 2.196% 04-FEB-2026	0.16%
N/A	U.S. Dollar	0.16%

持股比較			
	IGSB	ETF DB類別平均	FactSet劃分平均
持股數目	4000	991	1420
10大持股佔比	1.66%	20.60%	7.57%
15大持股佔比	2.41%	24.58%	10.25%
50大持股佔比	7.31%	42.92%	25.60%

BND Vanguard Total Bond Market ETF

是由Vanguard管理的固定收益ETF，主要目標是追蹤Bloomberg Barclays U.S. Aggregate Float Adjusted Index，包括寬範圍美國債券市場的指數。BND投資於多種類型的債券，包括但不限於美國國債、企業債、地方政府和市政債，是多元化的固定收益投資工具，涵蓋了債券市場的不同面向和信用風險。由於組合的多樣性，BND適合作為投資組合中的核心固定收益部分。費用比率相對較低，流通性也相當好，成為許多投資者的首選。對於尋求當前收入或希望降低整體投資組合風險的投資者來説，BND是一個不錯的選項。

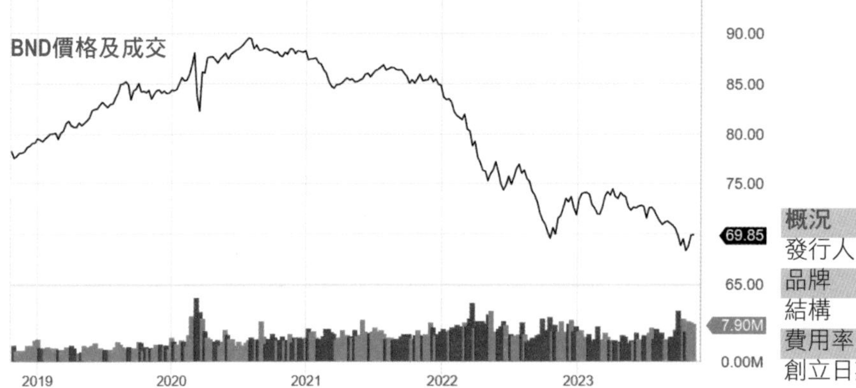

概況	
發行人	Vanguard
品牌	Vanguard
結構	ETF
費用率	0.03%
創立日期	Apr 03, 2007

費用率分析

BND 費用率	ETF DB類別 平均費用率	FactSet劃分 平均費用率
0.03%	0.40%	0.22%

ETF主題	
類別	債券市場
資產類別	債券
債券種類	全債券市場
債券年期	全年期
地區（一般）	北美
地區（具體）	美國

股息

	BND	ETF DB類別平均	FactSet 劃分平均
股息	$ 0.19	$ 0.17	$ 0.12
派息日期	2023-10-02	N/A	N/A
年度股息	$ 2.15	$ 1.69	$ 1.33
年度股息率	3.13%	4.22%	3.95%

回報

	BND	ETF DB類別平均	FactSet 劃分平均
1個月	-2.13%	-1.58%	-1.89%
3個月	-4.52%	-2.94%	-3.77%
今年迄今	-2.05%	0.12%	-0.97%
1年	2.10%	3.51%	2.24%
3年	-5.44%	-2.12%	-2.72%
5年	0.06%	0.36%	0.12%

年度總回報（%）紀錄

年份	BND	類別
2022	-13.11%	無
2021	-1.86%	無
2020	7.71%	無
2019	8.84%	無
2018	-0.11%	無
2017	3.57%	無
2016	2.53%	無
2015	0.56%	0.41%
2014	5.82%	5.68%
2013	-2.10%	-1.86%

交易數據

52 Week Lo	$67.07
52 Week Hi	$73.74
AUM	$94,789.4 M
股數	1,367.0 M

歷史交易數據

1 個月平均量	8,123,283
3 個月平均量	6,382,523

風險統計數據

	3年 BND	3年 類別平均	5年 BND	5年 類別平均	10年 BND	10年 類別平均
Alpha	0.03	0.01	0.06	-0.04	-0.01	-0.18
Beta值	1	0.94	1.01	0.94	1.01	1.01
平均年度回報率	-0.43	0.31	0.03	0.24	0.1	0.38
R平方	99.84	90.34	99.76	92.21	99.63	99.08
標準差	6.22	2.56	5.64	2.6	4.45	3.26
夏普比率	-1.15	1.45	-0.27	1.08	0	1.15
崔納比率	-7.23	4.05	-1.69	3.02	-0.09	3.77

持倉分析

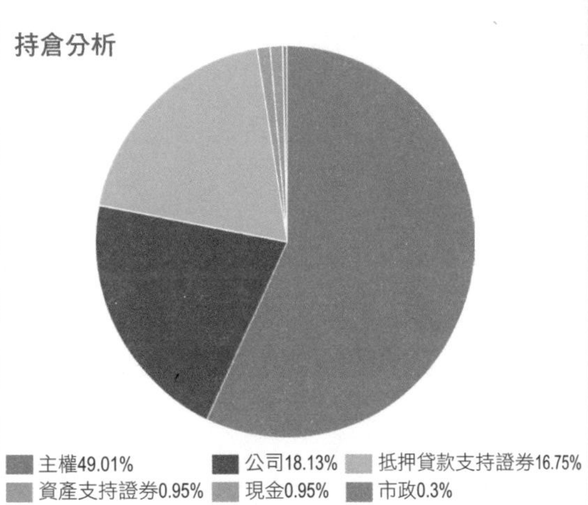

10大持股

編碼	持股	% 資產
N/A	U.S. Dollar	0.91%
N/A	United States Treasury Notes 0.75% 30-APR-2026	0.59%
N/A	United States Treasury Notes 0.75% 30-APR-2026	0.59%
N/A	United States Treasury Notes 1.375% 15-NOV-2031	0.49%
N/A	United States Treasury Notes 1.375% 15-NOV-2031	0.49%
N/A	United States Treasury Notes 1.375% 15-NOV-2031	0.49%
N/A	United States Treasury Notes 4.125% 15-NOV-2032	0.48%
N/A	United States Treasury Notes 1.875% 15-FEB-2032	0.48%
N/A	United States Treasury Notes 4.125% 15-NOV-2032	0.48%
N/A	United States Treasury Notes 1.875% 15-FEB-2032	0.48%

持股比較

	BND	ETF DB 類別平均	FactSet 劃分平均
持股數目	18000	1433	2508
10大持股佔比	5.48%	36.56%	40.61%
15大持股佔比	7.88%	41.95%	45.32%
50大持股佔比	23.28%	65.51%	63.06%

AGG iShares Core U.S. Aggregate Bond ETF

是由BlackRock管理的固定收益ETF。這個基金旨在追蹤Bloomberg Barclays U.S. Aggregate Bond Index，是衡量美國投資級固定收益市場的廣泛指數。AGG基金涵蓋多種類型的債券，包括國債、政府擔保機構債券、企業債和抵押貸款支持證券（MBS）。基金提供了多元化的投資組合，涉及不同的產業和信用評級。由於AGG提供了對美國債券市場的廣泛暴露，常被用作多元化投資組合的核心成分。這個基金特別適合那些尋求穩定收入流或希望降低投資組合總風險的投資者。AGG的費用比率相對較低，流通性也很高，這使得它對各種投資者都是一個吸引人的選項。

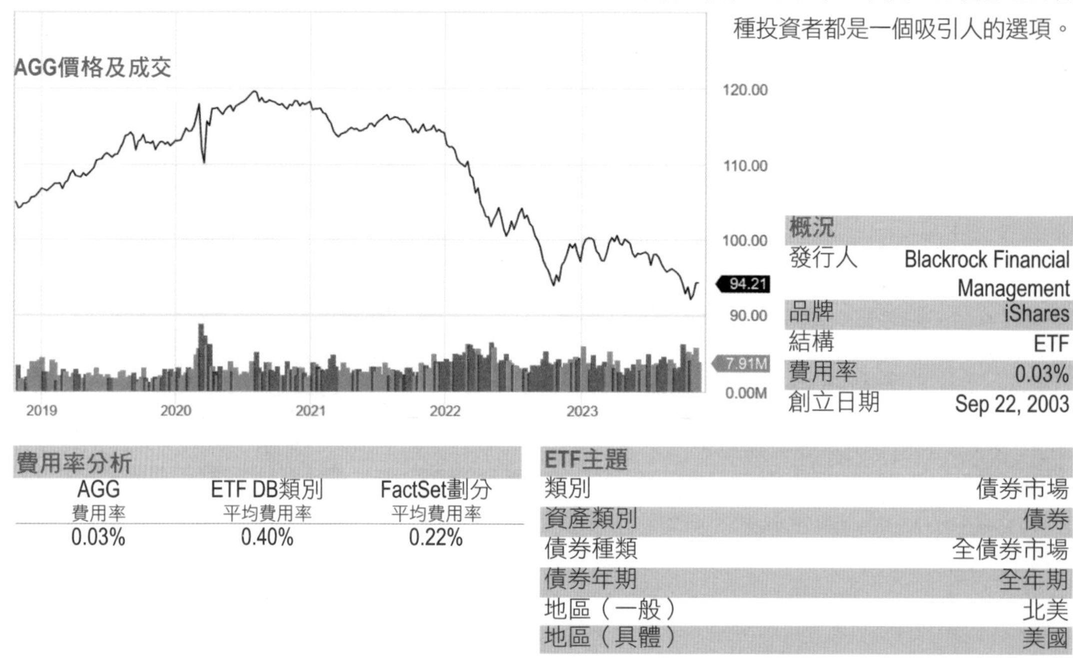

概況	
發行人	Blackrock Financial Management
品牌	iShares
結構	ETF
費用率	0.03%
創立日期	Sep 22, 2003

費用率分析		
AGG 費用率	ETF DB類別 平均費用率	FactSet劃分 平均費用率
0.03%	0.40%	0.22%

ETF主題	
類別	債券市場
資產類別	債券
債券種類	全債券市場
債券年期	全年期
地區（一般）	北美
地區（具體）	美國

股息	AGG	ETF DB類別平均	FactSet 劃分平均
股息	$0.26	$0.17	$0.12
派息日期	2/10/2023	N/A	N/A
年度股息	$2.94	$1.69	$1.32
年度股息率	3.18%	4.20%	3.92%

回報	AGG	ETF DB類別平均	FactSet 劃分平均
1個月	-3.37%	-2.32%	-2.79%
3個月	-5.39%	-3.26%	-4.22%
今年迄今	-2.89%	-0.25%	-1.36%
1年	-0.20%	2.27%	0.81%
3年	-5.81%	-2.26%	-2.87%
5年	-0.16%	0.31%	0.09%

年度總回報（%）紀錄

年份	AGG	類別
2022	-13.02%	無
2021	-1.77%	無
2020	7.48%	無
2019	8.46%	無
2018	0.10%	無
2017	3.55%	無
2016	2.41%	無
2015	0.48%	0.41%
2014	6.00%	5.68%
2013	-1.98%	-1.86%

交易數據

52 Week Lo	$90.44
52 Week Hi	$99.39
AUM	$90,088.3 M
股數	963.3 M

歷史交易數據

1 個月平均量	9,825,665
3 個月平均量	8,374,761

風險統計數據

	3年		5年		10年	
	AGG	類別平均	AGG	類別平均	AGG	類別平均
Alpha	0	0.01	-0.02	-0.04	-0.03	-0.18
Beta值	1	0.94	1	0.94	1	1.01
平均年度回報率	-0.43	0.31	0.02	0.24	0.1	0.38
R平方	99.84	90.34	99.94	92.21	99.95	99.08
標準差	6.21	2.56	5.6	2.6	4.39	3.26
夏普比率	-1.16	1.45	-0.29	1.08	0	1.15
崔納比率	-7.25	4.05	-1.77	3.02	-0.11	3.77

持倉分析

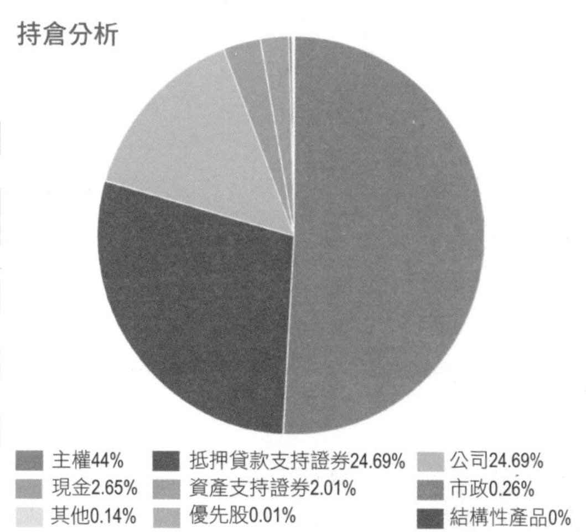

主權44%　抵押貸款支持證券24.69%　公司24.69%
現金2.65%　資產支持證券2.01%　市政0.26%
其他0.14%　優先股0.01%　結構性產品0%

10大持股

編碼	持股	% 資產
N/A	U.S. Dollar	2.96%
N/A	United States Treasury Notes 0.375% 31-JAN-2026	0.64%
N/A	United States Treasury Notes 0.375% 31-JAN-2026	0.64%
N/A	United States Treasury Notes 4.5% 15-JUL-2026	0.50%
N/A	United States Treasury Notes 4.5% 15-JUL-2026	0.50%
N/A	United States Treasury Notes 4.5% 15-JUL-2026	0.50%
N/A	United States Treasury Notes 2.875% 15-MAY-2032	0.47%
N/A	United States Treasury Notes 2.875% 15-MAY-2032	0.47%
N/A	United States Treasury Notes 2.875% 15-MAY-2032	0.47%
N/A	United States Treasury Notes 2.875% 15-MAY-2032	0.47%

持股比較

	AGG	ETF DB 類別平均	FactSet 劃分平均
持股數目	11500	1433	2508
10大持股佔比	7.62%	36.60%	40.57%
15大持股佔比	9.92%	42.00%	45.29%
50大持股佔比	23.59%	65.55%	63.04%

BNDX Vanguard Total International Bond ETF

BNDX追蹤投資等級、非美元計價的債券指數，是由Vanguard Group管理的國際固定收益ETF，旨在追蹤Bloomberg Barclays Global Aggregate ex-USD Float Adjusted RIC Capped Index（除美元外的全球綜合指數），投資於非美國發行的投資級固定收益證券，包括但不限於國債、地方政府債券、企業債及其他資產支持證券。為了減少貨幣風險，基金通常會使用貨幣遠期合約將非美元資產轉換為美元。由於BNDX涵蓋了全球多個國家和地區，它為投資者提供了一個相對穩定和保守的收益來源。

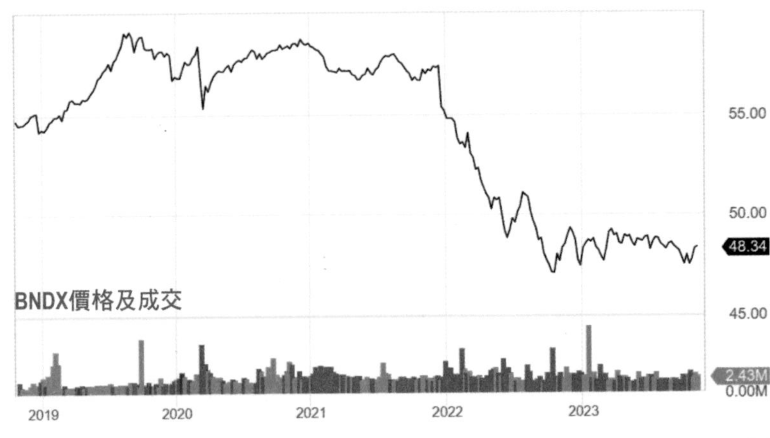

概況	
發行人	Vanguard
品牌	Vanguard
結構	ETF
費用率	0.07%
創立日期	Jun 04, 2013

費用率分析		
BNDX 費用率	ETF DB類別 平均費用率	FactSet劃分 平均費用率
0.07%	0.40%	0.07%

ETF主題	
類別	債券市場
資產類別	債券
債券種類	全債券市場
債券年期	全年期
地區（一般）	已開發市場
地區（具體）	廣泛

股息	BNDX	ETF DB類別平均	FactSet 劃分平均
股息	$0.08	$0.17	$0.58
派息日期	2/10/2023	N/A	N/A
年度股息	$0.98	$1.69	$1.03
年度股息率	2.08%	4.20%	2.16%

回報	BNDX	ETF DB類別平均	FactSet 劃分平均
1個月	-1.62%	-2.32%	-1.31%
3個月	-2.09%	-3.26%	-1.76%
今年迄今	1.31%	-0.25%	1.70%
1年	2.16%	2.27%	2.47%
3年	-4.61%	-2.26%	-4.05%
5年	-0.13%	0.31%	0.25%

年度總回報（%）紀錄

年份	BNDX	類別
2022	-12.76%	無
2021	-2.28%	無
2020	4.65%	無
2019	7.87%	無
2018	2.81%	無
2017	2.40%	無
2016	4.61%	無
2015	1.19%	無
2014	8.74%	無

交易數據

52 Week Lo	$45.93
52 Week Hi	$48.86
AUM	$50,815.8 M
股數	1,063.3 M

歷史交易數據

1 個月平均量	2,615,761
3 個月平均量	2,245,462

持倉分析

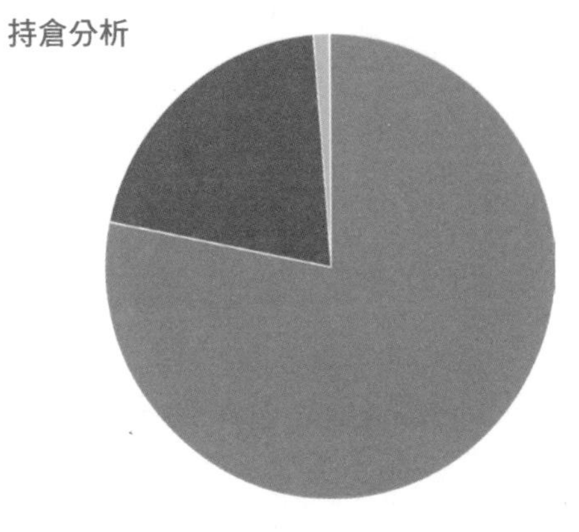

風險統計數據

	3年 BNDX	3年 類別平均	5年 BNDX	5年 類別平均	10年 BNDX	10年 類別平均
Alpha	-0.7	無	-0.48	無	0.67	無
Beta值	0.76	無	0.77	無	0.78	無
平均年度回報率	-0.43	無	0.01	無	0.16	無
R平方	73.74	無	73.84	無	72.58	無
標準差	5.52	無	5.05	無	4.02	無
夏普比率	-1.12	無	-0.34	無	0.17	無
崔納比率	-8.22	無	-2.38	無	0.78	無

10大持股

編碼	持股	% 資產
N/A	U.S. Dollar	1.09%
N/A	Germany 3.1% 18-SEP-2025	0.39%
N/A	Germany 3.1% 18-SEP-2025	0.39%
N/A	Treasury Gilt 4.125% 29-JAN-2027	0.38%
N/A	Treasury Gilt 4.125% 29-JAN-2027	0.38%
N/A	Treasury Gilt 4.125% 29-JAN-2027	0.38%
N/A	Spain 0.0% 31-JAN-2027	0.36%
N/A	Spain 0.0% 31-JAN-2027	0.36%
N/A	Spain 0.0% 31-JAN-2027	0.36%
N/A	Spain 0.0% 31-JAN-2027	0.36%

持股比較

	BNDX	ETF DB 類別平均	FactSet 劃分平均
持股數目	7500	1433	6250
10大持股佔比	4.45%	36.60%	6.49%
15大持股佔比	6.10%	42.00%	8.46%
50大持股佔比	16.66%	65.55%	21.03%

TLT iShares 20+ Year Treasury Bond ETF

是由iShares管理，主要投資於美國長期國債。該基金旨在追蹤ICE U.S. Treasury 20+ Year Bond Index， 是衡量20年以上到期期限的美國國債的市場表現的指數。由於TLT專注於長期的美國國債，被視為低風險、穩定的投資選項。長期國債對利率變動特別敏感，如果預計未來利率將上升，投資於這類基金可能會面臨資本虧損的風險。在市場不確定或波動性增加的時候，TLT通常會受到投資者的青睞，被視為避險資產。由於長期國債通常提供較高的收益率，相對於短期或中期國債，這也可能吸引尋求更高固定收益的投資者 。

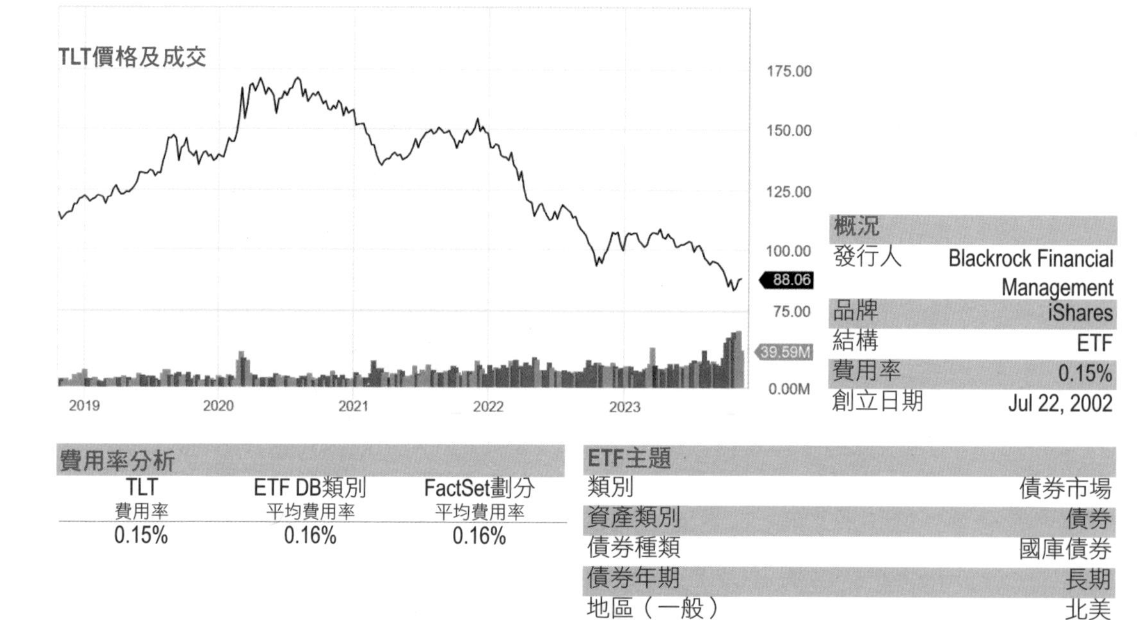

概況	
發行人	Blackrock Financial Management
品牌	iShares
結構	ETF
費用率	0.15%
創立日期	Jul 22, 2002

費用率分析		
TLT 費用率	ETF DB類別 平均費用率	FactSet劃分 平均費用率
0.15%	0.16%	0.16%

ETF主題	
類別	債券市場
資產類別	債券
債券種類	國庫債券
債券年期	長期
地區（一般）	北美
地區（具體）	美國

股息	TLT	ETF DB類別平均	FactSet 劃分平均
股息	$0.28	$0.22	$0.23
派息日期	2/10/2023	N/A	N/A
年度股息	$3.20	$1.94	$1.76
年度股息率	3.78%	4.53%	3.97%

回報	TLT	ETF DB類別平均	FactSet 劃分平均
1個月	-8.82%	-2.93%	-8.66%
3個月	-15.87%	-5.01%	-15.33%
今年迄今	-13.04%	-2.60%	-9.70%
1年	-11.30%	-1.30%	-8.61%
3年	-17.61%	-3.84%	-10.85%
5年	-3.76%	-0.22%	-1.60%

年度總回報（%）紀錄

年份	TLT	類別
2022	-31.24%	無
2021	-4.60%	無
2020	18.15%	無
2019	14.12%	無
2018	-1.61%	無
2017	9.18%	無
2016	1.18%	無
2015	-1.79%	-1.35%
2014	27.30%	24.45%
2013	-13.37%	-11.61%

交易數據

52 Week Lo	$83.85
52 Week Hi	$107.06
AUM	$38,331.5 M
股數	442.7 M

歷史交易數據

1 個月平均量	47,028,540
3 個月平均量	34,192,940

風險統計數據

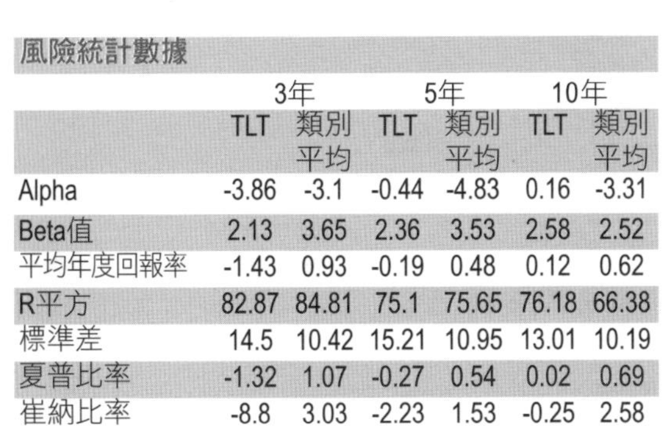

	3年		5年		10年	
	TLT	類別平均	TLT	類別平均	TLT	類別平均
Alpha	-3.86	-3.1	-0.44	-4.83	0.16	-3.31
Beta值	2.13	3.65	2.36	3.53	2.58	2.52
平均年度回報率	-1.43	0.93	-0.19	0.48	0.12	0.62
R平方	82.87	84.81	75.1	75.65	76.18	66.38
標準差	14.5	10.42	15.21	10.95	13.01	10.19
夏普比率	-1.32	1.07	-0.27	0.54	0.02	0.69
崔納比率	-8.8	3.03	-2.23	1.53	-0.25	2.58

持倉分析

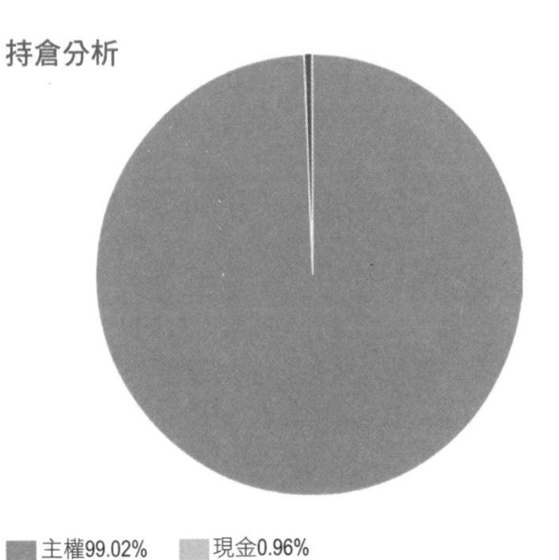

10大持股

編碼	持股	% 資產
N/A	United States Treasury Bond 1.875% 15-FEB-2051	9.26%
N/A	United States Treasury Bond 2.0% 15-AUG-2051	7.27%
N/A	United States Treasury Bond 1.625% 15-NOV-2050	6.43%
N/A	United States Treasury Bond 1.875% 15-NOV-2051	5.51%
N/A	United States Treasury Bond 3.0% 15-FEB-2048	4.84%
N/A	United States Treasury Bond 2.0% 15-FEB-2050	4.51%
N/A	United States Treasury Bond 3.0% 15-FEB-2049	4.50%
N/A	United States Treasury Bond 3.125% 15-AUG-2044	4.35%
N/A	United States Treasury Bond 2.5% 15-FEB-2046	4.29%
N/A	United States Treasury Bond 2.5% 15-MAY-2046	4.13%

持股比較

	TLT	ETF DB 類別平均	FactSet 劃分平均
持股數目	41	62	34
10大持股佔比	55.09%	56.00%	64.40%
15大持股佔比	71.76%	66.95%	73.14%
50大持股佔比	99.98%	92.65%	95.64%

VCIT Vanguard Intermediate-Term Corporate Bond ETF

VCIT是由Vanguard管理，主要投資於具有中期到期日（通常是5到10年）的投資級公司債券。該基金旨在追蹤Barclays U.S. 5-10 Year Corporate Bond Index，是衡量中期美國投資級公司債券市場表現的指數。由於VCIT專注於投資級的中期公司債，它通常被視為相對穩健，但收益率高於短期債券和政府債券的投資選項。然而，公司債券通常比政府債券更容易受到經濟波動和信用風險的影響。VCIT適合那些尋求中等風險和相對較高收益的投資者。

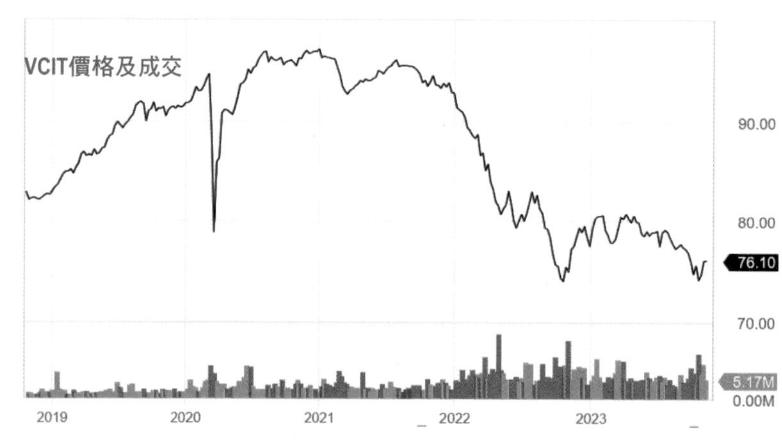

概況	
發行人	Vanguard
品牌	Vanguard
結構	ETF
費用率	0.04%
創立日期	Nov 19, 2009

費用率分析

VCIT 費用率	ETF DB類別 平均費用率	FactSet劃分 平均費用率
0.04%	0.20%	0.13%

ETF主題	
類別	債券市場
資產類別	債券
債券種類	企業投資級別
債券年期	中期
地區（一般）	已開發市場
地區（具體）	廣泛

股息

	VCIT	ETF DB類別平均	FactSet 劃分平均
股息	$0.26	$0.16	$0.10
派息日期	2/10/2023	N/A	N/A
年度股息	$2.87	$1.62	$1.02
年度股息率	3.87%	4.15%	3.86%

回報

	VCIT	ETF DB類別平均	FactSet 劃分平均
1個月	-3.63%	-2.18%	-2.50%
3個月	-5.19%	-2.79%	-3.49%
今年迄今	-1.64%	0.55%	-0.47%
1年	2.55%	3.94%	2.98%
3年	-5.37%	-2.20%	-2.96%
5年	0.96%	0.79%	0.96%

年度總回報（%）紀錄

年份	VCIT	類別
2022	-13.98%	無
2021	-1.77%	無
2020	9.46%	無
2019	14.10%	無
2018	-1.73%	無
2017	5.31%	無
2016	5.26%	無
2015	0.92%	0.02%
2014	7.66%	6.69%
2013	-1.94%	-1.63%

交易數據

52 Week Lo	$70.74
52 Week Hi	$79.64
AUM	$37,489.2 M
股數	496.6 M

歷史交易數據

1 個月平均量	7,196,117
3 個月平均量	5,454,123

持倉分析

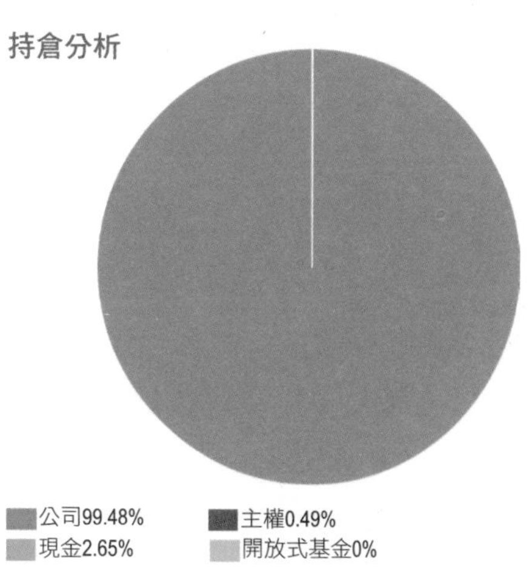

公司99.48% 主權0.49% 現金2.65% 開放式基金0%

風險統計數據

	3年		5年		10年	
	VCIT	類別平均	VCIT	類別平均	VCIT	類別平均
Alpha	2.47	0.37	1.73	0.54	1.33	-1.85
Beta值	1.23	1.15	1.25	1.46	1.25	1.82
平均年度回報率	-0.36	0.41	0.13	0.42	0.21	0.51
R平方	97.38	73.11	78.34	67.18	80.09	67.47
標準差	7.74	3.47	7.89	4.64	6.13	7.1
夏普比率	-0.82	1.43	-0.03	1.13	0.22	0.74
崔納比率	-5.34	4.51	-0.45	4.08	0.95	2.58

10大持股

編碼	持股	% 資產
N/A	T-Mobile USA, Inc. 3.875% 15-APR-2030	0.42%
N/A	United States Treasury Notes 3.875% 15-AUG-2033	0.33%
N/A	United States Treasury Notes 3.875% 15-AUG-2033	0.33%
N/A	Boeing Company 5.15% 01-MAY-2030	0.32%
N/A	JPMorgan Chase & Co. 4.912% 25-JUL-2033	0.32%
N/A	Boeing Company 5.15% 01-MAY-2030	0.32%
N/A	Boeing Company 5.15% 01-MAY-2030	0.32%
N/A	JPMorgan Chase & Co. 4.912% 25-JUL-2033	0.32%
N/A	JPMorgan Chase & Co. 4.912% 25-JUL-2033	0.32%
N/A	JPMorgan Chase & Co. 4.912% 25-JUL-2033	0.32%

持股比較

	VCIT	ETF DB 類別平均	FactSet 劃分平均
持股數目	2500	991	985
10大持股佔比	3.32%	20.52%	8.99%
15大持股佔比	4.87%	24.50%	12.31%
50大持股佔比	14.82%	42.88%	29.61%

VCSH Vanguard Short-Term Corporate Bond ETF

是由Vanguard管理，主要投資於具有短期到期日（通常1到5年）的投資級公司債券，旨在追蹤Bloomberg Barclays U.S. 1-5 Year Corporate Bond Index，是衡量短期美國投資級公司債券市場表現的指數。由於VCSH專注於短期投資級公司債，被視為低風險、低收益的投資選項。這種債券通常提供高於貨幣市場基金和政府短期債券的收益率，但相對於中期和長期債券來說，其收益和風險都相對較低。由於其短期焦點，該基金較不易受到利率變動的影響，對於那些對利率變動敏感或希望在短期內獲得回報的投資者來說，是不錯的選擇。

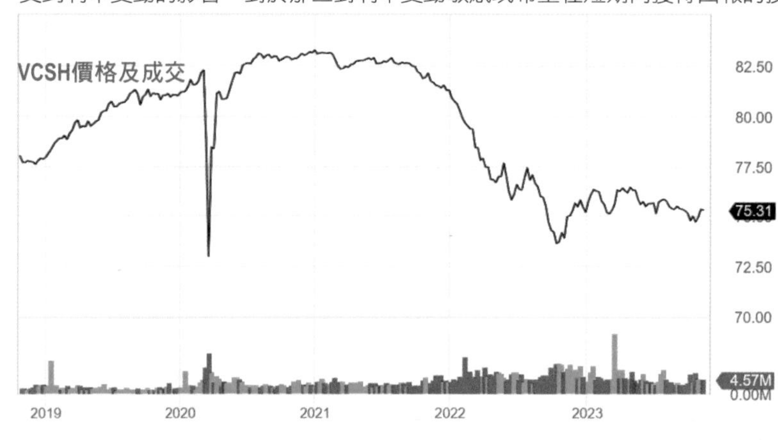

概況	
發行人	Vanguard
品牌	Vanguard
結構	ETF
費用率	0.04%
創立日期	Nov 19, 2009

費用率分析		
VCSH 費用率	ETF DB類別 平均費用率	FactSet劃分 平均費用率
0.04%	0.20%	0.13%

ETF主題	
類別	債券市場
資產類別	債券
債券種類	企業投資級別
債券年期	短期
地區（一般）	已開發市場
地區（具體）	廣泛

股息	VCSH	ETF DB類別平均	FactSet 劃分平均
股息	$0.22	$0.16	$0.11
派息日期	2/10/2023	N/A	N/A
年度股息	$2.19	$1.62	$1.15
年度股息率	2.93%	4.15%	3.10%

回報	VCSH	ETF DB類別平均	FactSet 劃分平均
1個月	-0.85%	-2.18%	-0.61%
3個月	-0.85%	-2.79%	-0.54%
今年迄今	1.34%	0.55%	1.45%
1年	3.81%	3.94%	3.50%
3年	-1.40%	-2.20%	-0.97%
5年	1.48%	0.79%	1.19%

年度總回報（%）紀錄

年份	VCSH	類別
2022	-5.62%	無
2021	-0.63%	無
2020	5.13%	無
2019	7.02%	無
2018	0.92%	無
2017	2.17%	無
2016	2.60%	無
2015	1.26%	1.08%
2014	1.82%	1.26%
2013	1.38%	0.97%

交易數據

52 Week Lo	$71.24
52 Week Hi	$75.64
AUM	$35,603.0 M
股數	474.4 M

歷史交易數據

1 個月平均量	4,502,295
3 個月平均量	4,225,544

風險統計數據

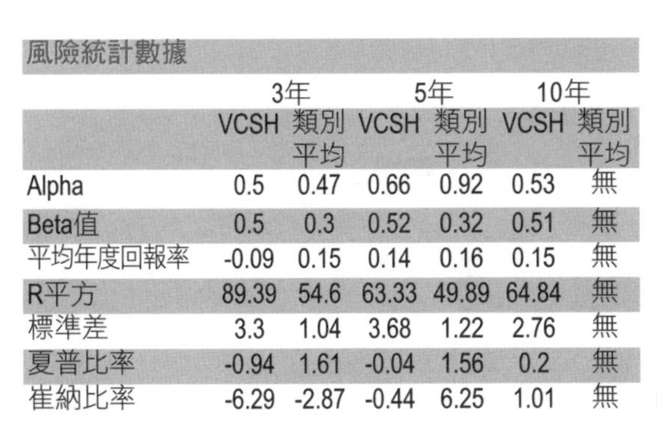

	3年		5年		10年	
	VCSH	類別平均	VCSH	類別平均	VCSH	類別平均
Alpha	0.5	0.47	0.66	0.92	0.53	無
Beta值	0.5	0.3	0.52	0.32	0.51	無
平均年度回報率	-0.09	0.15	0.14	0.16	0.15	無
R平方	89.39	54.6	63.33	49.89	64.84	無
標準差	3.3	1.04	3.68	1.22	2.76	無
夏普比率	-0.94	1.61	-0.04	1.56	0.2	無
崔納比率	-6.29	-2.87	-0.44	6.25	1.01	無

持倉分析

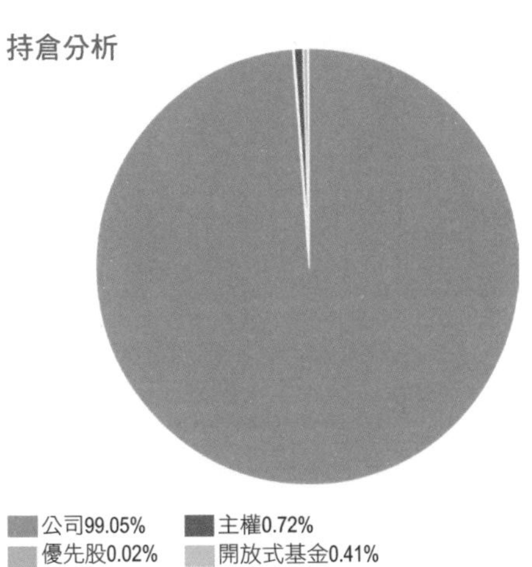

10大持股

編碼	持股	% 資產
N/A	United States Treasury Notes 4.625% 30-SEP-2028	0.63%
N/A	Vanguard Cash Management Market Liquidity Fund	0.41%
N/A	Vanguard Cash Management Market Liquidity Fund	0.41%
N/A	CVS Health Corporation 4.3% 25-MAR-2028	0.23%
N/A	Boeing Company 2.196% 04-FEB-2026	0.23%
N/A	Boeing Company 2.196% 04-FEB-2026	0.23%
N/A	CVS Health Corporation 4.3% 25-MAR-2028	0.23%
N/A	Boeing Company 2.196% 04-FEB-2026	0.23%
N/A	CVS Health Corporation 4.3% 25-MAR-2028	0.23%
N/A	Boeing Company 2.196% 04-FEB-2026	0.23%

持股比較

	VCSH	ETF DB 類別平均	FactSet 劃分平均
持股數目	2500	991	1420
10大持股佔比	3.06%	20.52%	7.52%
15大持股佔比	4.16%	24.50%	10.19%
50大持股佔比	11.01%	42.88%	25.52%

MUB iShares National Muni Bond ETF

MUB由BlackRock管理，主要投資於美國地方政府發行的免稅市政債券。這些債券通常用於資助公共項目，如學校、醫院和基礎設施。MUB的目標是追蹤S&P National AMT-Free Municipal Bond Index，是衡量美國免稅市政債市場表現的指數。MUB是迄今國家市政類別中最受歡迎的基金，持有1,200多種證券，僅將5.5%分配給其前十大持股，確保高度多元化。MUB的收益是免聯邦所得稅，這對於在高稅收狀態的投資者尤其有吸引力。市政債通常被認為是低風險的，並且債券收益通常較穩定。

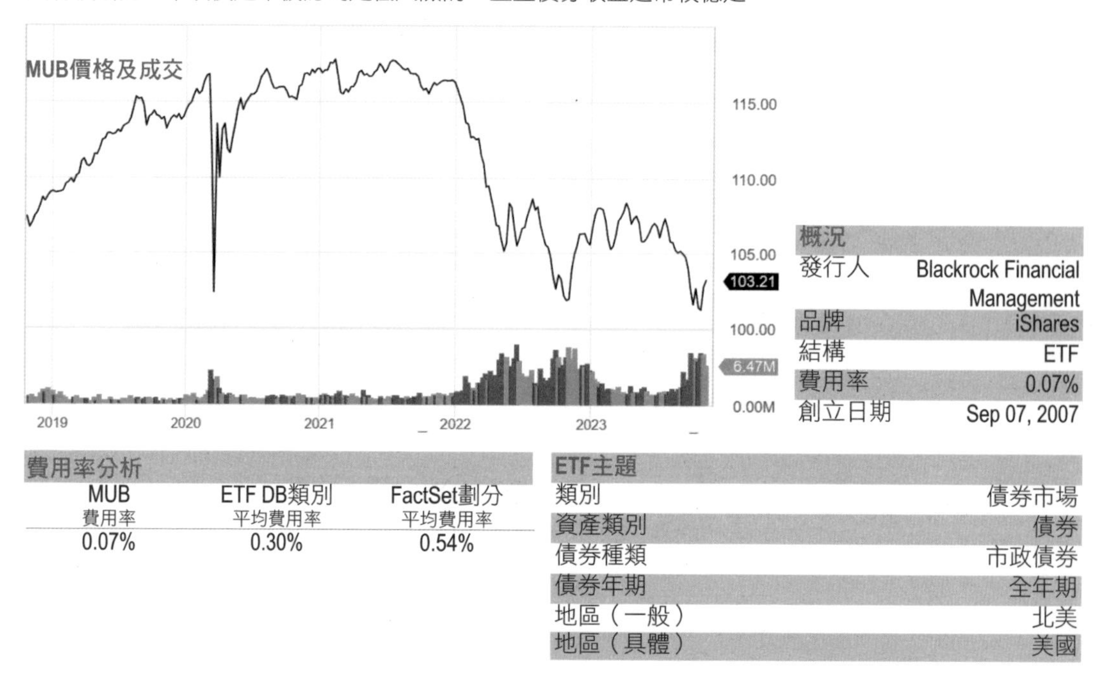

概況	
發行人	Blackrock Financial Management
品牌	iShares
結構	ETF
費用率	0.07%
創立日期	Sep 07, 2007

費用率分析		
MUB 費用率	ETF DB類別 平均費用率	FactSet劃分 平均費用率
0.07%	0.30%	0.54%

ETF主題	
類別	債券市場
資產類別	債券
債券種類	市政債券
債券年期	全年期
地區（一般）	北美
地區（具體）	美國

股息	MUB	ETF DB類別平均	FactSet 劃分平均
股息	$0.24	$0.08	$0.11
派息日期	2/10/2023	N/A	N/A
年度股息	$2.73	$0.84	$1.16
年度股息率	2.69%	2.65%	3.31%

回報	MUB	ETF DB類別平均	FactSet 劃分平均
1個月	-2.78%	-2.08%	-3.22%
3個月	-4.29%	-3.22%	-5.19%
今年迄今	-1.82%	-0.99%	-2.70%
1年	0.78%	1.34%	0.13%
3年	-2.09%	-1.52%	-2.11%
5年	1.22%	0.50%	0.49%

年度總回報（%）紀錄

年份	MUB	類別
2022	-7.35%	無
2021	1.02%	無
2020	5.12%	無
2019	7.06%	無
2018	0.93%	無
2017	4.72%	無
2016	-0.16%	無
2015	2.91%	4.84%
2014	9.35%	14.54%
2013	-3.44%	-6.05%

風險統計數據

	3年		5年		10年	
	MUB	類別平均	MUB	類別平均	MUB	類別平均
Alpha	-0.04	-0.5	0.03	-1.39	-0.09	無
Beta值	0.91	1.65	0.02	1.66	0.94	無
平均年度回報率	-0.15	0.7	0.11	0.5	0.18	無
R平方	99.22	88.12	99.26	89.31	99.12	無
標準差	5.82	4.15	5.37	5.87	4.33	無
夏普比率	-0.66	2.09	-0.1	1.02	0.23	無
崔納比率	-4.39	5.27	-0.75	3.53	0.99	無

交易數據

52 Week Lo	$98.77
52 Week Hi	$107.204
AUM	$34,696.8 M
股數	340.2 M

歷史交易數據

1 個月平均量	6,841,387
3 個月平均量	4,243,150

持倉分析

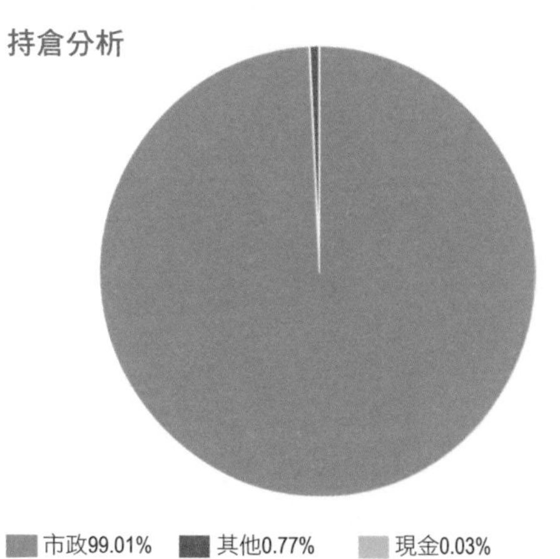

10大持股

編碼	持股	% 資產
N/A	MUNICIPAL BONDS	0.77%
N/A	Connecticut St Health & Edl Facs Auth Rev VAR 01-JUL-2042	0.25%
N/A	Connecticut St Health & Edl Facs Auth Rev VAR 01-JUL-2042	0.25%
N/A	Connecticut St Health & Edl Facs Auth Rev VAR 01-JUL-2042	0.21%
N/A	Northwest Tex Indpt Sch Dist 5.0% 15-FEB-2048	0.21%
N/A	Southern Calif Pub Pwr Auth Pwr Proj Rev VAR 01-JUL-2036	0.21%
N/A	Connecticut St Health & Edl Facs Auth Rev VAR 01-JUL-2042	0.21%
N/A	Northwest Tex Indpt Sch Dist 5.0% 15-FEB-2048	0.21%
N/A	Northwest Tex Indpt Sch Dist 5.0% 15-FEB-2048	0.21%
N/A	Southern Calif Pub Pwr Auth Pwr Proj Rev VAR 01-JUL-2036	0.21%

持股比較

	MUB	ETF DB 類別平均	FactSet 劃分平均
持股數目	6000	1002	1486
10大持股佔比	2.74%	17.22%	26.22%
15大持股佔比	3.79%	21.85%	29.96%
50大持股佔比	10.71%	43.68%	47.27%

BIL SPDR Bloomberg 1-3 Month T-Bill ETF

BIL主要投資於短期的美國財政部短期據（T-Bills），期限在1至3個月之間。這些是由美國政府發行的，普遍認為是幾乎無風險的投資。該基金的目的是提供與短期國庫券相似的回報，同時保持足夠的流通性。BIL適合那些尋求低風險、高流通性投資的投資者。由於其投資於短期國庫券，通常用作一個近似現金或「現金等價物」的替代品。這使得BIL成為一個適合資金保值、短期停或作為更廣泛投資組合的一部分的選項。

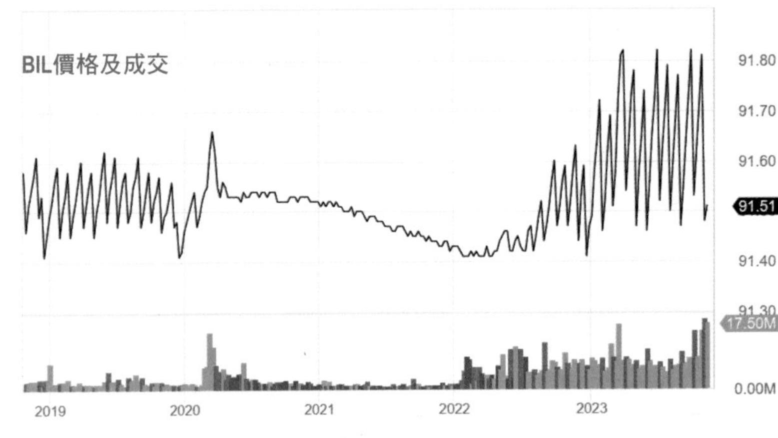

概況	
發行人	State Street
品牌	SPDR
結構	ETF
費用率	0.14%
創立日期	May 25, 2007

費用率分析

BIL 費用率	ETF DB類別 平均費用率	FactSet劃分 平均費用率
0.14%	0.16%	0.13%

ETF主題	
類別	債券市場
資產類別	債券
債券種類	國庫債券
債券年期	超短期
地區（一般）	北美
地區（具體）	美國

股息

	BIL	ETF DB類別平均	FactSet 劃分平均
股息	-2.78%	-2.08%	-3.22%
派息日期	2023-10-02	N/A	N/A
年度股息	$ 3.99	$ 1.94	$ 2.00
年度股息率	4.36%	4.53%	2.18%

回報

	BIL	ETF DB類別平均	FactSet 劃分平均
1個月	0.44%	-2.93%	0.45%
3個月	1.33%	-5.01%	1.32%
今年迄今	3.82%	-2.60%	3.83%
1年	4.61%	-1.30%	2.31%
3年	1.69%	-3.84%	0.85%
5年	1.59%	-0.22%	0.80%

年度總回報（%）紀錄

年份	BIL	類別
2022	1.40%	無
2021	-0.10%	無
2020	0.40%	無
2019	2.03%	無
2018	1.74%	無
2017	0.69%	無
2016	0.11%	無
2015	-0.13%	0.33%
2014	-0.07%	0.47%
2013	-0.09%	0.81%

交易數據

52 Week Lo	$87.61
52 Week Hi	$91.66
AUM	$33,774.2 M
股數	369.0 M

歷史交易數據

1 個月平均量	9,655,613
3 個月平均量	7,598,183

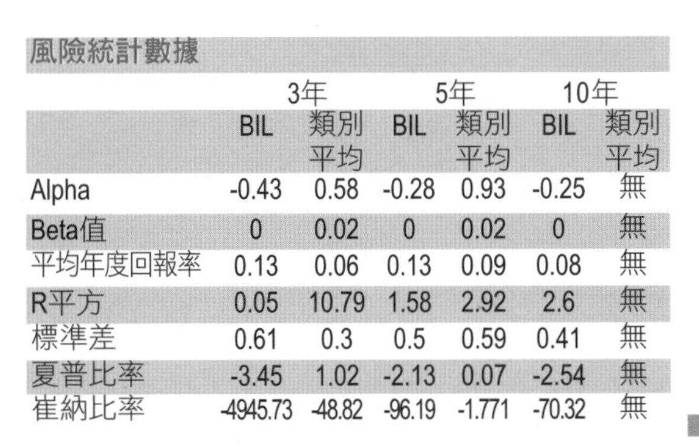

風險統計數據

	3年		5年		10年	
	BIL	類別平均	BIL	類別平均	BIL	類別平均
Alpha	-0.43	0.58	-0.28	0.93	-0.25	無
Beta值	0	0.02	0	0.02	0	無
平均年度回報率	0.13	0.06	0.13	0.09	0.08	無
R平方	0.05	10.79	1.58	2.92	2.6	無
標準差	0.61	0.3	0.5	0.59	0.41	無
夏普比率	-3.45	1.02	-2.13	0.07	-2.54	無
崔納比率	-4945.73	-48.82	-96.19	-1.771	-70.32	無

持倉分析

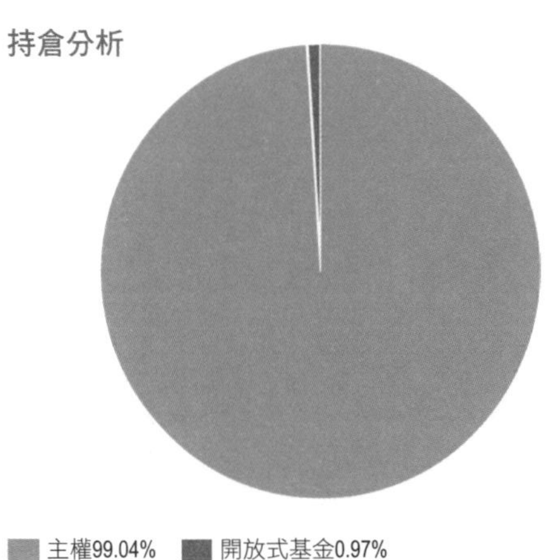

10大持股

編碼	持股	% 資產
N/A	United States Treasury Bills 0.0% 09-NOV-2023	10.95%
N/A	United States Treasury Bills 0.0% 02-NOV-2023	10.08%
N/A	United States Treasury Bills 0.0% 28-DEC-2023	7.78%
N/A	United States Treasury Bills 0.0% 30-NOV-2023	7.71%
N/A	United States Treasury Bills 0.0% 21-DEC-2023	6.18%
N/A	United States Treasury Bills 0.0% 07-DEC-2023	6.16%
N/A	United States Treasury Bills 0.0% 14-DEC-2023	6.15%
N/A	United States Treasury Bills 0.0% 24-NOV-2023	5.97%
N/A	United States Treasury Bills 0.0% 28-NOV-2023	5.87%
N/A	United States Treasury Bills 0.0% 16-NOV-2023	5.83%

持股比較

	BIL	ETF DB 類別平均	FactSet 劃分平均
持股數目	18	62	10
10大持股佔比	72.68%	56.00%	86.34%
15大持股佔比	94.47%	66.95%	97.24%
50大持股佔比	100.00%	92.65%	100.00%

BSV Vanguard Short-Term Bond ETF

BSV要投資於短期的美國政府和企業債券，通常有1到5年的到期期限，被認為是相對低風險的投資。由於其短期性質，對利率變化的敏感度較低，使其成為相對穩健的固定收益投資選項。BSV適合尋求穩定收益和較低風險的投資者。這個基金常被用作更廣泛投資組合的一部分，以提供一定程度的資本保護和收益穩定性。它是流通性相對較高的投資選項，適合需要在短期內存取資金的投資者。BSV的收益率通常也相對較低，長期可能不會提供非常高的回報。BSV可以成為波動市場中的避風港，可能比專注於國債的同類基金提供更高的收益率。

BSV價格及成交

概況	
發行人	Vanguard
品牌	Vanguard
結構	ETF
費用率	0.04%
創立日期	Apr 03, 2007

費用率分析

BSV 費用率	ETF DB類別 平均費用率	FactSet劃分 平均費用率
0.04%	0.40%	0.28%

ETF主題	
類別	債券市場
資產類別	債券
債券種類	全債券市場
債券年期	短期
地區（一般）	北美
地區（具體）	美國

股息

	BSV	ETF DB類別平均	FactSet 劃分平均
股息	$0.17	$0.17	$0.24
派息日期	2/10/2023	N/A	N/A
年度股息	$1.67	$1.69	$2.18
年度股息率	2.24%	4.20%	3.60%

回報

	BSV	ETF DB類別平均	FactSet 劃分平均
1個月	-0.60%	-2.32%	-0.34%
3個月	-0.79%	-3.26%	-0.11%
今年迄今	0.90%	-0.25%	1.96%
1年	2.44%	2.27%	3.02%
3年	-1.83%	-2.26%	-0.39%
5年	1.04%	0.31%	0.63%

年度總回報（%）紀錄

年份	BSV	類別
2022	-5.49%	無
2021	-1.09%	無
2020	4.70%	無
2019	4.98%	無
2018	1.34%	無
2017	1.20%	無
2016	1.33%	無
2015	0.92%	1.08%
2014	1.37%	1.26%
2013	0.16%	0.97%

交易數據

52 Week Lo	$72.42
52 Week Hi	$76.34
AUM	$32,939.8 M
股數	438.4 M

歷史交易數據

1 個月平均量	2,597,543
3 個月平均量	2,353,808

風險統計數據

	3年		5年		10年	
	BSV	類別平均	BSV	類別平均	BSV	類別平均
Alpha	-0.7	0.47	-0.03	0.92	-0.16	無
Beta值	0.41	0.3	0.42	0.32	0.42	無
平均年度回報率	-0.14	0.15	0.1	0.16	0.09	無
R平方	84.55	54.6	86.26	48.89	85.85	無
標準差	2.81	1.04	2.54	1.22	1.99	無
夏普比率	-1.32	1.61	-0.28	1.56	-0.07	無
崔納比率	-8.99	-2.87	-1.76	6.25	-0.4	無

持倉分析

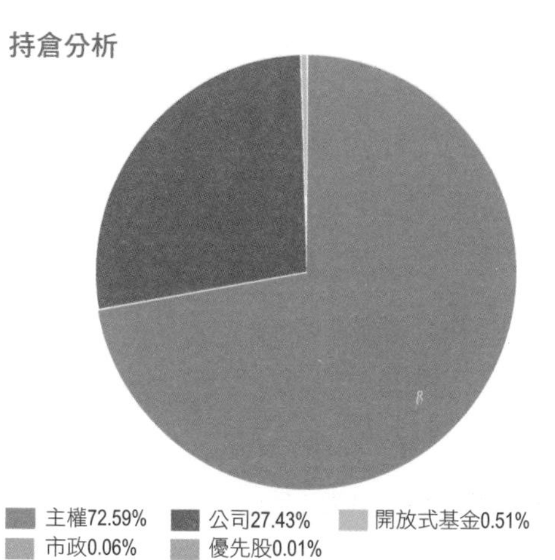

10大持股

編碼	持股	% 資產
N/A	United States Treasury Notes 4.625% 30-SEP-2028	1.74%
N/A	United States Treasury Notes 2.25% 15-NOV-2024	0.76%
N/A	United States Treasury Notes 2.25% 15-NOV-2024	0.76%
N/A	United States Treasury Notes 1.5% 31-JAN-2027	0.75%
N/A	United States Treasury Notes 1.5% 31-JAN-2027	0.75%
N/A	United States Treasury Notes 1.5% 31-JAN-2027	0.75%
N/A	United States Treasury Notes 5.0% 30-SEP-2025	0.72%
N/A	United States Treasury Notes 5.0% 30-SEP-2025	0.72%
N/A	United States Treasury Notes 1.125% 29-FEB-2028	0.72%
N/A	United States Treasury Notes 5.0% 30-SEP-2025	0.72%

持股比較

	BSV	ETF DB 類別平均	FactSet 劃分平均
持股數目	3000	1433	659
10大持股佔比	8.39%	36.60%	38.73%
15大持股佔比	11.99%	42.00%	44.08%
50大持股佔比	36.10%	65.55%	66.36%

LQD iShares iBoxx $ Investment Grade Corporate Bond ETF

LQD主要投資於美國投資級企業債券。這些債券通常由信用評級較高的公司發行，相對於高收益或垃圾債券來説，風險較低。LQD目標是追蹤由一系列投資級企業債券組成的iBoxx $ Liquid Investment Grade Index。LQD適合尋求中等風險和相對穩定回報的投資者。由於這些債券是由信用評級較高的公司發行的，通常在經濟不景氣或金融市場不穩定的時候表現較好。此基金也可用作資產配置策略的一部分，提供與股票和其他更高風險資產類別不同的風險/回報特性。LQD通常有較高的流通性和較低的費用比率， 由於其是固定收益投資，其回報潛力相對較低，特別是在低利率環境下。

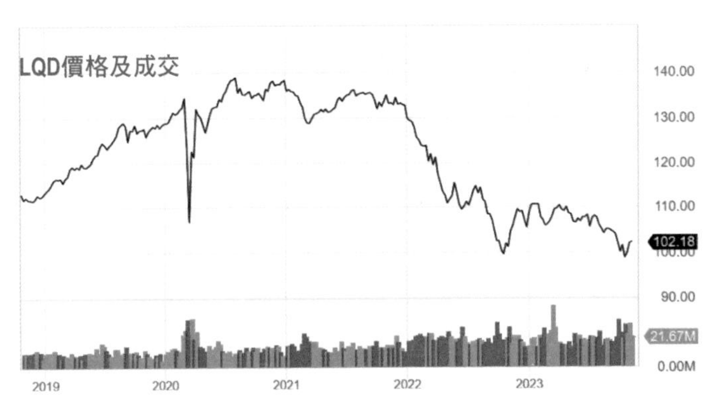

概況	
發行人	Blackrock Financial Management
品牌	iShares
結構	ETF
費用率	0.14%
創立日期	Jul 22, 2002

費用率分析		
LQD 費用率	ETF DB類別 平均費用率	FactSet劃分 平均費用率
0.14%	0.20%	0.18%

ETF主題	
類別	債券市場
資產類別	債券
Bond Type(s)	企業投資級別
Bond Duration	全年期
地區（一般）	北美
地區（具體）	美國

股息	LQD	ETF DB類別平均	FactSet 劃分平均
股息	$0.40	$0.16	$0.19
派息日期	2/10/2023	N/A	N/A
年度股息	$4.25	$1.62	$2.08
年度股息率	4.26%	4.15%	4.24%

回報	LQD	ETF DB類別平均	FactSet 劃分平均
1個月	-4.70%	-2.18%	-3.15%
3個月	-6.94%	-2.79%	-4.37%
今年迄今	-3.12%	0.55%	-1.17%
1年	1.61%	3.94%	2.74%
3年	-7.11%	-2.20%	-2.95%
5年	0.52%	0.79%	0.43%

年度總回報（%）紀錄

年份	LQD	類別
2022	-17.93%	無
2021	-1.84%	無
2020	10.97%	無
2019	17.37%	無
2018	-3.79%	無
2017	7.06%	無
2016	6.21%	無
2015	-1.25%	0.02%
2014	8.21%	6.69%
2013	-2.00%	-1.63%

交易數據

52 Week Lo	$72.42
52 Week Hi	$76.34
AUM	$32,939.8 M
股數	438.4 M

歷史交易數據

1 個月平均量	24,655,592
3 個月平均量	21,290,312

風險統計數據

	3年		5年		10年	
	LQD	類別平均	LQD	類別平均	LQD	類別平均
Alpha	3.46	0.37	1.88	0.54	1.25	-1.85
Beta值	1.56	1.15	1.58	1.46	1.54	1.82
平均年度回報率	-0.48	0.41	0.1	0.42	0.21	0.51
R平方	95.18	73.11	83.71	67.18	82.69	67.47
標準差	9.93	3.47	9.65	4.64	7.48	7.1
夏普比率	-0.78	1.43	-0.06	1.13	0.17	0.74
崔納比率	-5.17	4.51	-0.68	4.08	0.65	2.85

持倉分析

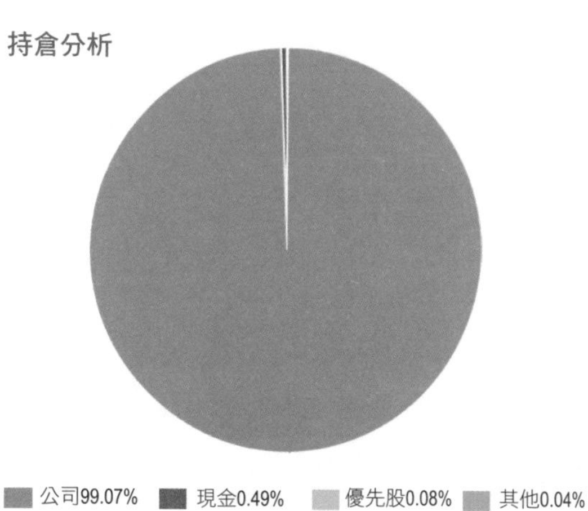

10大持股

編碼	持股	% 資產
N/A	U.S. Dollar	0.67%
N/A	Anheuser-Busch Cos. LLC 4.9% 01-FEB-2046	0.27%
N/A	Anheuser-Busch Cos. LLC 4.9% 01-FEB-2046	0.27%
N/A	Pfizer Investment Enterprises Pte. Ltd. 5.3% 19-MAY-2053	0.24%
N/A	Pfizer Investment Enterprises Pte. Ltd. 5.3% 19-MAY-2053	0.24%
N/A	Pfizer Investment Enterprises Pte. Ltd. 5.3% 19-MAY-2053	0.24%
N/A	CVS Health Corporation 5.05% 25-MAR-2048	0.22%
N/A	CVS Health Corporation 5.05% 25-MAR-2048	0.22%
N/A	CVS Health Corporation 5.05% 25-MAR-2048	0.22%
N/A	CVS Health Corporation 5.05% 25-MAR-2048	0.22%

持股比較

	LQD	ETF DB 類別平均	FactSet 劃分平均
持股數目	3000	991	1292
10大持股佔比	2.81%	20.52%	22.33%
15大持股佔比	3.86%	24.50%	25.48%
50大持股佔比	9.77%	42.88%	41.81%

XLV Health Care Select Sector SPDR Fund

XLV是是投資美國醫療保健行業最受歡迎的ETF之一，對於希望投資風險較低行業的投資者來說是個有吸引力的選擇。XLV是進入醫療保健公司的最便宜的方式之一，有令人印象深刻的持股深度。XLV是行業輪調策略的一個不錯的選擇，或者作為建立對醫療保健行業的長期傾斜的一種手段。

XLV價格及成交

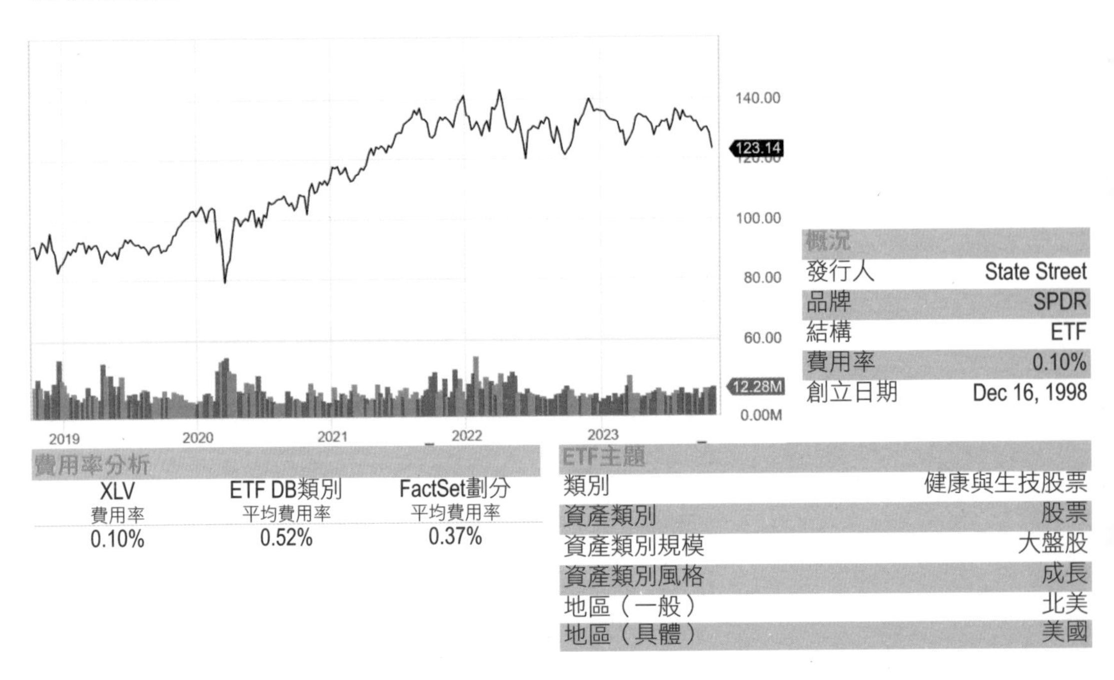

概況	
發行人	State Street
品牌	SPDR
結構	ETF
費用率	0.10%
創立日期	Dec 16, 1998

費用率分析		
XLV 費用率	ETF DB類別 平均費用率	FactSet劃分 平均費用率
0.10%	0.52%	0.37%

ETF主題	
類別	健康與生技股票
資產類別	股票
資產類別規模	大盤股
資產類別風格	成長
地區（一般）	北美
地區（具體）	美國

股息	XLV	ETF DB類別平均	FactSet 劃分平均
股息	$ 0.54	$ 0.32	$ 0.32
派息日期	2023-09-18	N/A	N/A
年度股息	$ 2.13	$ 0.48	$ 1.12
年度股息率	1.63%	0.53%	1.36%

回報	XLV	ETF DB類別平均	FactSet 劃分平均
1個月	-0.37%	-5.70%	-3.10%
3個月	N/A	-11.38%	-6.47%
今年迄今	-2.27%	-9.80%	-6.20%
1年	7.59%	-3.78%	-0.76%
3年	8.74%	-4.82%	-0.54%
5年	9.65%	1.33%	3.19%

年度總回報（%）紀錄

年份	XLV	類別
2022	-2.09%	無
2021	26.03%	無
2020	13.34%	無
2019	20.44%	無
2018	6.28%	無
2017	21.77%	無
2016	-2.76%	無
2015	6.84%	8.30%
2014	25.14%	26.09%
2013	41.40%	44.88%

交易數據

52 Week Lo	$121.04
52 Week Hi	$139.49
AUM	$38,497.5 M
股數	293.7 M

歷史交易數據

1 個月平均量	9,468,391
3 個月平均量	9,482,296

持倉分析

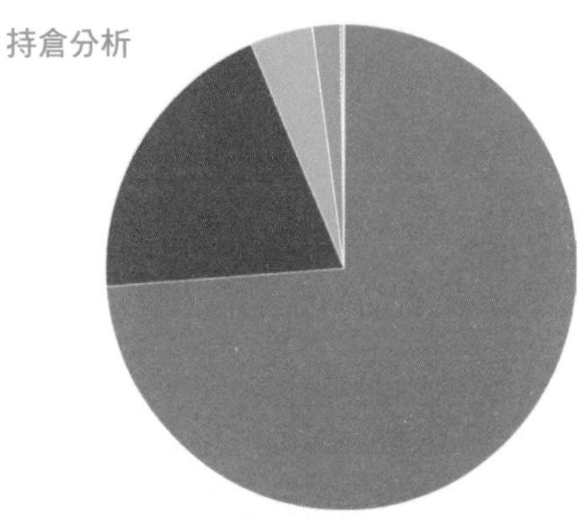

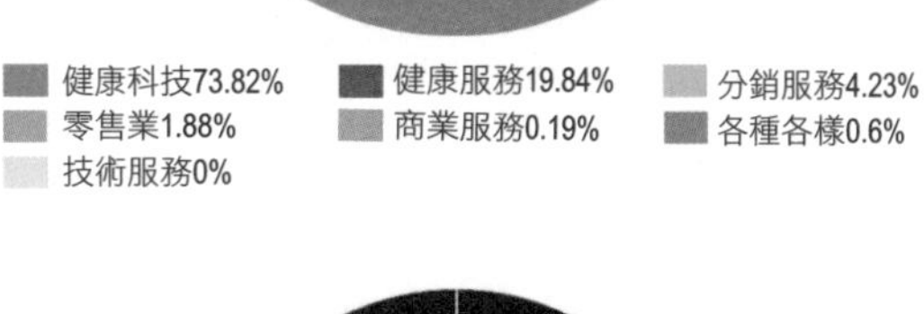

風險統計數據

	3年		5年		10年	
	XLV	類別平均	XLV	類別平均	XLV	類別平均
Alpha	3.12	8.52	3	10.91	5.52	9.01
Beta值	0.68	0.91	0.69	0.83	0.73	0.73
平均年度回報率	0.77	1.14	0.75	1.67	1	1.12
R平方	59.05	38.14	62.07	62.64	58.08	47.94
標準差	15.02	17.76	15.9	16.38	13.91	18.41
夏普比率	0.48	0.83	0.45	1.28	0.77	0.69
崔納比率	9.5	14.5	9.01	24.57	14.16	15.82

10大持股

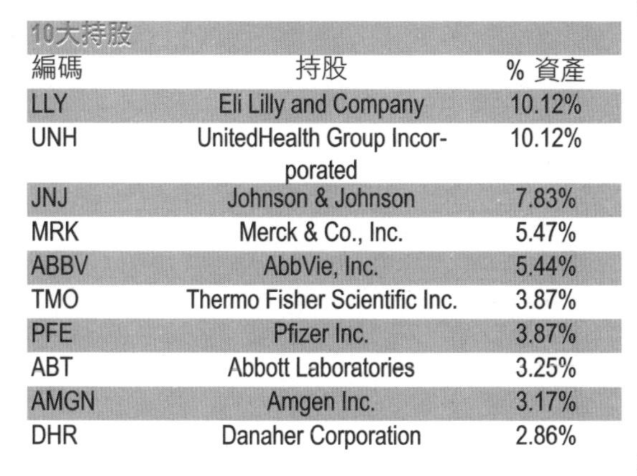

編碼	持股	% 資產
LLY	Eli Lilly and Company	10.12%
UNH	UnitedHealth Group Incorporated	10.12%
JNJ	Johnson & Johnson	7.83%
MRK	Merck & Co., Inc.	5.47%
ABBV	AbbVie, Inc.	5.44%
TMO	Thermo Fisher Scientific Inc.	3.87%
PFE	Pfizer Inc.	3.87%
ABT	Abbott Laboratories	3.25%
AMGN	Amgen Inc.	3.17%
DHR	Danaher Corporation	2.86%

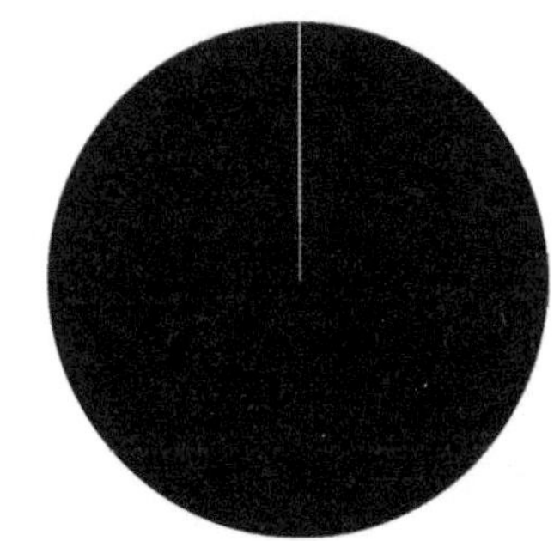

股票99.96% 開放式基金0.06%

持股比較

	XLV	ETF DB類別平均	FactSet劃分平均
持股數目	66	87	145
10大持股佔比	56.00%	43.82%	43.61%
15大持股佔比	66.60%	56.57%	54.08%
50大持股佔比	97.05%	91.10%	88.63%

VHT Vanguard Health Care ETF

VHT是投資於美國醫療保健股的ETF，美國醫療保健股歷來波動性相對較低。對於那些希望對醫療保健股進行策略傾斜或作為行業輪動策略工具的人來說，該基金更具吸引力。該ETF的一個值得注意的因素是持的深度；VHT擁有數百隻個股，其網路比XLV等其他醫療保健ETF廣泛得多。但該基金仍較為集中；少數股票佔整個投資組合的很大一部分，而許多較小的股票的權重很小。從費用角度來看，VHT也很有吸引力。

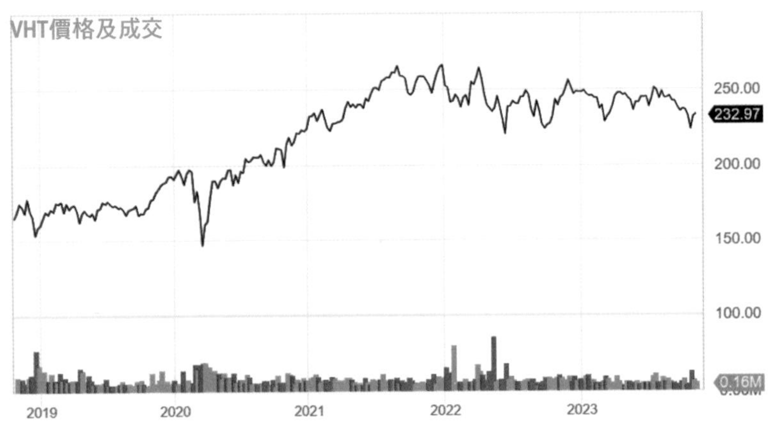

概況	
發行人	Vanguard
品牌	Vanguard
結構	ETF
費用率	0.10%
創立日期	Jan 26, 2004

費用率分析

VHT 費用率	ETF DB類別 平均費用率	FactSet劃分 平均費用率
0.10%	0.52%	0.37%

ETF主題	
類別	健康與生技股票
資產類別	股票
資產類別規模	大盤股
資產類別風格	成長
地區（一般）	北美
地區（具體）	美國

股息

	VHT	ETF DB類別平均	FactSet 劃分平均
股息	$0.88	$0.32	$0.32
派息日期	28/9/2023	N/A	N/A
年度股息	US$3.49	US$0.48	US$1.12
年度股息率	1.48%	0.53%	1.36%

回報

	VHT	ETF DB類別平均	FactSet 劃分平均
1個月	-1.29%	-5.70%	-3.10%
3個月	-2.02%	-11.38%	-6.47%
今年迄今	-3.08%	-9.80%	-6.20%
1年	6.31%	-3.78%	-0.76%
3年	5.87%	-4.82%	-0.54%
5年	8.56%	1.33%	3.19%

年度總回報（%）紀錄

年份	VHT	類別
2022	-5.62%	無
2021	20.56%	無
2020	18.27%	無
2019	21.86%	無
2018	5.58%	無
2017	23.26%	無
2016	-3.21%	無
2015	7.12%	8.30%
2014	25.47%	26.09%
2013	42.67%	44.88%

交易數據

52 Week Lo	$222.04
52 Week Hi	$255.32
AUM	$16,459.0 M
股數	69.0 M

歷史交易數據

1 個月平均量	171,318
3 個月平均量	206,676

風險統計數據

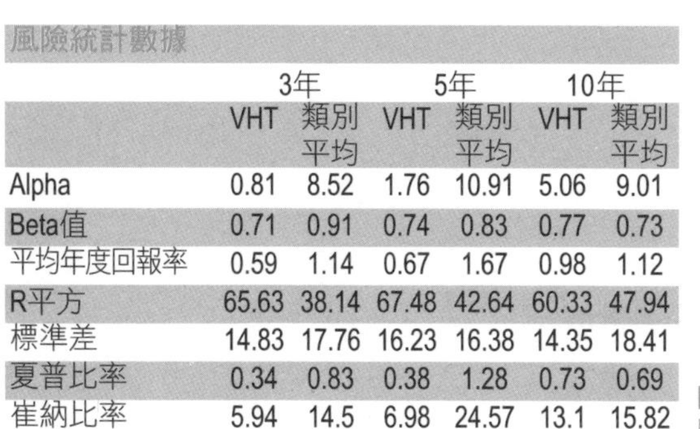

	3年		5年		10年	
	VHT	類別平均	VHT	類別平均	VHT	類別平均
Alpha	0.81	8.52	1.76	10.91	5.06	9.01
Beta值	0.71	0.91	0.74	0.83	0.77	0.73
平均年度回報率	0.59	1.14	0.67	1.67	0.98	1.12
R平方	65.63	38.14	67.48	42.64	60.33	47.94
標準差	14.83	17.76	16.23	16.38	14.35	18.41
夏普比率	0.34	0.83	0.38	1.28	0.73	0.69
崔納比率	5.94	14.5	6.98	24.57	13.1	15.82

持倉分析

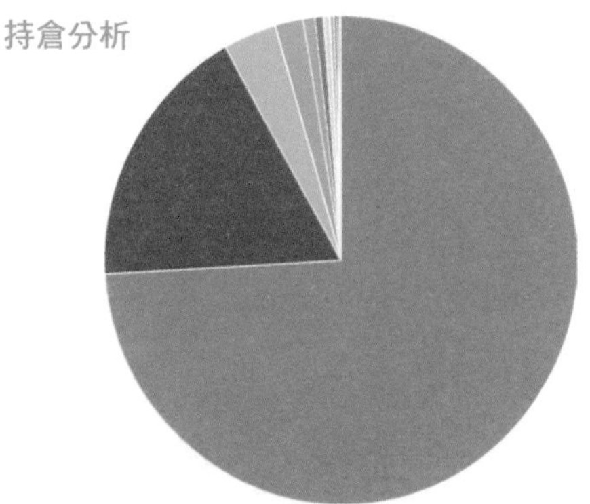

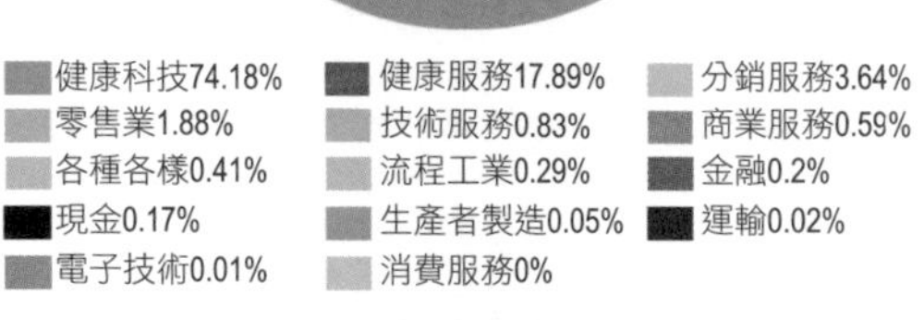

10大持股

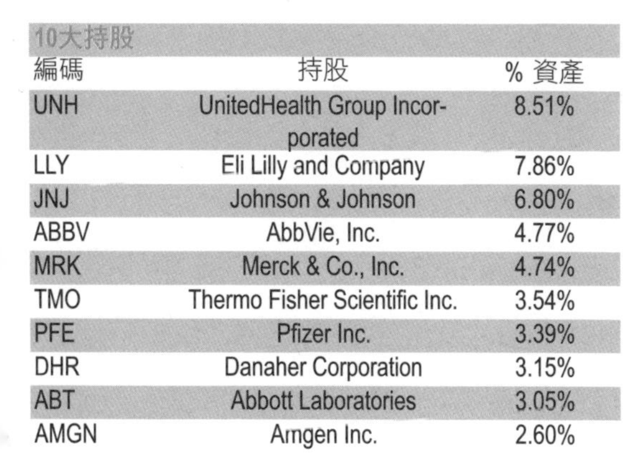

編碼	持股	% 資產
UNH	UnitedHealth Group Incorporated	8.51%
LLY	Eli Lilly and Company	7.86%
JNJ	Johnson & Johnson	6.80%
ABBV	AbbVie, Inc.	4.77%
MRK	Merck & Co., Inc.	4.74%
TMO	Thermo Fisher Scientific Inc.	3.54%
PFE	Pfizer Inc.	3.39%
DHR	Danaher Corporation	3.15%
ABT	Abbott Laboratories	3.05%
AMGN	Amgen Inc.	2.60%

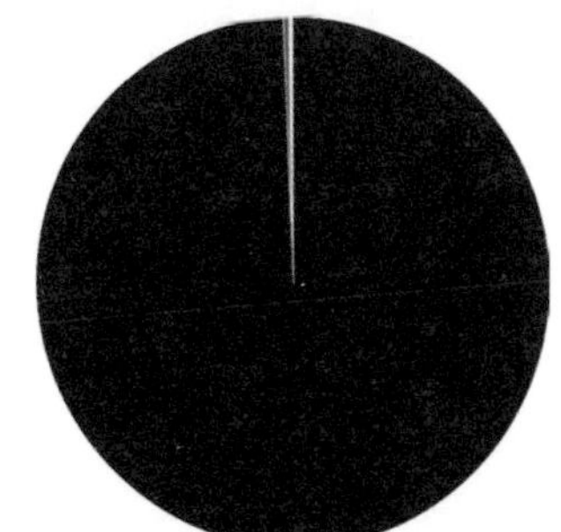

持股比較

	VHT	ETF DB類別平均	FactSet劃分平均
持股數目	408	87	145
10大持股佔比	48.41%	43.82%	43.61%
15大持股佔比	57.93%	56.57%	54.08%
50大持股佔比	85.55%	91.10%	88.63%

IBB iShares Biotechnology ETF

IBB是追蹤納斯達克生物技術指數的ETF。此指數包含在納斯達克上市的生物技術和製藥公司，這些公司通常著重於研究、開發、測試和推廣新的藥品和治療方法。作為行業專注的ETF，IBB涵蓋了大型、中型以及小型的生物技術公司。這個行業具有高度創新性，從事於發展新藥、遺傳工程、分子生物學等前沿科學研究。這些公司經常面臨嚴格的規管審核，其產品的成功很大程度上依賴於臨床試驗的結果和政府批准。此外，生物技術股票可能會受到市場情緒、投資 者對醫療保健政策的反應以及科學研究進展的強烈影響。

概況	
發行人	Blackrock Financial Management
品牌	iShares
結構	ETF
費用率	0.45%
創立日期	Feb 05, 2001

費用率分析

IBB 費用率	ETF DB類別 平均費用率	FactSet劃分 平均費用率
0.45%	0.52%	0.60%

ETF主題	
類別	健康與生技股票
資產類別	股票
資產類別規模	多元股
資產類別風格	成長
地區（一般）	北美
地區（具體）	美國

股息

	IBB	ETF DB類別平均	FactSet 劃分平均
股息	$0.15	$0.26	$0.41
派息日期	26/9/2023	N/A	N/A
年度股息	$0.32	$0.48	$0.06
年度股息率	0.27%	0.54%	0.05%

回報

	IBB	ETF DB類別平均	FactSet 劃分平均
1個月	-5.44%	-7.30%	-8.15%
3個月	-7.37%	-13.07%	-13.68%
今年迄今	-8.76%	-11.30%	-11.03%
1年	-2.31%	-8.12%	-6.79%
3年	-4.81%	-5.35%	-7.99%
5年	1.07%	0.71%	-1.42%

年度總回報（%）紀錄

年份	IBB	類別
2022	-13.69%	無
2021	0.95%	無
2020	26.01%	無
2019	25.21%	無
2018	-9.53%	無
2017	21.08%	無
2016	-21.41%	無
2015	11.56%	8.30%
2014	33.83%	26.09%
2013	65.54%	44.88%

交易數據

52 Week Lo	$117.00
52 Week Hi	$138.39
AUM	$7,049.8 M
股數	57.3 M

歷史交易數據

1 個月平均量	2,004,113
3 個月平均量	1,585,854

風險統計數據

	3年		5年		10年	
	IBB	類別平均	IBB	類別平均	IBB	類別平均
Alpha	-8.17	8.52	-4.39	10.91	0.46	9.01
Beta值	0.76	0.91	0.84	0.83	0.91	0.73
平均年度回報率	-0.13	1.14	0.21	1.67	0.68	1.12
R平方	50.96	38.14	50.51	42.64	37.41	47.94
標準差	18.33	17.76	21.41	16.38	21.54	18.41
夏普比率	-0.19	0.83	0.03	1.28	0.32	0.69
崔納比率	-6.73	14.5	-1.86	24.57	5.25	15.82

持倉分析

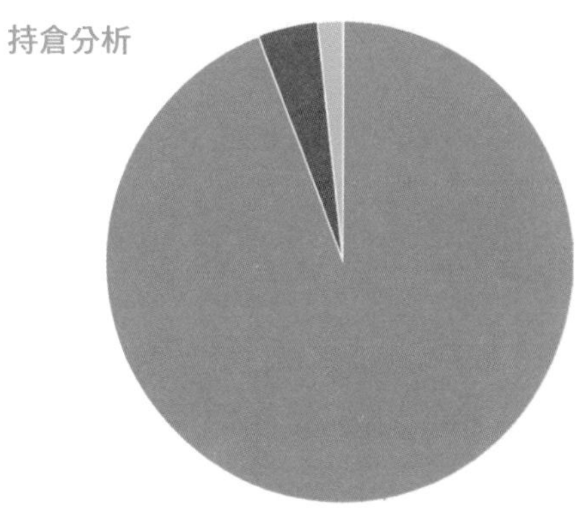

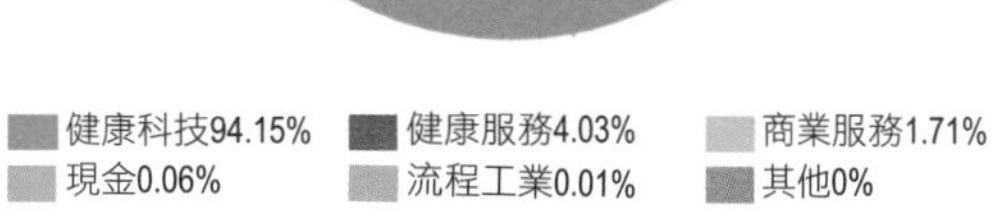

10大持股

編碼	持股	% 資產
AMGN	Amgen Inc.	9.60%
VRTX	Vertex Pharmaceuticals Incorporated	9.16%
GILD	Gilead Sciences, Inc.	9.04%
REGN	Regeneron Pharmaceuticals, Inc.	8.67%
SGEN	Seagen, Inc.	4.25%
BIIB	Biogen Inc.	4.04%
IQV	IQVIA Holdings Inc	3.65%
MRNA	Moderna, Inc.	3.03%
MTD	Mettler-Toledo International Inc.	2.32%
ALNY	Alnylam Pharmaceuticals, Inc	2.19%

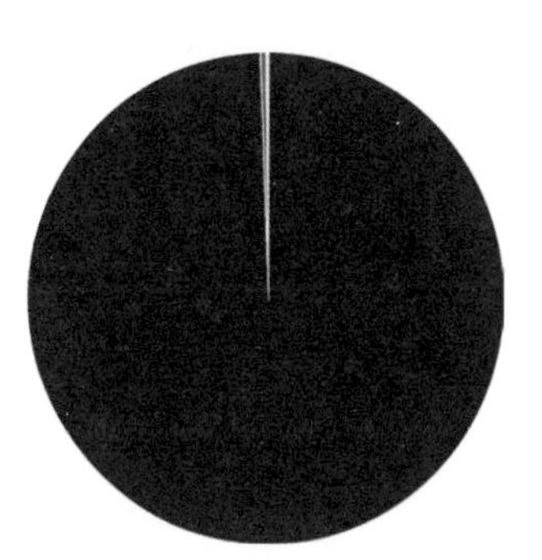

股票90.29% 美國存託憑證9.61% 現金0.06% 其他0%

持股比較

	IBB	ETF DB類別平均	FactSet劃分平均
持股數目	260	87	102
10大持股佔比	55.68%	43.77%	36.66%
15大持股佔比	65.10%	56.55%	48.19%
50大持股佔比	87.43%	91.08%	88.09%

XBI SPDR S&P Biotech ETF

XBI是少數的生物技術 ETF 之一，它提供了在市場整合期間表現良好的市場的投資渠道，並且在主要藥物獲得批准時能夠大幅上漲。XBI專注於醫療保健領域的一小部分，對於大多數尋求建立長期投資組合的投資者來説可能過於集中。然而，該ETF對於那些尋求微調風險敞口或長期看好該行業的人來説可能很有用。XBI專注於美國股票，主要包括中型股和小型股證券。儘管基礎指數的等權重方法確保了資產在所有組成部分之間的平衡，但XBI的投資組合比較有限。

概況	
發行人	State Street
品牌	SPDR
結構	ETF
費用率	0.35%
創立日期	Jan 31, 2006

費用率分析

XBI 費用率	ETF DB類別 平均費用率	FactSet劃分 平均費用率
0.35%	0.52%	0.60%

ETF主題	
類別	健康與生技股票
資產類別	股票
資產類別規模	多元股
資產類別風格	成長
地區（一般）	北美
地區（具體）	美國

股息

	XBI	ETF DB類別平均	FactSet 劃分平均
股息	N/A	$0.26	$0.41
派息日期	20/6/2023	N/A	N/A
年度股息	N/A	US$0.48	US$0.06
年度股息率	N/A	0.54%	0.05%

回報

	XBI	ETF DB類別平均	FactSet 劃分平均
1個月	-11.18%	-7.30%	-8.15%
3個月	-20.14%	-13.07%	-13.68%
今年迄今	-17.48%	-11.30%	-11.03%
1年	-15.53%	-8.12%	-6.79%
3年	-17.15%	-5.35%	-7.99%
5年	-5.12%	0.71%	-1.42%

年度總回報（%）紀錄

年份	XBI	類別
2022	-25.87%	無
2021	-20.45%	無
2020	48.33%	無
2019	32.56%	無
2018	-15.27%	無
2017	43.77%	無
2016	-15.45%	無
2015	13.58%	8.30%
2014	44.98%	26.09%
2013	48.39%	44.88%

交易數據

52 Week Lo	$68.24
52 Week Hi	$92.60
AUM	$5,284.2 M
股數	73.4 M

歷史交易數據

1個月平均量	10,316,479
3個月平均量	7,569,218

持倉分析

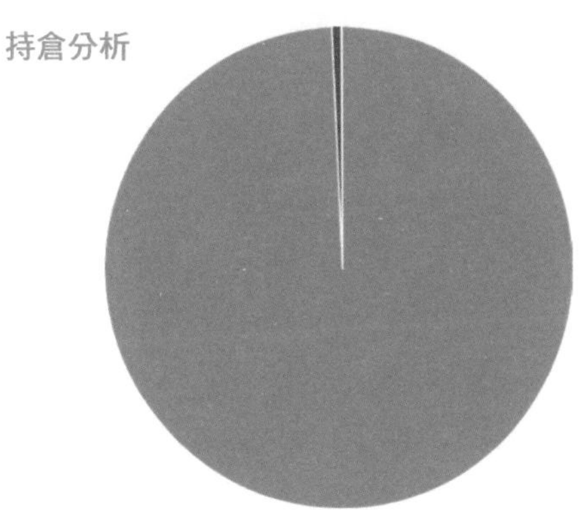

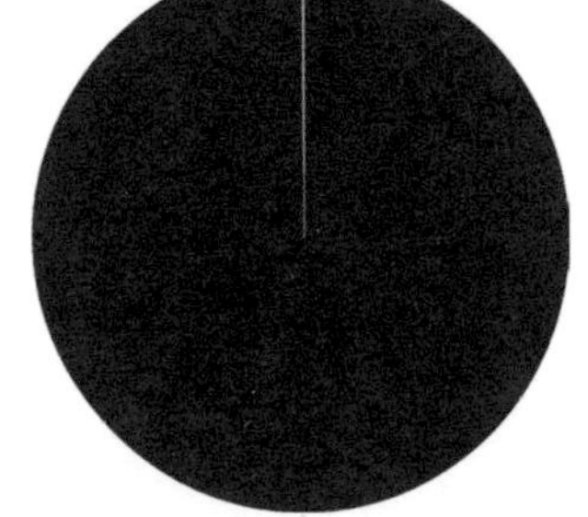

風險統計數據

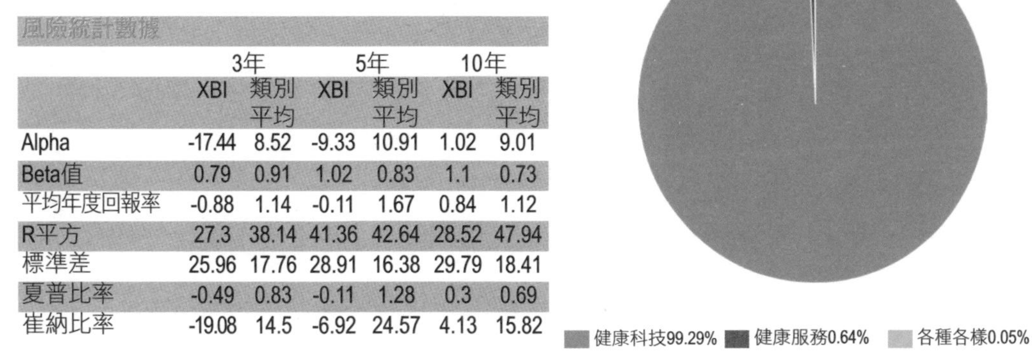

	3年		5年		10年	
	XBI	類別平均	XBI	類別平均	XBI	類別平均
Alpha	-17.44	8.52	-9.33	10.91	1.02	9.01
Beta值	0.79	0.91	1.02	0.83	1.1	0.73
平均年度回報率	-0.88	1.14	-0.11	1.67	0.84	1.12
R平方	27.3	38.14	41.36	42.64	28.52	47.94
標準差	25.96	17.76	28.91	16.38	29.79	18.41
夏普比率	-0.49	0.83	-0.11	1.28	0.3	0.69
崔納比率	-19.08	14.5	-6.92	24.57	4.13	15.82

10大持股

編碼	持股	% 資產
MRTX	Mirati Therapeutics Inc.	2.23%
IMVT	Immunovant Inc	1.67%
IONS	Ionis Pharmaceuticals, Inc.	1.59%
AMGN	Amgen Inc.	1.56%
VRTX	Vertex Pharmaceuticals Incorporated	1.52%
APLS	Apellis Pharmaceuticals, Inc.	1.50%
SGEN	Seagen, Inc.	1.49%
UTHR	United Therapeutics Corporation	1.46%
NBIX	Neurocrine Biosciences, Inc.	1.44%
BHVN	Biohaven Ltd.	1.43%

持股比較

	XBI	ETF DB類別平均	FactSet劃分平均
持股數目	135	87	102
10大持股佔比	15.89%	43.77%	36.66%
15大持股佔比	22.97%	56.55%	48.19%
50大持股佔比	64.35%	91.08%	88.09%

IHI iShares U.S. Medical Devices ETF

IHI重點關注醫療保健行業中的醫療設備製造商。該領域的公司往往擁有更穩定的收入來源。由於規模較大，使得IHI成為「完全」接觸該行業的選擇。雖然該行業沒有與製藥行業相同的專利問題或生物技術行業的波動性，但競爭非常高。這是因為任何商品類型的產品都很容易複製，而任何專利產品通常對醫院來說並不重要，最重要的是效能和效率。IHI提供了該行業的良好投資組合，對於已經大量持有製藥或廣泛的醫療保健行業但仍希望擴大整體投資的投資者來說可能是一個很好的選擇。

概況	
發行人	Blackrock Financial Management
品牌	iShares
結構	ETF
費用率	0.40%
創立日期	May 01, 2006

費用率分析		
IHI 費用率	ETF DB類別 平均費用率	FactSet劃分 平均費用率
0.40%	0.51%	0.40%

ETF主題	
類別	健康與生技股票
資產類別	股票
資產類別規模	大盤股
資產類別風格	成長
地區（一般）	北美
地區（具體）	美國

股息	IHI	ETF DB類別平均	FactSet 劃分平均
股息	$0.12	$0.26	$0.12
派息日期	26/9/2023	N/A	N/A
年度股息	$0.26	$0.48	$0.26
年度股息率	0.57%	0.54%	0.57%

回報	IHI	ETF DB類別平均	FactSet 劃分平均
1個月	-7.83%	-7.30%	-7.83%
3個月	-17.65%	-13.07%	-17.65%
今年迄今	-11.35%	-11.30%	-11.35%
1年	-5.30%	-8.12%	-5.30%
3年	-3.56%	-5.35%	-3.56%
5年	5.56%	0.71%	5.56%

年度總回報（%）紀錄

年份	IHI	類別
2022	-19.79%	無
2021	21.03%	無
2020	24.17%	無
2019	32.75%	無
2018	15.46%	無
2017	30.81%	無
2016	9.30%	無
2015	9.69%	8.30%
2014	22.72%	26.09%
2013	37.77%	44.88%

風險統計數據

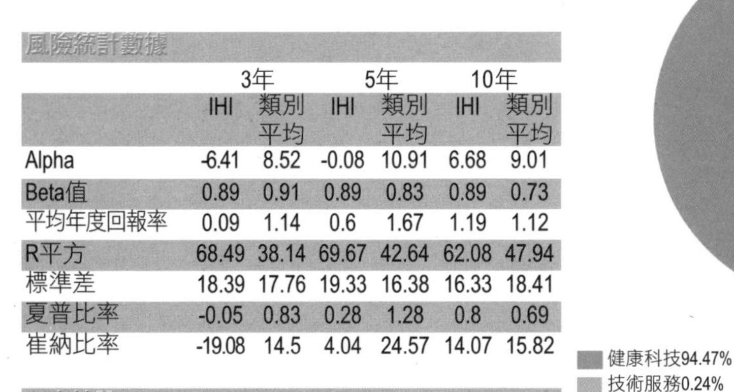

	3年		5年		10年	
	IHI	類別平均	IHI	類別平均	IHI	類別平均
Alpha	-6.41	8.52	-0.08	10.91	6.68	9.01
Beta值	0.89	0.91	0.89	0.83	0.89	0.73
平均年度回報率	0.09	1.14	0.6	1.67	1.19	1.12
R平方	68.49	38.14	69.67	42.64	62.08	47.94
標準差	18.39	17.76	19.33	16.38	16.33	18.41
夏普比率	-0.05	0.83	0.28	1.28	0.8	0.69
崔納比率	-19.08	14.5	4.04	24.57	14.07	15.82

10大持股

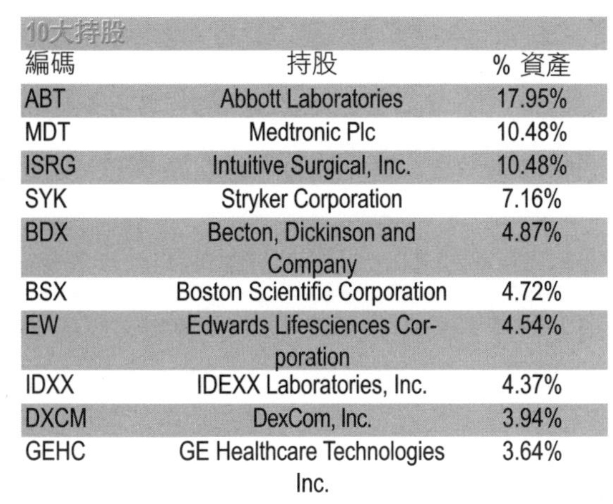

編碼	持股	% 資產
ABT	Abbott Laboratories	17.95%
MDT	Medtronic Plc	10.48%
ISRG	Intuitive Surgical, Inc.	10.48%
SYK	Stryker Corporation	7.16%
BDX	Becton, Dickinson and Company	4.87%
BSX	Boston Scientific Corporation	4.72%
EW	Edwards Lifesciences Corporation	4.54%
IDXX	IDEXX Laboratories, Inc.	4.37%
DXCM	DexCom, Inc.	3.94%
GEHC	GE Healthcare Technologies Inc.	3.64%

交易數據

52 Week Lo	$44.66
52 Week Hi	$57.81
AUM	$5,053.9 M
股數	104.0 M

歷史交易數據

1 個月平均量	1,577,148
3 個月平均量	1,189,771

持倉分析

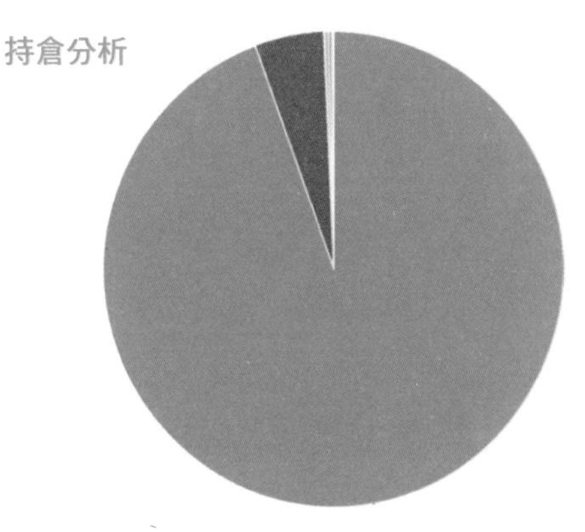

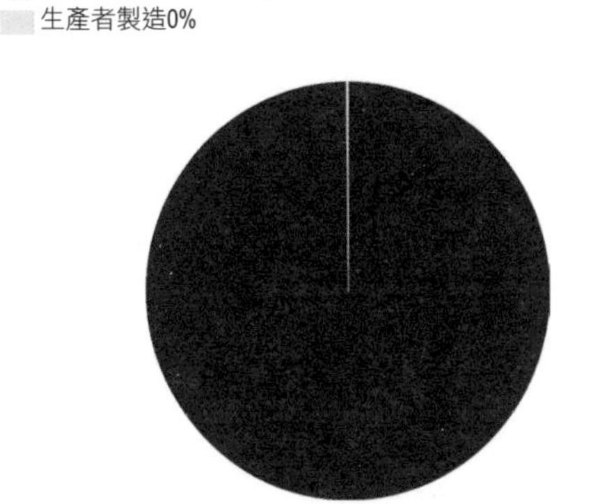

持股比較

	IHI	ETF DB類別平均	FactSet劃分平均
持股數目	56	87	56
10大持股佔比	71.93%	43.77%	71.93%
15大持股佔比	86.12%	56.55%	86.12%
50大持股佔比	99.82%	91.08%	99.82%

XLE Energy Select Sector SPDR Fund

XLE是專門投資於S&P 500指數內能源部門的股票的ETF。這個基金由State Street Global Advisors管理，主要追蹤S&P Energy Select Sector Index，這個指數包含了美國能源門的一些主要公司，如石油、天然氣、能源設備和服務等。由於XLE專注於能源產業，表現受到油價、天然氣價格、以及全球經濟狀況等多種因素的影響。XLE主要投資於大型能源公司，包括ExxonMobil、Chevron和其他主要能源生產商和服務提供商。由於它投資於這些大型、穩健的公司，XLE通常會被視為風險較低的方式來投資於能源部門。費用比率相對較低，是費用效益較高的選項。

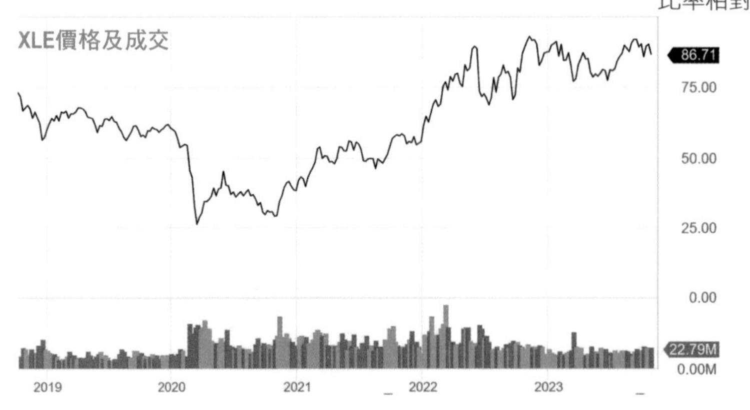

概況	
發行人	State Street
品牌	SPDR
結構	ETF
費用率	0.10%
創立日期	Dec 16, 1998

費用率分析		
XLE 費用率	ETF DB類別 平均費用率	FactSet劃分 平均費用率
0.10%	0.45%	0.39%

ETF主題	
類別	能源股票
資產類別	股票
資產類別規模	大盤股
資產類別風格	價值
地區（一般）	北美洲
地區（具體）	美國

股息	XLE	ETF DB類別平均	FactSet 劃分平均
股息	$ 0.67	$ 0.49	$ 0.33
派息日期	2023-09-18	N/A	N/A
年度股息	$ 3.03	$ 1.45	$ 1.60
年度股息率	3.36%	2.47%	3.12%

回報	XLE	ETF DB類別平均	FactSet 劃分平均
1個月	-0.57%	0.02%	0.29%
3個月	6.11%	5.47%	5.12%
今年迄今	4.24%	8.32%	5.53%
1年	5.97%	9.69%	5.04%
3年	48.91%	42.00%	36.37%
5年	10.08%	3.78%	5.26%

年度總回報（%）紀錄

年份	XLE	類別
2022	64.17%	無
2021	53.31%	無
2020	-32.51%	無
2019	11.74%	無
2018	-18.21%	無
2017	-0.90%	無
2016	28.02%	無
2015	-21.47%	-29.77%
2014	-8.70%	-18.42%
2013	26.25%	23.20%

交易數據

52 Week Lo	$73.39
52 Week Hi	$93.00
AUM	$37,235.8 M
股數	425.6 M

歷史交易數據

1 個月平均量	23,428,996
3 個月平均量	20,261,826

風險統計數據

	3年		5年		10年	
	XLE	類別平均	XLE	類別平均	XLE	類別平均
Alpha	38.48	-16.86	5.4	-14.03	-1.71	-1.08
Beta值	1.05	1.43	1.44	1.34	1.36	1.2
平均年度回報率	3.91	-0.96	1.33	-0.23	0.77	0.42
R平方	28.52	39.8	46.2	44.54	43.52	57.66
標準差	33.57	25.84	38.35	23.59	29.86	27.21
夏普比率	1.33	-0.39	0.37	-0.09	0.27	0.16
崔納比率	46.24	-8.63	4.98	-3.67	2.7	0.59

持倉分析

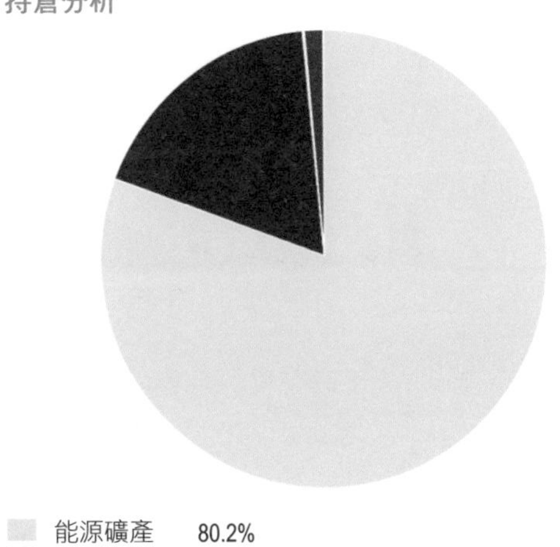

10大持股

編碼	持股	% 資產
XOM	Exxon Mobil Corporation	22.22%
CVX	Chevron Corporation	18.39%
EOG	EOG Resources, Inc.	4.86%
COP	ConocoPhillips	4.58%
SLB	Schlumberger N.V.	4.43%
MPC	Marathon Petroleum Corporation	4.26%
PXD	Pioneer Natural Resources Company	4.15%
PSX	Phillips 66	3.58%
VLO	Valero Energy Corporation	3.26%
HES	Hess Corporation	3.20%

資產分配

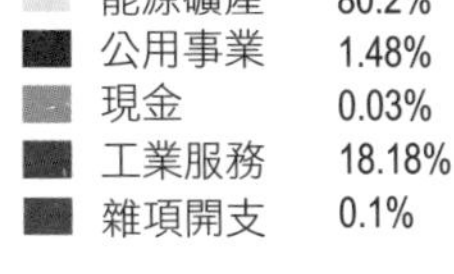

持股比較

	XLE	ETF DB類別平均	FactSet劃分平均
持股數目	25	50	51
10大持股佔比	72.93%	59.16%	59.09%
15大持股佔比	87.06%	72.65%	72.84%
50大持股佔比	99.99%	98.97%	98.94%

VDE Vanguard Energy ETF

VDE是由先鋒集團（Vanguard）管理，主要目的是追蹤美國能源部門的表現。該基金主要追蹤MSCI US Investable Market Energy 25/50 Index，該指數涵蓋了美國能源行業的各個方面，包括石油和天然氣的探測、生產、精煉以及儲存和運輸。VDE主要投資於美國最大和最具影響力的能源公司，例如ExxonMobil、Chevron和ConocoPhillips，使得該基金成為了能源產業的主要投資工具。由於該基金涵蓋的是一個特定的經濟產業，因此比多數多元化的股票基金更容易受到行業特定風險的影響。例如，油價和天然氣價格的波動會直接影響基金的價值。VDE的費用比率相對較低，這一點與先鋒的其他投資產品一致。

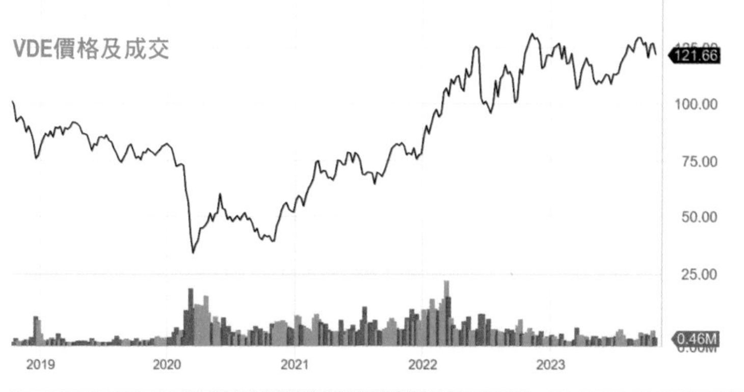

概況	
發行人	Vanguard
品牌	Vanguard
結構	ETF
費用率	0.10%
創立日期	Sep 23, 2004

費用率分析

VDE 費用率	ETF DB類別 平均費用率	FactSet劃分 平均費用率
0.10%	0.45%	0.39%

ETF主題	
類別	能源股票
資產類別	股票
資產類別規模	多元股
資產類別風格	價值
地區（一般）	北美洲
地區（具體）	美國

股息

	VDE	ETF DB類別平均	FactSet 劃分平均
股息	$ 0.87	$ 0.49	$ 0.33
派息日期	2023-09-28	N/A	N/A
年度股息	$ 4.22	$ 1.45	$ 1.60
年度股息率	3.34%	2.47%	3.12%

回報

	VDE	ETF DB類別平均	FactSet 劃分平均
1個月	-0.39%	0.02%	0.29%
3個月	6.52%	5.47%	5.12%
今年迄今	5.15%	8.32%	5.53%
1年	6.00%	9.69%	5.04%
3年	50.15%	42.00%	36.37%
5年	9.23%	3.78%	5.26%

年度總回報（%）紀錄

年份	VDE	類別
2022	62.86%	無
2021	56.21%	無
2020	-33.06%	無
2019	9.27%	無
2018	-19.96%	無
2017	-2.50%	無
2016	29.19%	無
2015	-23.23%	-29.77%
2014	-9.94%	-18.42%
2013	25.83%	23.20%

風險統計數據

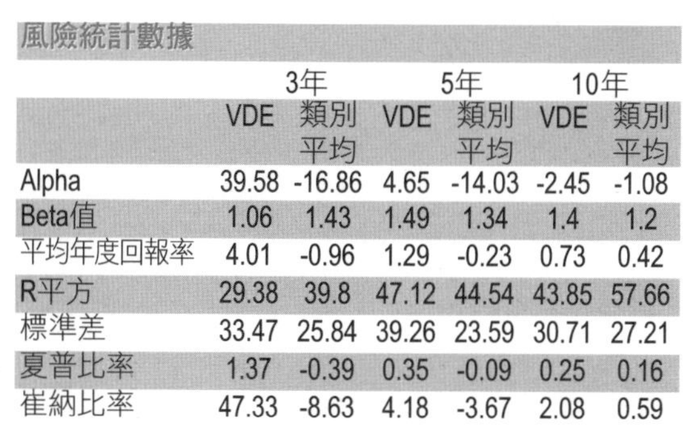

	3年		5年		10年	
	VDE	類別平均	VDE	類別平均	VDE	類別平均
Alpha	39.58	-16.86	4.65	-14.03	-2.45	-1.08
Beta值	1.06	1.43	1.49	1.34	1.4	1.2
平均年度回報率	4.01	-0.96	1.29	-0.23	0.73	0.42
R平方	29.38	39.8	47.12	44.54	43.85	57.66
標準差	33.47	25.84	39.26	23.59	30.71	27.21
夏普比率	1.37	-0.39	0.35	-0.09	0.25	0.16
崔納比率	47.33	-8.63	4.18	-3.67	2.08	0.59

10大持股

編碼	持股	% 資產
XOM	Exxon Mobil Corporation	23.31%
CVX	Chevron Corporation	15.00%
COP	ConocoPhillips	7.11%
SLB	Schlumberger N.V.	4.07%
EOG	EOG Resources, Inc.	3.64%
MPC	Marathon Petroleum Corporation	3.15%
PSX	Phillips 66	2.70%
PXD	Pioneer Natural Resources Company	2.63%
VLO	Valero Energy Corporation	2.51%
OXY	Occidental Petroleum Corporation	2.13%

交易數據

52 Week Lo	$101.61
52 Week Hi	$130.20
AUM	$8,704.4 M
股數	68.9 M

歷史交易數據

1 個月平均量	626,018
3 個月平均量	525,983

持倉分析

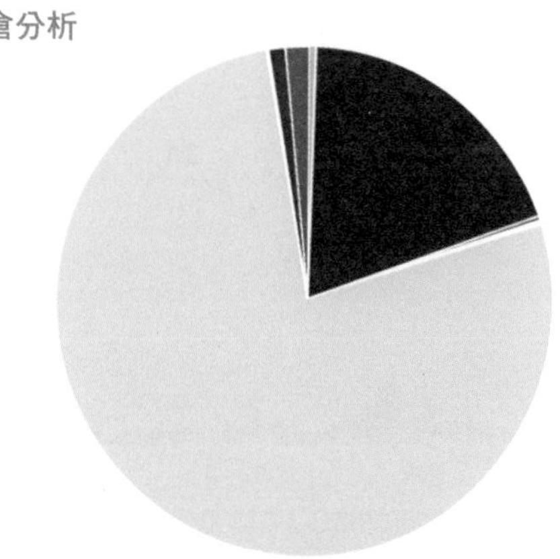

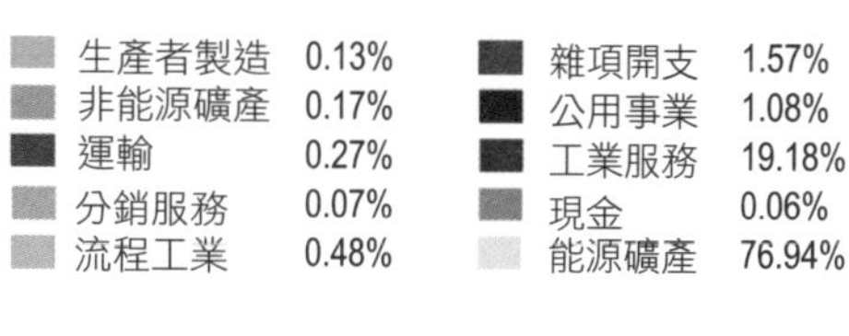

資產分配

股票99.01% 開放式基金0.88% 現金0.06%

持股比較

	VDE	ETF DB類別平均	FactSet劃分平均
持股數目	112	49	51
10大持股佔比	66.25%	59.44%	58.98%
15大持股佔比	75.63%	72.94%	72.82%
50大持股佔比	94.94%	98.99%	98.93%

AMLP Alerian MLP ETF

AMLP是追蹤Alerian MLP Infrastructure Index的ETF。該指數主要包括在美國運營的能源基礎設施和物流公司。這些公司主要涉及石油、天然氣和煤炭的運輸、儲存以及分銷等活動。由於AMLP主要投資於MLP，所以有一些獨特的稅收特點。MLP一般來説是不需要支付企業所得稅，會將大部分收入以股息的形式分配給投資者，對尋求高收入的投資者具有吸引力。投資AMLP也有風險，包括商品價格波動的影響、運營風險以及潛在的監管變化。由於AMLP主要投資於美國的能源基礎設施，可能受到宏觀經濟因素如利率變動或經濟周期的影響。AMLP的管理費通常會高於一般的股票ETF，主要是因為涉及到更為複雜的稅務和結構問題。

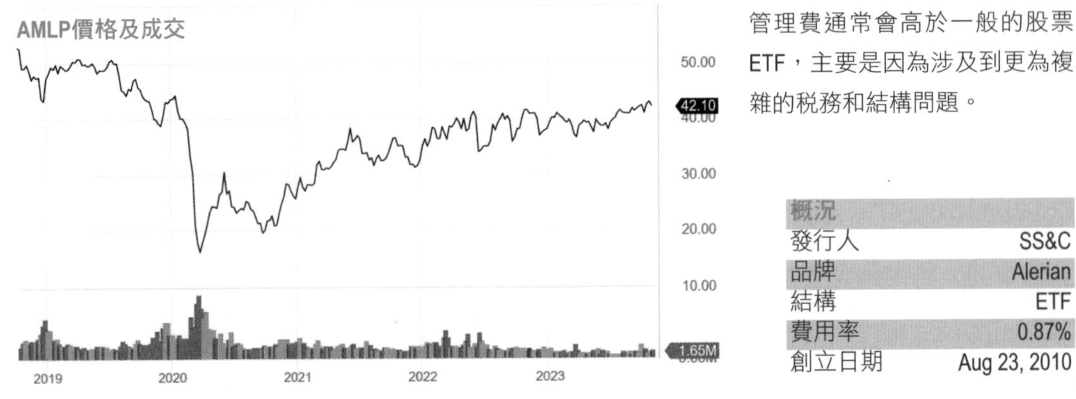

概況	
發行人	SS&C
品牌	Alerian
結構	ETF
費用率	0.87%
創立日期	Aug 23, 2010

費用率分析

AMLP 費用率	ETF DB類別 平均費用率	FactSet劃分 平均費用率
0.87%	0.79%	0.69%

ETF主題	
類別	MLP
資產類別	股票
資產類別規模	多元股
資產類別風格	混合
地區（一般）	北美洲
地區（具體）	美國

股息

	AMLP	ETF DB類別平均	FactSet 劃分平均
股息	$ 0.83	$ 0.32	$ 0.34
派息日期	2023-08-10	N/A	N/A
年度股息	$ 3.21	$ 1.06	$ 0.93
年度股息率	7.49%	3.06%	2.53%

回報

	AMLP	ETF DB類別平均	FactSet 劃分平均
1個月	1.17%	-0.47%	-0.40%
3個月	5.85%	3.06%	3.47%
今年迄今	18.78%	9.90%	8.25%
1年	14.91%	11.37%	9.70%
3年	34.16%	25.06%	22.65%
5年	7.75%	3.62%	2.93%

年度總回報（%）紀錄

年份	AMLP	類別
2022	25.53%	無
2021	39.03%	無
2020	-32.19%	無
2019	5.80%	無
2018	-12.62%	無
2017	-7.92%	無
2016	14.84%	無
2015	-25.68%	-36.45%
2014	4.83%	3.98%
2013	18.55%	26.69%

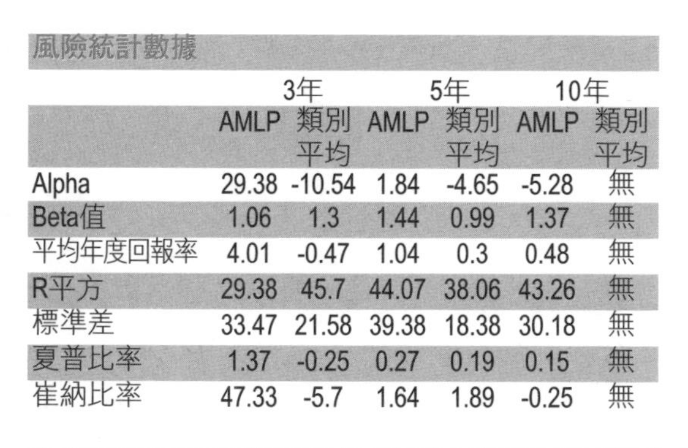

交易數據

52 Week Lo	$34.18
52 Week Hi	$43.33
AUM	$7,207.5 M
股數	168.3 M

歷史交易數據

1 個月平均量	1,852,050
3 個月平均量	1,458,811

持倉分析

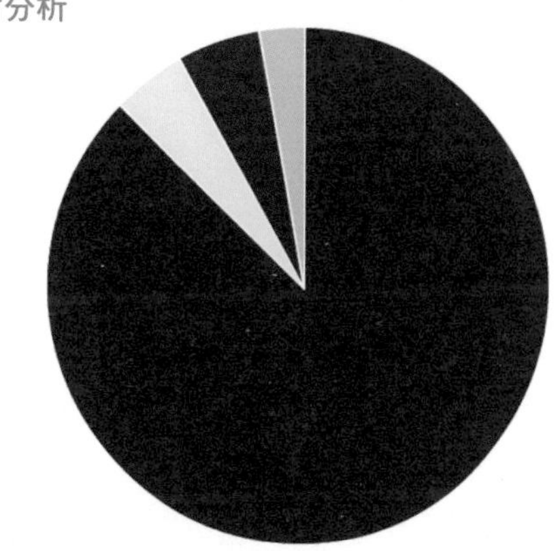

能源礦產	4.78%
公用事業	5.47%
現金	-3%
工業服務	89.67%
流程工業	3.02%
雜項開支	0.06%

風險統計數據

	3年		5年		10年	
	AMLP	類別平均	AMLP	類別平均	AMLP	類別平均
Alpha	29.38	-10.54	1.84	-4.65	-5.28	無
Beta值	1.06	1.3	1.44	0.99	1.37	無
平均年度回報率	4.01	-0.47	1.04	0.3	0.48	無
R平方	29.38	45.7	44.07	38.06	43.26	無
標準差	33.47	21.58	39.38	18.38	30.18	無
夏普比率	1.37	-0.25	0.27	0.19	0.15	無
崔納比率	47.33	-5.7	1.64	1.89	-0.25	無

10大持股

編碼	持股	% 資產
PAA	Plains All American Pipeline, L.P.	14.68%
MPLX	MPLX LP	14.44%
EPD	Enterprise Products Partners L.P.	14.39%
ET	Energy Transfer LP	13.97%
WES	Western Midstream Partners, LP	12.90%
ENLC	EnLink Midstream LLC	7.29%
CEQP	Crestwood Equity Partners LP	5.93%
CQP	Cheniere Energy Partners, L.P.	5.32%
HESM	Hess Midstream LP Class A	4.89%
NS	NuStar Energy L.P.	4.80%

資產分配

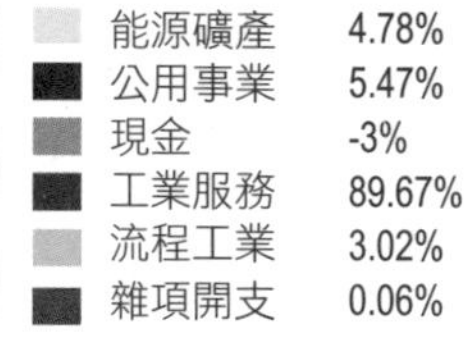

股票104.85% 開放式基金0.01% 現金-4.87%

持股比較

	AMLP	ETF DB類別平均	FactSet劃分平均
持股數目	15	26	22
10大持股佔比	98.61%	56.45%	53.51%
15大持股佔比	100.00%	67.15%	63.11%
50大持股佔比	100.00%	79.08%	71.74%

XOP SPDR S&P Oil & Gas Exploration & Production ETF

XOP是追蹤S&P Oil & Gas Exploration & Production Select Industry Index的ETF。該指數聚焦於美國油氣探勘和生產（E&P）公司，包括大型、中型和小型公司。這款ETF提供了投資者一種簡單的方式來多樣化投資在油氣行業的上游活動，如地質探勘、鑽井和生產。由於專注於探勘和生產活動，XOP的價格特別敏感。當油價或天然氣價格上升時，ETF通常會表現良好，反之則會受到壓力。XOP的投資組合較為平衡，不會過度依賴單一或幾個大型公司的表現。由於XOP專注於探勘和生產活動，這款ETF面臨著一定的風險，包括油氣價格波動、供應鏈問題、監管變更以及環境問題等。

XOP價格及成交

概況	
發行人	State Street
品牌	SPDR
結構	ETF
費用率	0.35%
創立日期	Jun 19, 2006

費用率分析

XOP 費用率	ETF DB類別 平均費用率	FactSet劃分 平均費用率
0.35%	0.45%	0.53%

ETF主題	
類別	能源股票
資產類別	股票
資產類別規模	多元股
資產類別風格	混合
地區（一般）	北美洲
地區（具體）	美國

股息

	XOP	ETF DB類別平均	FactSet 劃分平均
股息	$ 0.77	$ 0.49	$ 0.36
派息日期	2023-09-18	N/A	N/A
年度股息	$ 3.51	$ 1.45	$ 1.75
年度股息率	2.34%	2.47%	2.73%

回報

	XOP	ETF DB類別平均	FactSet 劃分平均
1個月	3.14%	0.02%	4.29%
3個月	9.26%	5.47%	9.99%
今年迄今	11.04%	8.32%	11.63%
1年	2.95%	9.69%	3.35%
3年	52.33%	42.00%	59.76%
5年	0.93%	3.78%	5.84%

年度總回報（%）紀錄

年份	XOP	類別
2022	45.33%	無
2021	66.76%	無
2020	-36.31%	無
2019	-9.44%	無
2018	-28.09%	無
2017	-9.47%	無
2016	38.28%	無
2015	-35.76%	-29.77%
2014	-29.44%	-18.42%
2013	27.90%	23.20%

交易數據

52 Week Lo	$111.92
52 Week Hi	$157.14
AUM	$3,774.6 M
股數	25.2 M

歷史交易數據

1 個月平均量	1,852,050
3 個月平均量	1,458,811

風險統計數據

	3年 XOP	3年 類別平均	5年 XOP	5年 類別平均	10年 XOP	10年 類別平均
Alpha	42.65	-16.86	-0.66	-14.03	-9.47	-1.08
Beta值	1.29	1.43	2.02	1.34	1.91	1.2
平均年度回報率	4.38	-0.96	1.12	-0.23	0.45	0.42
R平方	30.1	39.8	45.03	44.54	39.11	57.66
標準差	40.11	25.84	54.72	23.59	44.24	27.21
夏普比率	1.25	-0.39	0.21	-0.09	0.09	0.16
崔納比率	41.39	-8.63	-1.38	-3.67	-2.77	0.59

持倉分析

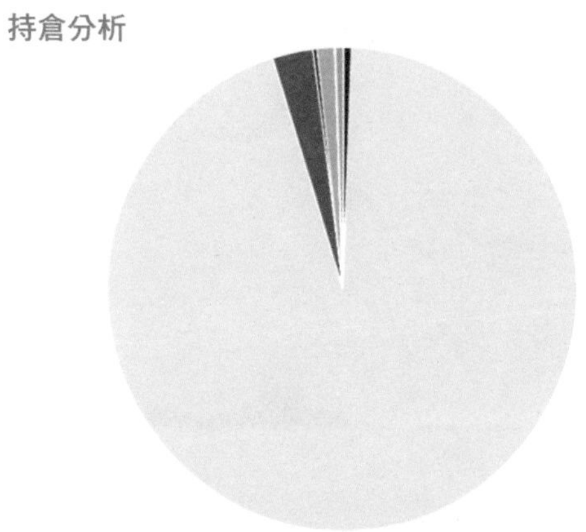

10大持股

編碼	持股	% 資產
SWN	Southwestern Energy Company	2.66%
FANG	Diamondback Energy, Inc.	2.62%
RRC	Range Resources Corporation	2.60%
CHRD	Chord Energy Corporation	2.60%
OVV	Ovintiv Inc	2.59%
PXD	Pioneer Natural Resources Company	2.58%
PR	Permian Resources Corporation Class A	2.58%
AR	Antero Resources Corporation	2.56%
MRO	Marathon Oil Corporation	2.56%
SM	SM Energy Company	2.52%

資產分配

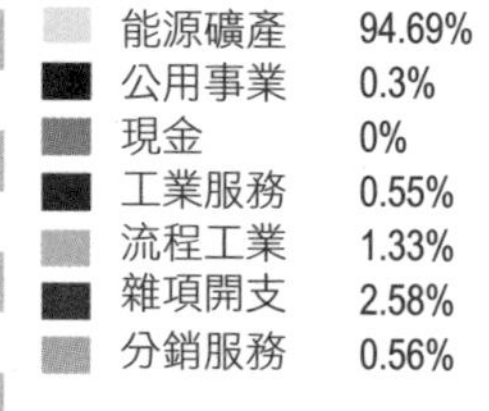

持股比較

	XOP	ETF DB類別平均	FactSet劃分平均
持股數目	60	50	48
10大持股佔比	25.87%	59.19%	36.48%
15大持股佔比	38.38%	72.66%	50.30%
50大持股佔比	97.93%	99.00%	99.28%

ICLN iShares Global Clean Energy ETF

ICLN是一款追蹤S&P Global Clean Energy Index的ETF。該基金專注於全球範圍內的清潔能源公司，包括太陽能、風能、水力和其他可再生能源。ICLN提供了一個多元化的途徑，讓投資者能夠參與到快速增長的清潔能源行業。隨著全球對減少碳排放和對抗氣候變化的日益關注，這一行業具有巨大的增長潛力。該基金投資於各種大小和地理位置的清潔能源公司，提供了一種方便的方式來獲得該領域的廣泛投資。投資者應該注意，由於清潔能源行業還相對年輕並且受到各種政策和監管影響，這個領域有較高的波動性和風險。除了市場風險外，可能還面臨技術不成熟或政府補貼減少等風險。ICLN的費用比率相對較低，是長期投資該領域的一個成本效益較高的選項。

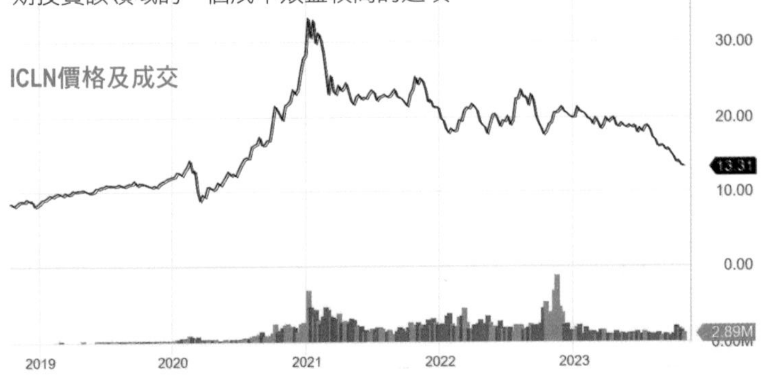

概況	
發行人	BlackRock Financial Management
品牌	iShares
結構	ETF
費用率	0.41%
創立日期	Jun 24, 2008

費用率分析

ICLN 費用率	ETF DB類別 平均費用率	FactSet劃分 平均費用率
0.41%	0.55%	0.59%

ETF主題	
類別	替代能源股票
資產類別	股票
資產類別規模	多元股
資產類別風格	混合
地區（一般）	已開發市場
地區（具體）	廣泛

股息

	ICLN	ETF DB類別平均	FactSet 劃分平均
股息	$ 0.13	$ 0.20	$ 0.13
派息日期	2023-06-07	N/A	N/A
年度股息	$ 0.16	$ 0.37	$ 0.33
年度股息率	1.22%	1.21%	1.75%

回報

	ICLN	ETF DB類別平均	FactSet 劃分平均
1個月	-12.26%	-11.25%	-10.83%
3個月	-29.35%	-24.95%	-25.41%
今年迄今	-32.86%	-19.95%	-24.93%
1年	-25.58%	-14.47%	-19.31%
3年	-12.26%	-3.03%	-5.76%
5年	10.92%	3.20%	2.65%

年度總回報（%）紀錄

年份	ICLN	類別
2022	-5.41%	無
2021	-24.18%	無
2020	141.80%	無
2019	44.35%	無
2018	-9.02%	無
2017	21.48%	無
2016	-16.91%	無
2015	3.82%	-2.79%
2014	-4.78%	39.79%
2013	49.10%	25.42%

交易數據

52 Week Lo	$13.04
52 Week Hi	$21.46
AUM	$2,746.5 M
股數	205.8 M

歷史交易數據

1 個月平均量	3,777,936
3 個月平均量	2,816,953

風險統計數據

	3年		5年		10年	
	ICLN	類別平均	ICLN	類別平均	ICLN	類別平均
Alpha	-11.19	無	7.7	無	-0.93	無
Beta值	1.22	無	1.2	無	1.2	無
平均年度回報率	-0.15	無	1.4	無	0.74	無
R平方	41.1	無	46.96	無	45.86	無
標準差	32.47	無	31.73	無	25.63	無
夏普比率	-0.12	無	0.47	無	0.3	無
崔納比率	-7.02	無	8.94	無	3.8	無

持倉分析

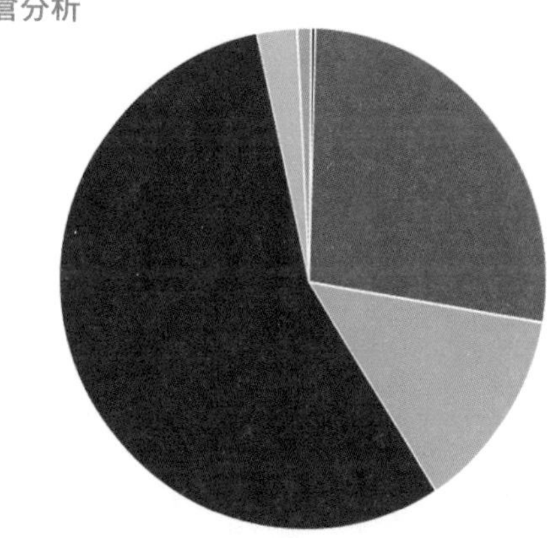

公用事業	46.42%
現金	0.37%
生產者製造	18.62%
流程工業	2.31%
工業服務	0.29%
電子技術	31.71%
金融	0.13%
其他	0.14%

10大持股

編碼	持股	% 資產
FSLR	First Solar, Inc.	8.66%
ED	Consolidated Edison, Inc.	7.84%
ENPH	Enphase Energy, Inc.	6.06%
VWS	Vestas Wind Systems A/S	5.13%
IBE	Iberdrola SA	4.91%
600900	China Yangtze Power Co., Ltd. Class A	3.91%
EDP	EDP-Energias de Portugal SA	3.25%
SEDG	SolarEdge Technologies, Inc.	3.06%
9502	Chubu Electric Power Company,Incorporated	2.90%
ORSTED	Orsted	2.57%

資產分配

股票87.45% 單元1.59% 現金5.97%
優先股1.84% 其他1.97% 無投票權存託憑證1.2%

持股比較

	ICLN	ETF DB類別平均	FactSet劃分平均
持股數目	102	77	65
10大持股佔比	41.09%	45.90%	42.60%
15大持股佔比	51.75%	59.28%	55.45%
50大持股佔比	85.81%	91.76%	92.47%

AMJ J.P. Morgan Alerian MLP Index ETN

AMJ是ETN，而不是ETF，旨在追蹤Alerian MLP指數的表現，這是一個由能源基礎設施和物流行業的主要美國主權有限合夥企業（MLP）組成的市值加權指數。AMJ主要投資於涉及儲存和運輸石油和天然氣的公司，這些公司通常會生成穩定的現金流量。由於這些活動通常不受油價直接影響，因此AMJ可為投資者提供相對穩定的收益來源。MLP的另一個吸引人的特點是其稅收優惠。這些公司必須將大部分收入分配給股東，通常以高收益的形式。然而，因為AMJ是一個ETN而不是ETF，投資者需要仔細考慮相關的信用風險。

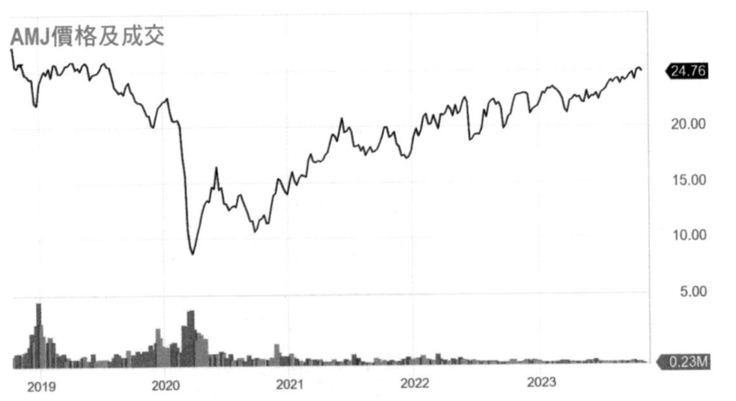

概況	
發行人	JPMorgan Chase
品牌	JPMorgan
結構	ETF
費用率	0.85%
創立日期	Apr 02, 2009

費用率分析		
AMJ 費用率	ETF DB類別 平均費用率	FactSet劃分 平均費用率
0.85%	0.79%	0.88%

ETF主題	
類別	MLP
資產類別	股票
資產類別規模	多元股
資產類別風格	混合
地區（一般）	北美洲
地區（具體）	美國

股息	AMJ	ETF DB類別平均	FactSet 劃分平均
股息	$ 0.47	$ 0.32	$ 0.37
派息日期	2019-08-27	N/A	N/A
年度股息	N/A	$ 1.06	$ 0.94
年度股息率	N/A	3.06%	2.99%

回報	AMJ	ETF DB類別平均	FactSet 劃分平均
1個月	1.59%	-0.47%	-0.72%
3個月	5.06%	3.06%	0.28%
今年迄今	14.48%	9.90%	8.57%
1年	13.34%	11.37%	10.42%
3年	26.88%	25.06%	13.11%
5年	-0.06%	3.62%	2.14%

年度總回報（%）紀錄

年份	AMJ	類別
2022	30.05%	無
2021	38.11%	無
2020	-29.41%	無
2019	5.71%	無
2018	-12.82%	無
2017	-7.19%	無
2016	17.24%	無
2015	-32.96%	-36.45%
2014	3.85%	3.98%
2013	26.46%	26.69%

交易數據

52 Week Lo	$20.71
52 Week Hi	$25.33
AUM	$2,986.2 M
股數	119.2 M

歷史交易數據

1 個月平均量	334,491
3 個月平均量	313,494

風險統計數據

	3年		5年		10年	
	AMJ	類別平均	AMJ	類別平均	AMJ	類別平均
Alpha	30.38	-10.54	3.17	-4.65	-5.34	無
Beta值	0.9	1.3	1.49	0.99	1.43	無
平均年度回報率	3.15	-0.47	1.17	0.3	0.51	無
R平方	42.29	45.7	45.96	38.06	44.86	無
標準差	23.44	21.58	39.98	18.38	31.07	無
夏普比率	1.52	-0.25	0.31	0.19	0.16	無
崔納比率	44.11	-5.7	2.68	1.89	-0.09	無

10大持股

編碼	持股	% 資產
MMP	Magellan Midstream Partners LP	10.06%
EPD	Enterprise Products Partners LP	10.02%
ETP	Energy Transfer LP	9.59%
PAA	Plains All American Pipeline LP	8.12%
MPLX	MPLX LP	7.72%
ANDX	Andeavor Logistics LP	3.10%
DCP	DCP Midstream LP	2.88%
TEP	Tallgrass Energy Partners LP	2.57%
SEP	Spectra Energy Partners LP	2.19%
PSXP	Phillips 66 Partners LP	1.99%

持股比較

	AMJ	ETF DB類別平均	FactSet劃分平均
持股數目	35	24	40
10大持股佔比	58.24%	56.73%	57.18%
15大持股佔比	67.35%	67.18%	71.58%
50大持股佔比	84.54%	78.56%	94.49%

OIH VanEck Oil Services ETF

OIH專門投資於油氣服務行業的公司。這些公司主要從事提供鑽井、維護、物流和其他支持服務，以幫助油氣產業的探測和生產活動。由於這些服務通常是油氣生產過程中不可或缺的，所以OIH基金在油價上漲或能源需求增加時表現良好。投資者應該注意，OIH的表現高度依賴能源價格，特別是石油價格。當油價下跌時，油氣服務公司可能會受到壓力，因為探測和生產活動減少，導致需求下降。此外，這個行業也可能受到環保法律和政策變化的影響。OIH是一個針對油氣服務行業進行多元化投資的工具，但它也具有高度的專門性和風險。投資者在考慮投資OIH之前，應該仔細評估他們對能源價格波動的容忍度，以及行業特定風險。

OIH價格及成交

概況	
發行人	VanEck
品牌	VanEck
結構	ETF
費用率	0.35%
創立日期	Feb 07, 2001

費用率分析

OIH 費用率	ETF DB類別 平均費用率	FactSet劃分 平均費用率
0.35%	0.45%	0.35%

ETF主題	
類別	能源股票
資產類別	股票
資產類別規模	多元股
資產類別風格	價值
地區（一般）	已開發市場
地區（具體）	廣泛

股息

	OIH	ETF DB類別平均	FactSet 劃分平均
股息	$ 2.89	$ 0.49	$ 2.89
派息日期	2022-12-19	N/A	N/A
年度股息	$ 2.89	$ 1.45	$ 2.89
年度股息率	0.85%	2.47%	0.85%

回報

	OIH	ETF DB類別平均	FactSet 劃分平均
1個月	-1.94%	0.02%	-1.94%
3個月	2.87%	5.47%	2.87%
今年迄今	11.34%	8.32%	11.34%
1年	23.33%	9.69%	23.33%
3年	51.07%	42.00%	51.07%
5年	-4.39%	3.78%	-4.39%

年度總回報（%）紀錄

年份	OIH	類別
2022	66.17%	無
2021	21.25%	無
2020	-41.17%	無
2019	-3.52%	無
2018	-44.98%	無
2017	-19.71%	無
2016	27.84%	無
2015	-24.55%	-29.77%
2014	-23.52%	-18.42%
2013	25.88%	23.20%

交易數據

52 Week Lo	$246.04
52 Week Hi	$364.08
AUM	$2,552.6 M
股數	7.5 M

歷史交易數據

1 個月平均量	539,855
3 個月平均量	537,255

風險統計數據

	3年		5年		10年	
	OIH	類別平均	OIH	類別平均	OIH	類別平均
Alpha	42.78	-16.86	-4.24	-14.03	-13.57	-1.08
Beta值	1.59	1.43	2.22	1.34	2.02	1.2
平均年度回報率	4.54	-0.96	0.93	-0.23	0.17	0.42
R平方	30.74	39.8	50.03	44.54	43.43	57.66
標準差	49.08	25.84	57.05	23.59	44.49	27.21
夏普比率	1.07	-0.39	0.16	-0.09	0.02	0.16
崔納比率	32.54	-8.63	-3.49	-3.67	-4.54	0.59

持倉分析

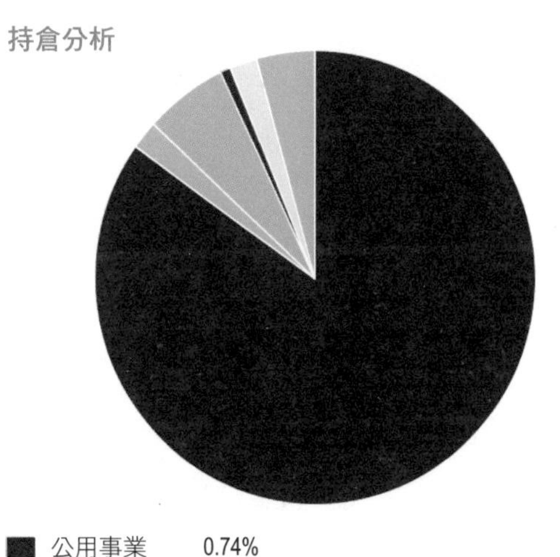

公用事業	0.74%
現金	-0.02%
能源礦產	1.63%
非能源礦產	6.44%
工業服務	85.33%
生產者製造	1.93%
流程工業	3.96%

10大持股

編碼	持股	% 資產
SLB	Schlumberger N.V.	19.81%
HAL	Halliburton Company	12.02%
BKR	Baker Hughes Company Class A	8.51%
TS	Tenaris S.A. Sponsored ADR	5.29%
FTI	TechnipFMC plc	5.17%
WFRD	Weatherford International plc	4.69%
NOV	NOV Inc.	4.35%
PTEN	Patterson-UTI Energy, Inc.	4.35%
NE	Noble Corporation PLC Class A	4.23%
CHX	ChampionX Corporation	4.20%

資產分配

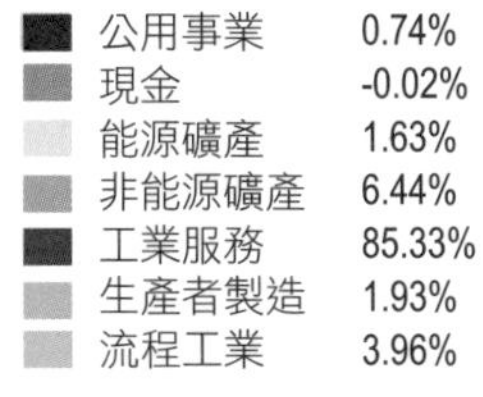

■股票94.64% ■美國存託憑證5.36% ■現金0%

持股比較

	OIH	ETF DB類別平均	FactSet劃分平均
持股數目	26	50	26
10大持股佔比	72.62%	59.19%	72.62%
15大持股佔比	89.74%	72.66%	89.74%
50大持股佔比	99.98%	99.00%	99.98%

EMLP First Trust North American Energy Infrastructure Fund

EMLP主要投資於北美能源基礎設施公司，包括管道、儲存、和能源運輸等。這些公司一般有穩定的現金流，通常與長期合同和規範性費用結構相關聯。EMLP可為投資者提供一個相對穩定的收入來源。EMLP的投資組合通常包括一系列的能源基礎設施公司，這些公司在能源價格波動和經濟周期變化中相對穩健。這個基金也會受到能源價格、政策和法規變化的影響。EMLP也可為投資組合提供一定程度的多元化，因為能源基礎設施通常與其他資產類別（如股票和債券）的相關性較低。

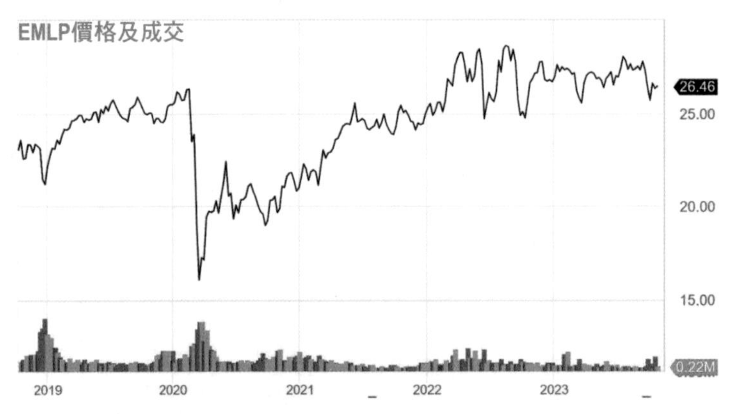

概況	
發行人	First Trust
品牌	First Trust
結構	ETF
費用率	0.95%
創立日期	Jun 21, 2012

費用率分析

EMLP 費用率	ETF DB類別 平均費用率	FactSet劃分 平均費用率
0.95%	0.79%	0.88%

ETF主題	
類別	MLP
資產類別	股票
資產類別規模	多元股
資產類別風格	混合
地區（一般）	北美洲
地區（具體）	美國

股息

	EMLP	ETF DB類別平均	FactSet 劃分平均
股息	$ 0.28	$ 0.32	$ 0.37
派息日期	2023-09-22	N/A	N/A
年度股息	$ 1.05	$ 1.06	$ 0.94
年度股息率	3.99%	3.06%	2.99%

回報

	EMLP	ETF DB類別平均	FactSet 劃分平均
1個月	-4.14%	-0.47%	-0.72%
3個月	-5.64%	3.06%	0.28%
今年迄今	1.30%	9.90%	8.57%
1年	6.40%	11.37%	10.42%
3年	12.45%	25.06%	13.11%
5年	6.48%	3.62%	2.14%

年度總回報（%）紀錄

年份	EMLP	類別
2022	10.39%	無
2021	23.18%	無
2020	-13.43%	無
2019	23.39%	無
2018	-8.67%	無
2017	1.07%	無
2016	29.92%	無
2015	-25.40%	-36.45%
2014	23.83%	3.98%
2013	16.66%	26.69%

交易數據

52 Week Lo	$24.16
52 Week Hi	$27.97
AUM	$2,283.8 M
股數	86.6 M

歷史交易數據

1 個月平均量	410,114
3 個月平均量	255,309

風險統計數據

	3年		5年		10年	
	EMLP	類別平均	EMLP	類別平均	EMLP	類別平均
Alpha	9.46	-10.54	1.36	-4.65	-0.27	無
Beta值	0.71	1.3	0.84	0.99	0.8	無
平均年度回報率	1.32	-0.47	0.69	0.3	0.55	無
R平方	61.6	45.7	62.69	38.06	53.47	無
標準差	15.24	21.58	19.34	18.38	15.84	無
夏普比率	0.89	-0.25	0.34	0.19	0.34	無
崔納比率	19.3	-5.7	5.61	1.89	5.37	無

持倉分析

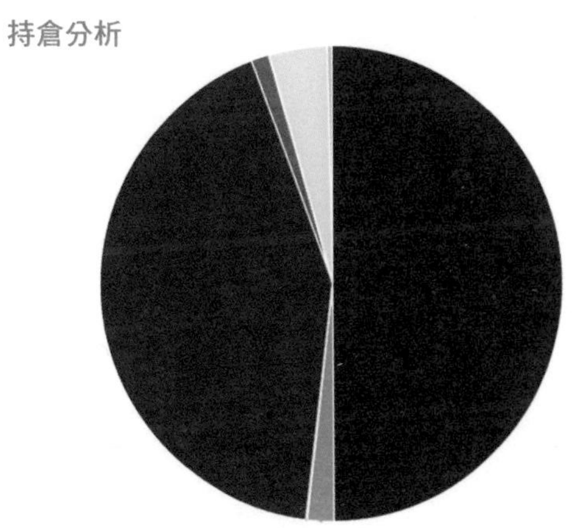

公用事業	42.13%
現金	0%
能源礦產	3.77%
技術服務	1.81%
工業服務	49.58%
分銷服務	0.09%
流程工業	0.37%
雜項開支	2.22%

10大持股

編碼	持股	% 資產
EPD	Enterprise Products Partners L.P.	8.37%
ET	Energy Transfer LP	7.13%
PAGP	Plains GP Holdings LP Class A	6.20%
SRE	Sempra	4.60%
KMI	Kinder Morgan Inc Class P	4.56%
DTM	DT Midstream, Inc.	4.42%
OKE	ONEOK, Inc.	4.40%
MPLX	MPLX LP	3.25%
TRGP	Targa Resources Corp.	3.16%
AEP	American Electric Power Company, Inc.	2.93%

資產分配

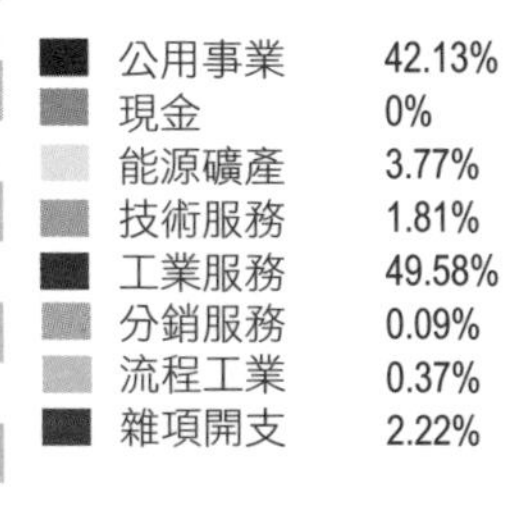

股票97.06% 開放式基金1.4% 現金0%
美國存託憑證1.53%

持股比較

	EMLP	ETF DB類別平均	FactSet劃分平均
持股數目	63	26	40
10大持股佔比	49.02%	56.45%	57.70%
15大持股佔比	62.04%	67.15%	71.88%
50大持股佔比	98.95%	79.08%	94.50%

IXC iShares Global Energy ETF

IXC是追蹤全球能源產業表現的ETF。這個基金主要投資於全球最大的能源公司，包括石油、天然氣以及其他相關產業的公司。IXC提供投資機會，參與全球能源市場的動態，包括石油價格的波動、新的能源技術的發展，以及能源需求的增長等。IXC投資於多個國家和地區的能源公司，具有一定程度的地理多元化，減少特定地區經濟或政治風險對基金表現的影響。這也意味著該基金可能會受到匯率波動、不同法規和稅收制度的影響。XC適合對能源市場有強烈興趣，並願意接受一定程度風險的投資者。

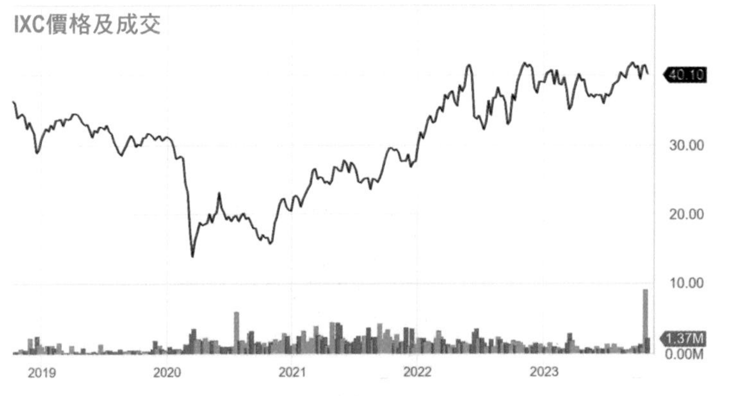

概況	
發行人	BlackRock Financial Management
品牌	iShares
結構	ETF
費用率	0.44%
創立日期	Nov 12, 2001

費用率分析

IXC 費用率	ETF DB類別 平均費用率	FactSet劃分 平均費用率
0.44%	0.45%	0.75%

ETF主題	
類別	能源股票
資產類別	股票
資產類別規模	大盤股
資產類別風格	價值
地區（一般）	全球的
地區（具體）	廣泛

股息

	IXC	ETF DB類別平均	FactSet 劃分平均
股息	$ 0.71	$ 0.49	$ 0.30
派息日期	2023-06-07	N/A	N/A
年度股息	$ 1.81	$ 1.45	$ 0.81
年度股息率	4.38%	2.47%	2.44%

回報

	IXC	ETF DB類別平均	FactSet 劃分平均
1個月	-0.34%	0.02%	-0.99%
3個月	5.87%	5.47%	2.49%
今年迄今	6.66%	8.32%	5.05%
1年	9.99%	9.69%	3.33%
3年	41.24%	42.00%	13.75%
5年	7.82%	3.78%	2.61%

年度總回報（%）紀錄

年份	IXC	類別
2022	48.49%	無
2021	40.97%	無
2020	-30.94%	無
2019	12.60%	無
2018	-14.82%	無
2017	5.54%	無
2016	27.88%	無
2015	-22.04%	-29.77%
2014	-11.68%	-18.42%
2013	16.06%	23.20%

交易數據

52 Week Lo	$33.54
52 Week Hi	$42.38
AUM	$2,912.1 M
股數	70.5 M

歷史交易數據

1個月平均量	1,838,854
3個月平均量	893,045

風險統計數據

	3年		5年		10年	
	IXC	類別平均	IXC	類別平均	IXC	類別平均
Alpha	31.64	-16.86	2.42	-14.03	-2.6	-1.08
Beta值	1.02	1.43	1.23	1.34	1.21	1.2
平均年度回報率	3.32	-0.96	0.98	-0.23	0.6	0.42
R平方	33.26	39.8	47.98	44.54	46.2	57.66
標準差	30.11	25.84	32.23	23.59	25.78	27.21
夏普比率	1.25	-0.39	0.31	-0.09	0.23	0.16
崔納比率	39.34	-8.63	4	-3.67	2.31	0.59

持倉分析

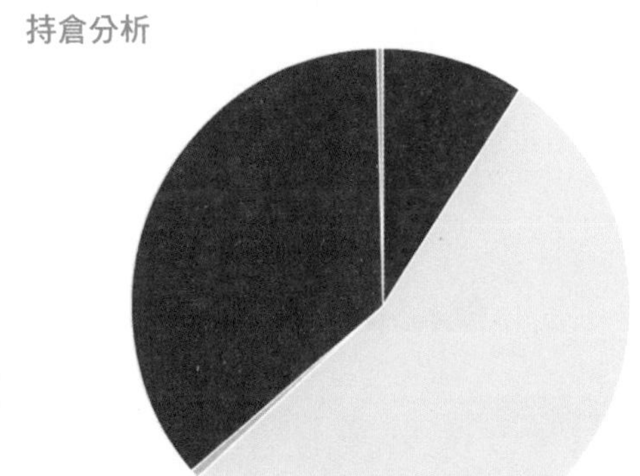

公用事業	0.74%
現金	0.24%
能源礦產	83.58%
非能源礦產	0.98%
工業服務	14.52%
其他	-0.07%

10大持股

編碼	持股	% 資產
XOM	Exxon Mobil Corporation	16.10%
CVX	Chevron Corporation	10.72%
SHEL	Shell Plc	8.02%
TTE	TotalEnergies SE	5.55%
COP	ConocoPhillips	4.80%
BP	BP p.l.c.	3.83%
SLB	Schlumberger N.V.	3.03%
EOG	EOG Resources, Inc.	2.83%
CNQ	Canadian Natural Resources Limited	2.62%
ENB	Enbridge Inc.	2.46%

資產分配

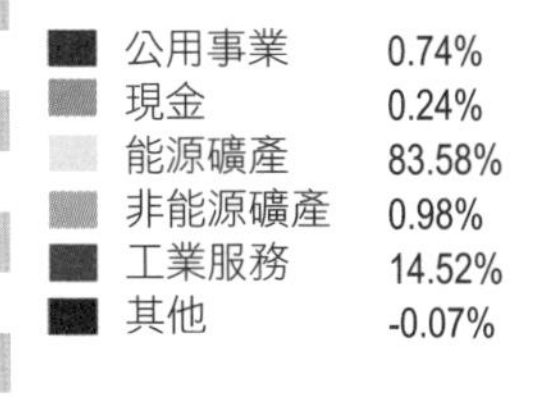

■股票97.23% ■美國存託憑證2.41% ■現金0.37%

持股比較

	IXC	ETF DB類別平均	FactSet劃分平均
持股數目	54	50	57
10大持股佔比	59.96%	59.19%	49.28%
15大持股佔比	69.50%	72.66%	62.37%
50大持股佔比	100.12%	99.00%	97.22%

FENY Fidelity MSCI Energy Index ETF

FENY是追蹤能源產業的ETF，主要投資於美國的能源公司。這個基金旨在模仿MSCI USA IMI Energy Index的表現，該指數包括了在美國上市的大型、中型和小型能源公司。FENY通常涵蓋從石油和天然氣探勘到精煉和銷售等一系列能源相關業務。由於這個基金專注於美國市場，比其他全球能源基金更受到美國特定經濟和政策變化的影響。能源是高度波動且受到多種因素影響的市場，包括供應和需求平衡、地緣政治狀況、以及全球經濟活動。因此，FENY適合那些尋求高風險/高回報的投資者，特別是對能源市場有深入了解和興趣的人。FENY提供了一個相對成本效益高的途徑來參與美國能源市場。

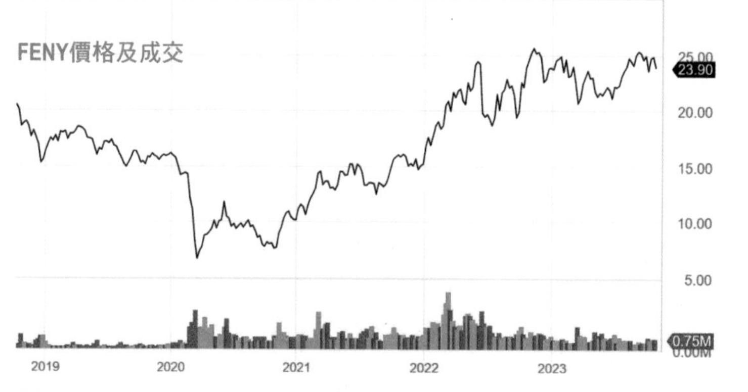

概況	
發行人	Fidelity
品牌	Fidelity
結構	ETF
費用率	0.08%
創立日期	Oct 21, 2013

費用率分析

FENY 費用率	ETF DB類別 平均費用率	FactSet劃分 平均費用率
0.08%	0.45%	0.39%

ETF主題	
類別	能源股票
資產類別	股票
資產類別規模	多元股
資產類別風格	Value
地區（一般）	北美洲
地區（具體）	美國

股息

	FENY	ETF DB類別平均	FactSet 劃分平均
股息	$ 0.17	$ 0.49	$ 0.33
派息日期	2023-09-15	N/A	N/A
年度股息	$ 0.76	$ 1.45	$ 1.60
年度股息率	3.06%	2.47%	3.12%

回報

	FENY	ETF DB類別平均	FactSet 劃分平均
1個月	-0.45%	0.02%	0.29%
3個月	6.69%	5.47%	5.12%
今年迄今	5.16%	8.32%	5.53%
1年	6.07%	9.69%	5.04%
3年	49.72%	42.00%	36.37%
5年	9.08%	3.78%	5.26%

年度總回報（%）紀錄		
年份	FENY	類別
2022	63.09%	無
2021	55.69%	無
2020	-33.15%	無
2019	9.07%	無
2018	-19.98%	無
2017	-2.31%	無
2016	27.11%	無
2015	-23.23%	-29.77%
2014	-9.89%	-18.42%

交易數據	
52 Week Lo	$19.96
52 Week Hi	$25.58
AUM	$1,687.4 M
股數	68.0 M

歷史交易數據	
1 個月平均量	685,691
3 個月平均量	592,330

風險統計數據	3年		5年		10年	
	FENY	類別平均	FENY	類別平均	FENY	類別平均
Alpha	39.38	-16.86	4.55	-14.03	0	-1.08
Beta值	1.06	1.43	1.48	1.34	0	1.2
平均年度回報率	3.99	-0.96	1.28	-0.23	0	0.42
R平方	29.4	39.8	47.1	44.54	0	57.66
標準差	33.35	25.84	39.06	23.59	0	27.21
夏普比率	1.37	-0.39	0.35	-0.09	0	0.16
崔納比率	47.23	-8.63	4.16	-3.67	0	0.59

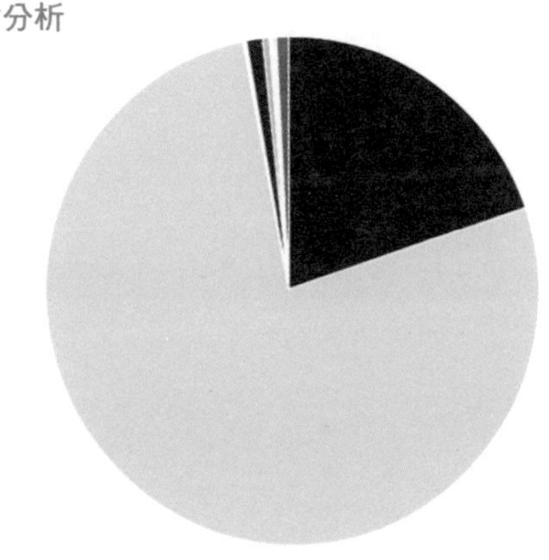

- 公用事業 0.74%
- 現金 0.24%
- 能源礦產 83.58%
- 非能源礦產 0.98%
- 工業服務 14.52%
- 其他 -0.07%

10大持股		
編碼	持股	% 資產
XOM	Exxon Mobil Corporation	22.16%
CVX	Chevron Corporation	14.94%
COP	ConocoPhillips	7.41%
SLB	Schlumberger N.V.	4.09%
EOG	EOG Resources, Inc.	3.85%
MPC	Marathon Petroleum Corporation	3.16%
PXD	Pioneer Natural Resources Company	2.89%
PSX	Phillips 66	2.57%
VLO	Valero Energy Corporation	2.34%
HES	Hess Corporation	2.22%

資產分配

股票99.87%　開放式基金0.11%　現金0.02%

持股比較	FENY	ETF DB類別平均	FactSet劃分平均
持股數目	119	50	51
10大持股佔比	65.63%	59.19%	59.08%
15大持股佔比	75.75%	72.66%	72.81%
50大持股佔比	95.05%	99.00%	98.94%

VNQ Vanguard Real Estate ETF

VNQ先鋒房地產信託基金（VNQ）是一個涵蓋多元化美國房地產投資信託（REITs）的投資工具，對專門從事房地產的公司有少量投資。這個基金特別受到投資者喜愛，因房地產常被視為能在經濟繁榮時期提供優於平均的回報的資產類別，為投資組合增加了多元性。REITs是一種高度分散的收入來源。由於這些信託被法律要求必須將至少90%的收入分配給持有人， 因此對那些尋求穩定現金流的投資者非常吸引人。VNQ為投資者提供了相對低風險且高回報的途徑，而無需承擔擁有物業的各種複雜性和風險。

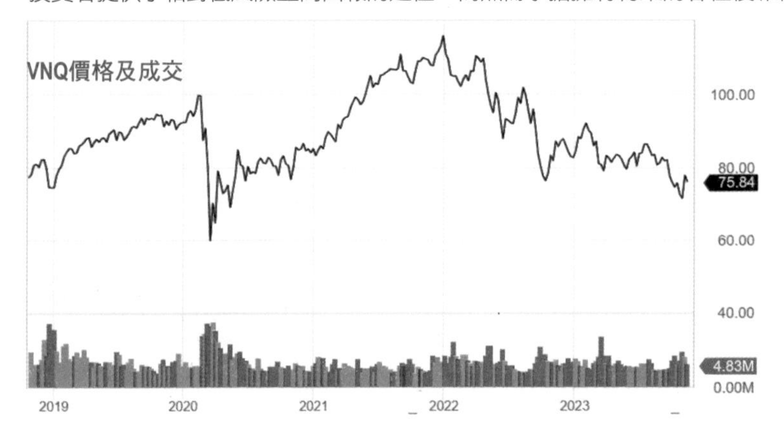

概況	
發行人	Vanguard
品牌	Vanguard
結構	ETF
費用率	0.12%
創立日期	Sep 23, 2004

費用率分析		
VNQ 費用率	ETF DB類別 平均費用率	FactSet劃分 平均費用率
0.12%	0.42%	0.41%

ETF主題	
類別	房地產
資產類別	股票
資產類別規模	多元股
資產類別風格	混合
地區（一般）	北美
地區（具體）	美國

股息	VNQ	ETF DB類別平均	FactSet 劃分平均
股息	$ 0.73	$ 0.36	$ 0.35
派息日期	2023-09-28	N/A	N/A
年度股息	$ 3.59	$ 1.43	$ 1.44
年度股息率	4.81%	4.97%	4.26%

回報	VNQ	ETF DB類別平均	FactSet 劃分平均
1個月	-9.23%	-8.84%	-8.26%
3個月	-13.52%	-12.42%	-11.82%
今年迄今	-8.86%	-7.49%	-7.62%
1年	-2.11%	-1.09%	-1.82%
3年	0.29%	0.81%	0.95%
5年	2.51%	0.36%	1.66%

年度總回報（%）紀錄

年份	VNQ	類別
2022	-26.24%	無
2021	40.52%	無
2020	-4.68%	無
2019	28.87%	無
2018	-6.02%	無
2017	4.91%	無
2016	8.60%	無
2015	2.42%	0.52%
2014	30.36%	27.78%
2013	2.31%	1.87%

交易數據

52 Week Lo	$72.34
52 Week Hi	$91.65
AUM	$33,662.5 M
股數	394.8 M

歷史交易數據

1 個月平均量	5,623,443
3 個月平均量	4,711,476

風險統計數據

	3年		5年		10年	
	VNQ	類別平均	VNQ	類別平均	VNQ	類別平均
Alpha	-4.32	10.06	-3.28	7.76	-0.47	2.68
Beta值	1.1	0.53	0.98	0.66	0.86	1.1
平均年度回報率	0.36	1.09	0.37	1.24	0.57	0.74
R平方	81.03	19.04	74.58	29.17	51.56	51.72
標準差	20.71	14.47	20.45	15.07	17.26	26.06
夏普比率	0.11	0.9	0.13	0.98	0.33	0.31
崔納比率	0.24	25.71	0.56	22.64	5.01	4.26

持倉分析

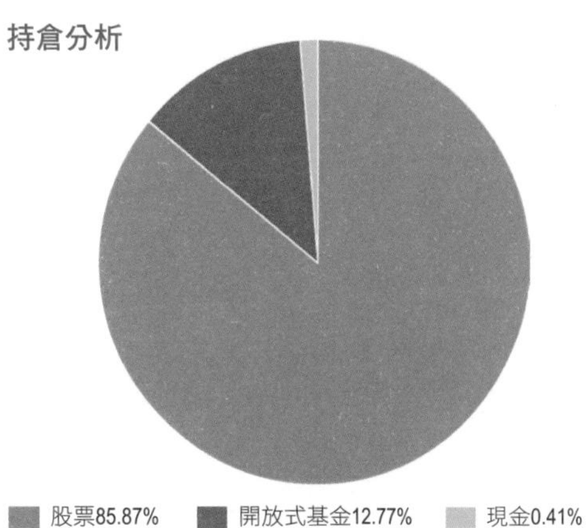

股票85.87%　開放式基金12.77%　現金0.41%　其他0%

10大持股

編碼	持股	% 資產
VRTPX	Vanguard Real Estate II Index Fund Institutional Plus Shares	12.77%
PLD	Prologis, Inc.	7.56%
AMT	American Tower Corporation	5.59%
EQIX	Equinix, Inc.	4.96%
PSA	Public Storage	3.04%
CCI	Crown Castle Inc.	2.91%
WELL	Welltower Inc.	2.86%
SPG	Simon Property Group, Inc.	2.50%
O	Realty Income Corporation	2.45%
DLR	Digital Realty Trust, Inc.	2.44%

持股比較

	VNQ	ETF DB 類別平均	FactSet 劃分平均
持股數目	161	80	72
10大持股佔比	47.08%	49.70%	48.09%
15大持股佔比	56.56%	63.72%	62.07%
50大持股佔比	86.44%	92.84%	92.40%

SCHH Schwab US REIT ETF

SCHH是專注於美國房地產市場的ETF，它追蹤的是道瓊斯美國精選REIT指數。儘管房地產危機曾一度讓這個資產類別不受重視，但房地產投資具有不可忽視的吸引力，在經濟繁榮的時候能夠帶來出色的回報，而且與傳統的股票和債券有較低的相關性，為投資組合提供了多樣化的機會。SCHH提供了一個均衡且穩健的方式來參與美國房地產市場，是資產配置和收益增長的優質選項。

SCHH價格及成交

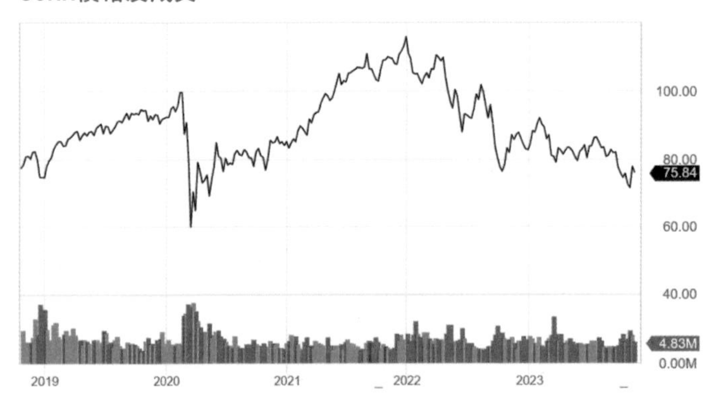

概況	
發行人	Charles Schwab
品牌	Schwab
結構	ETF
費用率	0.07%
創立日期	Jan 13, 2011

費用率分析

SCHH 費用率	ETF DB類別 平均費用率	FactSet劃分 平均費用率
0.07%	0.42%	0.35%

ETF主題	
類別	房地產
資產類別	股票
資產類別規模	多元股
資產類別風格	混合
地區（一般）	北美
地區（具體）	美國

股息

	SCHH	ETF DB類別平均	FactSet 劃分平均
股息	$ 0.14	$ 0.36	$ 0.36
派息日期	2023-09-20	N/A	N/A
年度股息	$ 0.62	$ 1.43	$ 1.58
年度股息率	3.50%	4.97%	4.35%

回報

	SCHH	ETF DB類別平均	FactSet 劃分平均
1個月	-8.92%	-8.84%	-8.36%
3個月	-12.65%	-12.42%	-11.68%
今年迄今	-8.94%	-7.49%	-4.86%
1年	-2.01%	-1.09%	-1.01%
3年	0.87%	0.81%	2.13%
5年	-0.41%	0.36%	0.69%

年度總回報（%）紀錄		
年份	SCHH	類別
2022	-24.99%	無
2021	41.06%	無
2020	-14.79%	無
2019	22.89%	無
2018	-4.22%	無
2017	3.68%	無
2016	6.46%	無
2015	4.38%	0.52%
2014	31.87%	27.78%
2013	1.25%	1.87%

交易數據	
52 Week Lo	$16.98
52 Week Hi	$21.48
AUM	$6,014.8 M
股數	302.3 M

歷史交易數據	
1 個月平均量	4,556,852
3 個月平均量	3,333,026

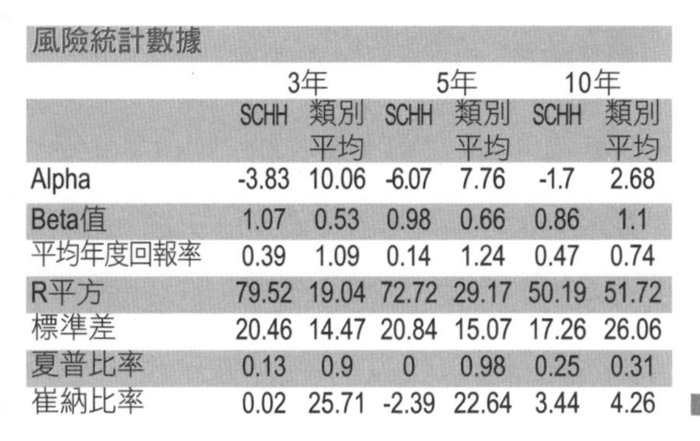

風險統計數據

	3年		5年		10年	
	SCHH	類別平均	SCHH	類別平均	SCHH	類別平均
Alpha	-3.83	10.06	-6.07	7.76	-1.7	2.68
Beta值	1.07	0.53	0.98	0.66	0.86	1.1
平均年度回報率	0.39	1.09	0.14	1.24	0.47	0.74
R平方	79.52	19.04	72.72	29.17	50.19	51.72
標準差	20.46	14.47	20.84	15.07	17.26	26.06
夏普比率	0.13	0.9	0	0.98	0.25	0.31
崔納比率	0.02	25.71	-2.39	22.64	3.44	4.26

持倉分析

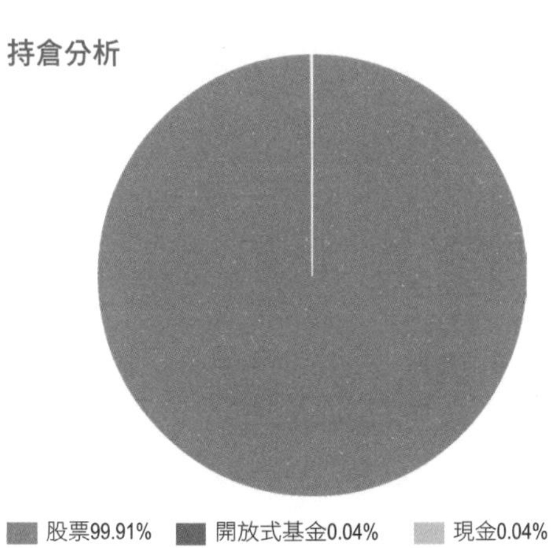

10大持股		
編碼	持股	% 資產
PLD	Prologis, Inc.	8.91%
AMT	American Tower Corporation	7.01%
EQIX	Equinix, Inc.	6.00%
WELL	Welltower Inc.	4.13%
PSA	Public Storage	3.92%
CCI	Crown Castle Inc.	3.66%
DLR	Digital Realty Trust, Inc.	3.39%
SPG	Simon Property Group, Inc.	3.30%
O	Realty Income Corporation	3.28%
VICI	VICI Properties Inc	2.70%

持股比較			
	SCHH	ETF DB 類別平均	FactSet 劃分平均
持股數目	123	80	68
10大持股佔比	46.30%	49.88%	47.59%
15大持股佔比	56.74%	63.85%	60.58%
50大持股佔比	88.14%	92.92%	88.52%

XLRE Real Estate Select Sector SPDR Fund

XLRE追蹤房地產行業，包括一系列與房地產相關的美國公司，如房地產投資信託（REITs）和房地產管理及開發公司。這個ETF旨在為投資者提供一個方便而高效的途徑，讓他們能夠分散投資於多個房地產相關的資產。XLRE提供對單一房地產企業風險的保護，還為投資者提供了涵蓋整個房地產市場的廣泛敞口。

XLRE價格及成交

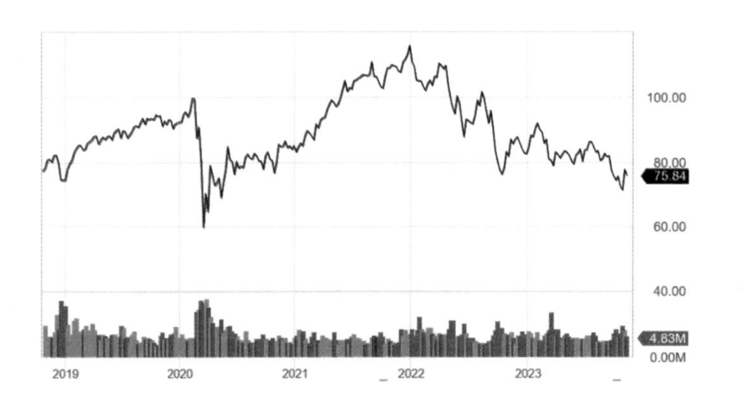

概況	
發行人	State Street
品牌	SPDR
結構	ETF
費用率	0.10%
創立日期	Oct 07, 2015

費用率分析		
XLRE 費用率	ETF DB類別 平均費用率	FactSet劃分 平均費用率
0.10%	0.42%	0.41%

ETF主題	
類別	房地產
資產類別	股票
資產類別規模	多元股
資產類別風格	混合
地區（一般）	北美
地區（具體）	美國

股息	XLRE	ETF DB類別平均	FactSet 劃分平均
股息	$ 0.29	$ 0.36	$ 0.35
派息日期	2023-09-18	N/A	N/A
年度股息	$ 1.33	$ 1.43	$ 1.44
年度股息率	3.93%	4.97%	4.26%

回報	XLRE	ETF DB類別平均	FactSet 劃分平均
1個月	-9.01%	-8.84%	-8.26%
3個月	-13.00%	-12.42%	-11.82%
今年迄今	-8.64%	-7.49%	-7.62%
1年	-1.39%	-1.09%	-1.82%
3年	0.32%	0.81%	0.95%
5年	4.29%	0.36%	1.66%

年度總回報（%）紀錄

年份	XLRE	類別
2022	-26.25%	無
2021	46.08%	無
2020	-2.11%	無
2019	28.69%	無
2018	-2.37%	無
2017	10.69%	無
2016	2.73%	無

交易數據

52 Week Lo	$32.62
52 Week Hi	$41.19
AUM	$4,744.1 M
股數	124.3 M

歷史交易數據

1 個月平均量	7,168,991
3 個月平均量	5,579,885

持倉分析

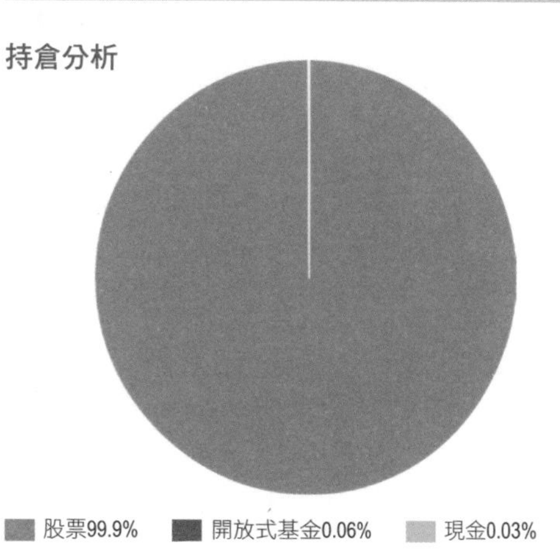

股票99.9%　開放式基金0.06%　現金0.03%

風險統計數據

	3年		5年		10年	
	XLRE	類別平均	XLRE	類別平均	XLRE	類別平均
Alpha	-4.07	10.06	-1.1	7.76	0	2.68
Beta值	1.05	0.53	0.89	0.66	0	1.1
平均年度回報率	0.36	1.09	0.51	1.24	0	0.74
R平方	73.63	19.04	66.9	29.17	09	51.72
標準差	20.8	14.47	19.64	15.07	0	26.06
夏普比率	0.11	0.9	0.22	0.98	0	0.31
崔納比率	0.19	25.71	2.75	22.64	0	4.26

10大持股

編碼	持股	% 資產
PLD	Prologis, Inc.	11.41%
AMT	American Tower Corporation	8.98%
EQIX	Equinix, Inc.	8.12%
WELL	Welltower Inc.	5.27%
PSA	Public Storage	4.99%
CCI	Crown Castle Inc.	4.67%
DLR	Digital Realty Trust, Inc.	4.32%
SPG	Simon Property Group, Inc.	4.20%
O	Realty Income Corporation	4.19%
CSGP	CoStar Group, Inc.	3.75%

持股比較

	XLRE	ETF DB 類別平均	FactSet 劃分平均
持股數目	33	80	71
10大持股佔比	59.90%	49.88%	47.60%
15大持股佔比	74.33%	63.85%	61.74%
50大持股佔比	100.00%	92.92%	92.47%

VNQI Vanguard Global ex-U.S. Real Estate ETF

VNQI是一個專注於非美國房地產市場的交易所交易基金（ETF）。這個基金主要投資於全球（除了美國）的房地產投資信託（REITs）和房地產公司，提供了一個多樣化的國際房地產投資組合。VNQI允許投資者在全球範圍內進行房地產投資，涵蓋了包括亞洲、歐洲和新興市場在內的多個地區，有助於降低對任何單一國家或地區經濟的依賴。由於其廣泛的業務範圍和極其低廉的費用比率，VNQI可能會是許多長期投資的投資者的可靠選擇。

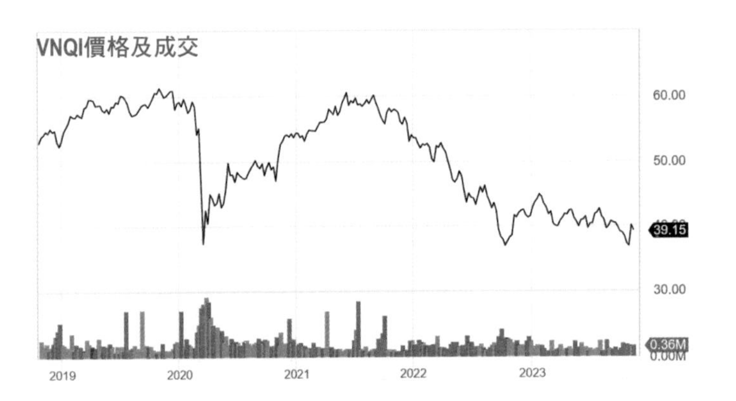

概況	
發行人	Vanguard
品牌	Vanguard
結構	ETF
費用率	0.12%
創立日期	Nov 01, 2010

費用率分析		
VNQI 費用率	ETF DB類別 平均費用率	FactSet劃分 平均費用率
0.12%	0.42%	0.35%

ETF主題	
類別	房地產
資產類別	房地產
資產類別規模	多元股
資產類別風格	混合
地區（一般）	已開發市場
地區（具體）	廣泛

股息	VNQI	ETF DB類別平均	FactSet 劃分平均
股息	$ 0.24	$ 0.28	$ 0.25
派息日期	2022-12-19	N/A	N/A
年度股息	$ 0.23	$ 0.90	$ 0.61
年度股息率	0.63%	3.76%	2.91%

回報	VNQI	ETF DB類別平均	FactSet 劃分平均
1個月	-7.13%	-8.43%	-6.50%
3個月	-11.60%	-13.23%	-10.40%
今年迄今	-10.21%	-11.80%	-8.29%
1年	0.21%	-1.62%	0.63%
3年	-6.24%	-4.32%	-5.49%
5年	-3.73%	-1.70%	-3.87%

年度總回報（%）紀錄

年份	VNQI	類別
2022	-22.94%	無
2021	5.90%	無
2020	-7.21%	無
2019	21.60%	無
2018	-9.42%	無
2017	26.92%	無
2016	2.01%	無
2015	-1.84%	-0.15%
2014	2.22%	8.88%
2013	2.32%	4.46%

交易數據

52 Week Lo	$36.27
52 Week Hi	$45.38
AUM	$3,696.2 M
股數	87.4 M

歷史交易數據

1 個月平均量	305,704
3 個月平均量	278,903

持倉分析

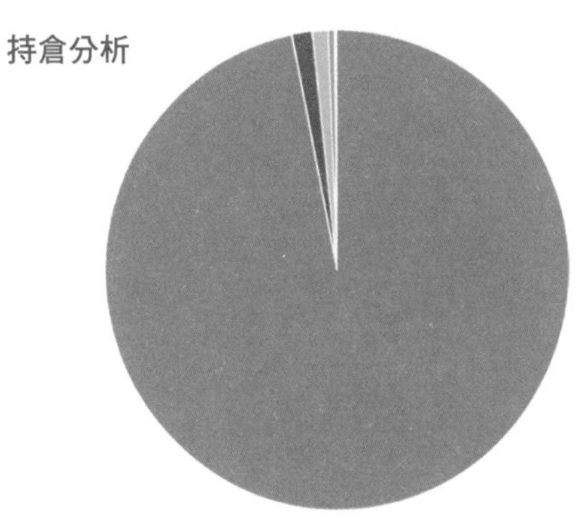

股票96.98% 其他1.4% 單元10.8%
封閉式基金0.1% 開放式基金0.02% 外國人0.95%
無投票權存託憑證0% 優先股0% 全球存託憑證0%

風險統計數據

	3年		5年		10年	
	VNQI	類別平均	VNQI	類別平均	VNQI	類別平均
Alpha	-10.79	0.11	-9.08	0.33	-6.23	無
Beta值	0.92	0.84	0.89	0.93	0.9	無
平均年度回報率	-0.26	0.28	-0.15	0.68	0.12	無
R平方	77.61	54.98	74.26	57.32	71.16	無
標準差	17.88	12.89	18.79	14.13	15.41	無
夏普比率	-0.29	0.25	-0.2	0.57	0.01	無
崔納比率	-7.18	3.23	-6.06	8.11	-1.15	無

10大持股

編碼	持股	% 資產
N/A	U.S. Dollar	3.67%
GMG	Goodman Group	2.64%
16	Sun Hung Kai Properties Limited	2.18%
8801	Mitsui Fudosan Co., Ltd.	2.17%
1925	Daiwa House Industry Co., Ltd.	2.02%
VNA	Vonovia SE	1.78%
8802	Mitsubishi Estate Company, Limited	1.71%
823	Link Real Estate Investment Trust	1.63%
1109	China Resources Land Limited	1.39%
8830	Sumitomo Realty & Development Co., Ltd.	1.35%

持股比較

	VNQI	ETF DB 類別平均	FactSet 劃分平均
持股數目	1000	304	545
10大持股佔比	23.01%	36.93%	29.44%
15大持股佔比	31.28%	46.39%	39.82%
50大持股佔比	64.90%	73.98%	73.28%

REET iShares Global REIT ETF

REET是由BlackRock管理，專門投資於全球房地產投資信託（REITs）。該基金旨在追蹤FTSE EPRA/NAREIT Global REIT指數的表現，這一指數包括了來自世界各地的多個房地產市場，如美國、歐洲、亞洲和其他新興市場。REET的一個主要優勢是其全球多樣化。它不僅包含美國的REITs，也投資於其他國家和地區的REITs，為投資者提供了一個全面的全球房地產投資機會，有助於降低特定地理位置或市場的風險。

REET價格及成交

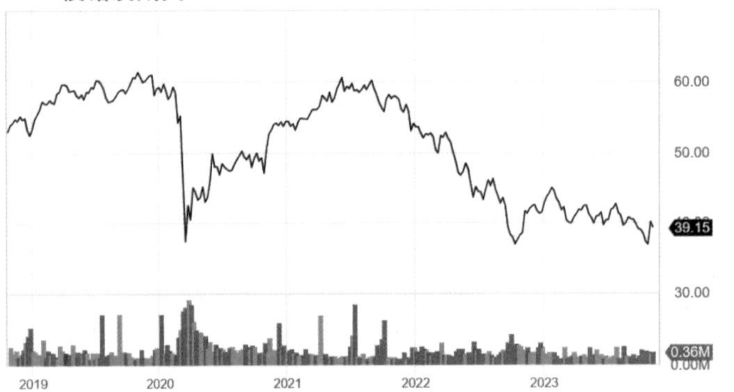

概況	
發行人	Blackrock Financial Management
品牌	iShares
結構	ETF
費用率	0.14%
創立日期	Jul 08, 2014

費用率分析

REET 費用率	ETF DB類別 平均費用率	FactSet劃分 平均費用率
0.14%	0.42%	0.44%

ETF主題	
類別	全球房地產
資產類別	股票
資產類別規模	大盤股
資產類別風格	混合
地區（一般）	已開發市場
地區（具體）	廣泛

股息

	REET	ETF DB類別平均	FactSet 劃分平均
股息	$ 0.27	$ 0.28	$ 0.16
派息日期	2023-09-26	N/A	N/A
年度股息	$ 0.55	$ 0.90	$ 0.97
年度股息率	2.65%	3.71%	5.18%

回報

	REET	ETF DB類別平均	FactSet 劃分平均
1個月	-8.19%	-7.94%	-8.97%
3個月	-12.16%	-11.62%	-13.62%
今年迄今	-7.67%	-11.23%	-8.36%
1年	1.35%	-0.58%	-0.03%
3年	1.47%	-4.31%	0.43%
5年	0.09%	-1.59%	-2.82%

年度總回報（%）紀錄

年份	REET	類別
2022	-24.07%	無
2021	32.42%	無
2020	-10.55%	無
2019	24.39%	無
2018	-5.26%	無
2017	7.48%	無
2016	5.30%	無
2015	0.64%	-0.15%

交易數據

52 Week Lo	$19.93
52 Week Hi	$25.08
AUM	$3,257.1 M
股數	137.4 M

歷史交易數據

1 個月平均量	984,156
3 個月平均量	614,988

持倉分析

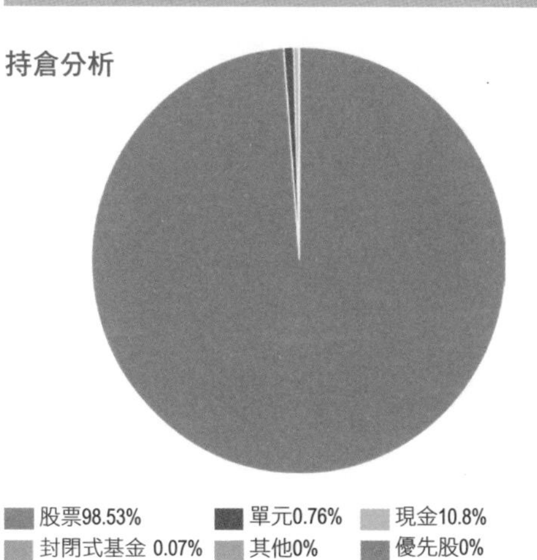

股票98.53% 單元0.76% 現金10.8%
封閉式基金 0.07% 其他0% 優先股0%

風險統計數據

	3年		5年		10年	
	REET	類別平均	REET	類別平均	REET	類別平均
Alpha	-3.71	0.11	-5.63	0.33	0	無
Beta值	1.09	0.84	1.01	0.93	0	無
平均年度回報率	0.41	0.28	0.19	0.68	0	無
R平方	86.32	54.96	76.94	57.32	09	無
標準差	19.91	12.89	20.78	14.13	0	無
夏普比率	0.14	0.25	0.02	0.57	0	無
崔納比率	0.92	3.23	-1.76	8.11	0	無

10大持股

編碼	持股	% 資產
PLD	Prologis, Inc.	7.78%
EQIX	Equinix, Inc.	5.52%
WELL	Welltower Inc.	3.44%
PSA	Public Storage	3.37%
DLR	Digital Realty Trust, Inc.	2.91%
SPG	Simon Property Group, Inc.	2.84%
O	Realty Income Corporation	2.71%
VICI	VICI Properties Inc	2.33%
AVB	AvalonBay Communities, Inc.	2.01%
EXR	Extra Space Storage Inc.	1.96%

持股比較

	REET	ETF DB 類別平均	FactSet 劃分平均
持股數目	347	305	137
10大持股佔比	34.87%	37.02%	50.50%
15大持股佔比	42.22%	46.47%	63.50%
50大持股佔比	66.62%	74.05%	88.87%

IYR iShares U.S. Real Estate ETF

IYR追隨道瓊美國房地產指數，該指數持有的股票不到 100 只，主要分佈在大中型公司。房地產歷來受到青睞，因為它能夠在牛市期間提供超額回報，並且與傳統股票和債券投資的相關性較低。該基金主要目標是追蹤Dow Jones U.S. Real Estate Index的表現，這一指數包括了各種房地產子產業，如住宅、商業和工業REITs。IYR是一個流通性很強的ETF，投資者能夠輕易地買入和賣出。然而，與其他一些房地產ETF相比，其費用可能相對較高。

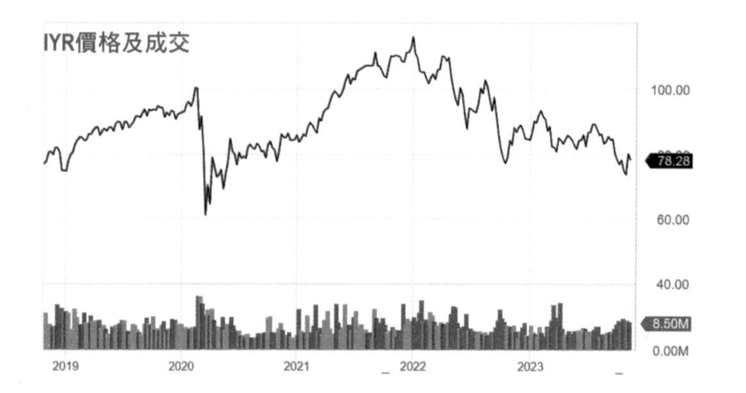

概況	
發行人	Blackrock Financial Management
品牌	iShares
結構	ETF
費用率	0.40%
創立日期	Jun 12, 2000

費用率分析

IYR 費用率	ETF DB類別 平均費用率	FactSet劃分 平均費用率
0.40%	0.42%	0.41%

ETF主題	
類別	房地產
資產類別	股票
資產類別規模	大盤股
資產類別風格	混合
地區（一般）	北美
地區（具體）	美國

股息

	IYR	ETF DB類別平均	FactSet 劃分平均
股息	$ 0.90	$ 0.36	$ 0.35
派息日期	2023-09-26	N/A	N/A
年度股息	$ 2.53	$ 1.43	$ 1.44
年度股息率	3.28%	4.97%	4.26%

回報

	IYR	ETF DB類別平均	FactSet 劃分平均
1個月	-9.33%	-8.84%	-8.26%
3個月	-13.56%	-12.42%	-11.82%
今年迄今	-8.67%	-7.49%	-7.62%
1年	-1.42%	-1.09%	-1.82%
3年	-0.10%	0.81%	0.95%
5年	2.30%	0.36%	1.66%

年度總回報（%）紀錄

年份	IYR	類別
2022	-25.50%	無
2021	38.72%	無
2020	-5.27%	無
2019	28.19%	無
2018	-4.30%	無
2017	9.34%	無
2016	7.03%	無
2015	1.63%	0.52%
2014	26.69%	27.78%
2013	1.16%	1.87%

交易數據

52 Week Lo	$74.70
52 Week Hi	$93.96
AUM	$2,857.3 M
股數	32.5 M

歷史交易數據

1 個月平均量	8,207,270
3 個月平均量	6,534,989

持倉分析

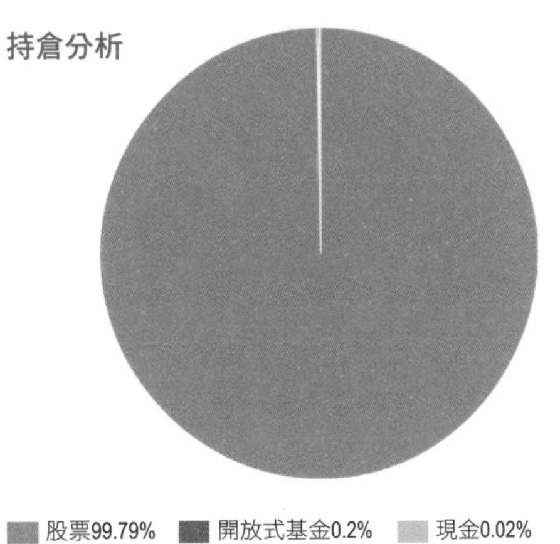

風險統計數據

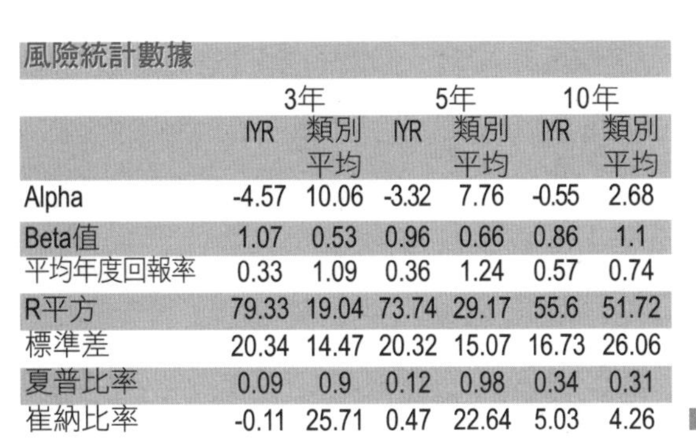

	3年		5年		10年	
	IYR	類別平均	IYR	類別平均	IYR	類別平均
Alpha	-4.57	10.06	-3.32	7.76	-0.55	2.68
Beta值	1.07	0.53	0.96	0.66	0.86	1.1
平均年度回報率	0.33	1.09	0.36	1.24	0.57	0.74
R平方	79.33	19.04	73.74	29.17	55.6	51.72
標準差	20.34	14.47	20.32	15.07	16.73	26.06
夏普比率	0.09	0.9	0.12	0.98	0.34	0.31
崔納比率	-0.11	25.71	0.47	22.64	5.03	4.26

10大持股

編碼	持股	% 資產
PLD	Prologis, Inc.	8.97%
AMT	American Tower Corporation	7.04%
EQIX	Equinix, Inc.	6.02%
WELL	Welltower Inc.	4.13%
PSA	Public Storage	3.88%
CCI	Crown Castle Inc.	3.54%
O	Realty Income Corporation	3.33%
DLR	Digital Realty Trust, Inc.	3.32%
SPG	Simon Property Group, Inc.	3.31%
CSGP	CoStar Group, Inc.	2.87%

持股比較

	IYR	ETF DB 類別平均	FactSet 劃分平均
持股數目	75	80	71
10大持股佔比	46.41%	49.88%	47.60%
15大持股佔比	57.74%	63.85%	61.74%
50大持股佔比	92.79%	92.92%	92.47%

ICF iShares Cohen & Steers REIT ETF

ICF是由BlackRock管理，該基金旨在追蹤Cohen & Steers Realty Majors Index的表現，該指數擁有超過 30 隻股票，主要分佈在中型和大型股票。這些公司通常在商業、住宅、零售和醫療等多個房地產子領域中有著廣泛的活動。ICF與其他房地產ETFs相比有一個特點，就是它傾向於集中投資在較大、更成熟的REITs，這些REITs通常具有更高的市值和更穩定的營運表現。這種集中策略帶來較低的波動性，但也可能會限制高增長潛力。

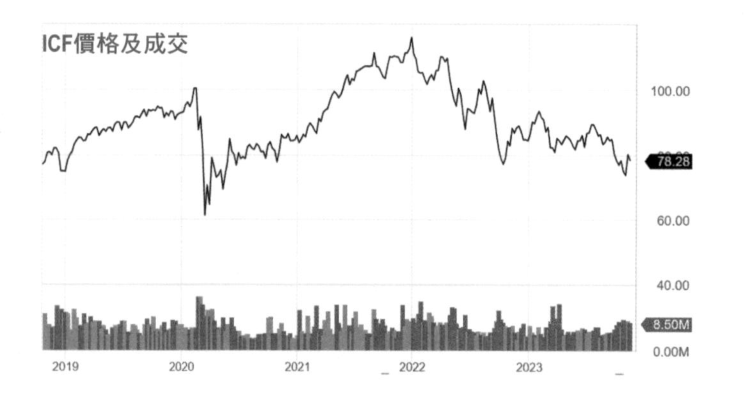

概況	
發行人	Blackrock Financial Management
品牌	iShares
結構	ETF
費用率	0.33%
創立日期	Jan 29, 2001

費用率分析		
ICF 費用率	ETF DB類別 平均費用率	FactSet劃分 平均費用率
0.33%	0.42%	0.46%

ETF主題	
類別	房地產
資產類別	房地產
資產類別規模	多元股
資產類別風格	混合
地區（一般）	北美
地區（具體）	美國

股息	ICF	ETF DB類別平均	FactSet 劃分平均
股息	$ 0.60	$ 0.36	$ 0.36
派息日期	2023-09-26	N/A	N/A
年度股息	$ 1.56	$ 1.43	$ 1.58
年度股息率	3.21%	5.07%	4.42%

回報	ICF	ETF DB類別平均	FactSet 劃分平均
1個月	-8.84%	-9.22%	-8.78%
3個月	-14.13%	-14.15%	-13.41%
今年迄今	-10.16%	-8.18%	-5.43%
1年	-2.88%	-1.56%	-1.54%
3年	0.40%	1.02%	2.35%
5年	2.14%	0.19%	0.50%

年度總回報（%）紀錄

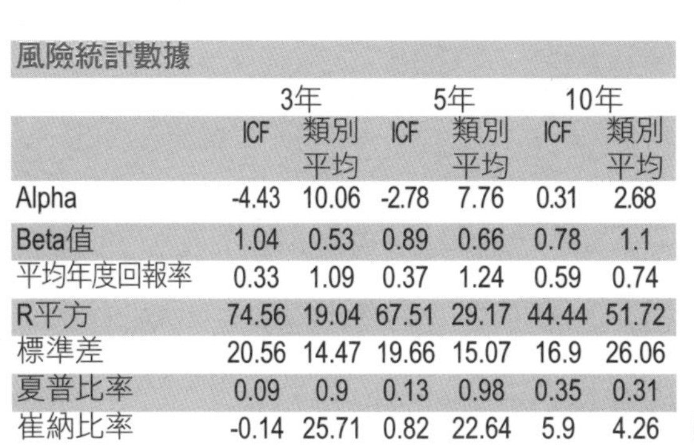

年份	ICF	類別
2022	-26.11%	無
2021	44.15%	無
2020	-5.44%	無
2019	25.46%	無
2018	-2.51%	無
2017	4.91%	無
2016	4.63%	無
2015	6.03%	0.52%
2014	33.93%	27.78%
2013	-1.73%	1.87%

交易數據

52 Week Lo	$48.10
52 Week Hi	$61.13
AUM	$2,256.7 M
股數	40.0 M

歷史交易數據

1 個月平均量	265,804
3 個月平均量	173,518

持倉分析

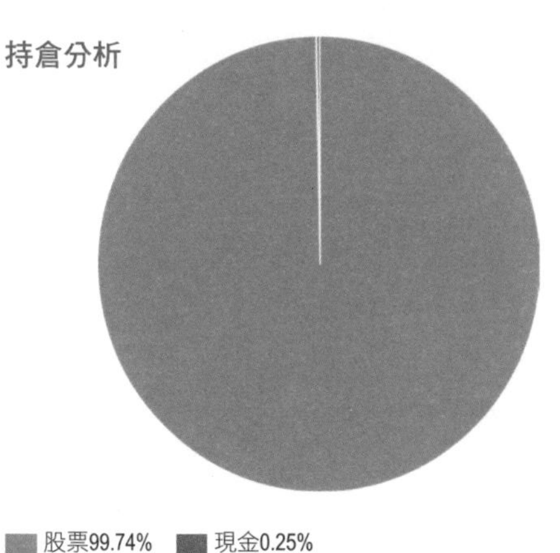

風險統計數據

	3年		5年		10年	
	ICF	類別平均	ICF	類別平均	ICF	類別平均
Alpha	-4.43	10.06	-2.78	7.76	0.31	2.68
Beta值	1.04	0.53	0.89	0.66	0.78	1.1
平均年度回報率	0.33	1.09	0.37	1.24	0.59	0.74
R平方	74.56	19.04	67.51	29.17	44.44	51.72
標準差	20.56	14.47	19.66	15.07	16.9	26.06
夏普比率	0.09	0.9	0.13	0.98	0.35	0.31
崔納比率	-0.14	25.71	0.82	22.64	5.9	4.26

10大持股

編碼	持股	% 資產
EQIX	Equinix, Inc.	8.37%
AMT	American Tower Corporation	7.79%
PLD	Prologis, Inc.	7.54%
WELL	Welltower Inc.	6.20%
PSA	Public Storage	5.91%
CCI	Crown Castle Inc.	5.55%
O	Realty Income Corporation	5.20%
SPG	Simon Property Group, Inc.	5.16%
DLR	Digital Realty Trust, Inc.	5.01%
VICI	VICI Properties Inc	4.11%

持股比較

	ICF	ETF DB 類別平均	FactSet 劃分平均
持股數目	31	80	68
10大持股佔比	60.84%	49.84%	47.59%
15大持股佔比	76.55%	63.81%	60.59%
50大持股佔比	99.97%	92.91%	88.51%

USRT iShares Core U.S. REIT ETF

USRT是由BlackRock管理。這款基金旨在追蹤FTSE Nareit Equity REITs指數，該指數包括了美國不同類型的公開交易的房地產投資信託。USRT提供了廣泛的房地產行業曝露，包括但不限於商業、住宅、醫療和零售房地產。因此，這款基金為投資者提供多樣化的投資機會，有助於減小整體投資組合風險。USRT的費用比率相對較低，它對於長期投資者來說是一個具有成本效益的選項。該基金也通常具有良好的流通性，使得進出市場相對容易。USRT為那些希望在美國房地產市場中多樣化投化投資，並尋求穩定收入來源的投資者提供了一個有效的工具。

概況	
發行人	Blackrock Financial Management
品牌	iShares
結構	ETF
費用率	0.08%
創立日期	May 01, 2007

費用率分析

USRT 費用率	ETF DB類別 平均費用率	FactSet劃分 平均費用率
0.08%	0.42%	0.46%

ETF主題	
類別	全球房地產
資產類別	房地產
資產類別規模	多元股
資產類別風格	混合
地區（一般）	北美
地區（具體）	美國

股息

	USRT	ETF DB類別平均	FactSet 劃分平均
股息	$0.59	$0.36	$0.36
派息日期	26/9/2023	N/A	N/A
年度股息	$1.73	$1.43	$1.58
年度股息率	3.42%	5.07%	4.42%

回報

	USRT	ETF DB類別平均	FactSet 劃分平均
1個月	-8.95%	-9.22%	-8.78%
3個月	-13.65%	-14.15%	-13.41%
今年迄今	-6.13%	-8.18%	-5.43%
1年	0.65%	-1.56%	-1.54%
3年	3.95%	1.02%	2.35%
5年	2.51%	0.19%	0.50%

年度總回報（%）紀錄

年份	USRT	類別
2022	-24.41%	無
2021	43.24%	無
2020	-8.11%	無
2019	25.96%	無
2018	-4.62%	無
2017	5.29%	無
2016	7.19%	無
2015	3.89%	0.52%
2014	29.12%	27.78%
2013	-0.99%	1.87%

交易數據

52 Week Lo	$44.47
52 Week Hi	$55.39
AUM	$2,153.6 M
股數	40.7 M

歷史交易數據

1 個月平均量	329,448
3 個月平均量	264,377

持倉分析

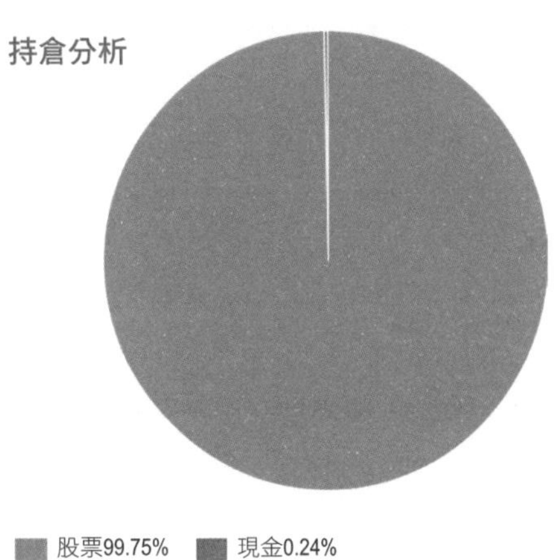

風險統計數據

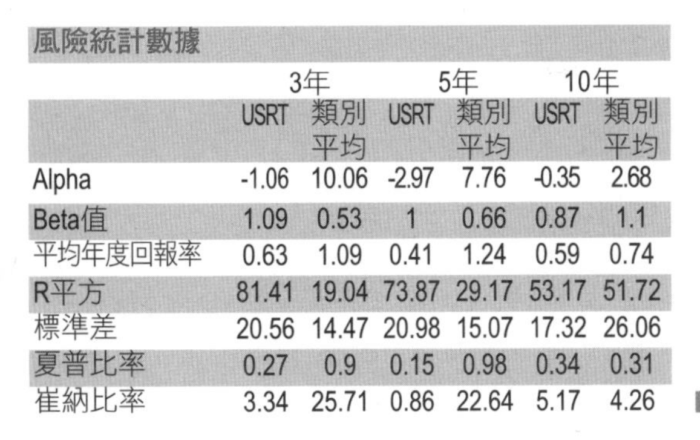

	3年		5年		10年	
	USRT	類別平均	USRT	類別平均	USRT	類別平均
Alpha	-1.06	10.06	-2.97	7.76	-0.35	2.68
Beta值	1.09	0.53	1	0.66	0.87	1.1
平均年度回報率	0.63	1.09	0.41	1.24	0.59	0.74
R平方	81.41	19.04	73.87	29.17	53.17	51.72
標準差	20.56	14.47	20.98	15.07	17.32	26.06
夏普比率	0.27	0.9	0.15	0.98	0.34	0.31
崔納比率	3.34	25.71	0.86	22.64	5.17	4.26

10大持股

編碼	持股	% 資產
PLD	Prologis, Inc.	10.57%
EQIX	Equinix, Inc.	7.37%
WELL	Welltower Inc.	4.66%
PSA	Public Storage	4.40%
DLR	Digital Realty Trust, Inc.	3.87%
SPG	Simon Property Group, Inc.	3.85%
O	Realty Income Corporation	3.72%
VICI	VICI Properties Inc	3.09%
AVB	AvalonBay Communities, Inc.	2.69%
EXR	Extra Space Storage Inc.	2.56%

持股比較

	USRT	ETF DB 類別平均	FactSet 劃分平均
持股數目	135	80	68
10大持股佔比	46.78%	49.84%	47.59%
15大持股佔比	56.92%	63.81%	60.59%
50大持股佔比	87.99%	92.91%	88.51%

RWR SPDR Dow Jones REIT ETF

RWR是由State Street Global Advisors管理，旨在追蹤Dow Jones U.S. Select REIT Index，該指數專門聚焦於美國公開交易的房地產投資信託。RWR提供投資者多樣化的美國房地產市場曝露，包括各類型的房地產子產業，例如辦公室、住宅、酒店、醫療設施和購物中心。RWR的費用比率中等，並且由於其較長的追蹤記錄和較高的流通性，有著較高的知名度。然而，費用可能是一個需要考慮的因素。RWR適合那些希望獲得多樣化美國房地產曝露以及尋求穩定收入來源的投資者。

概況	
發行人	State Street
品牌	SPDR
結構	ETF
費用率	0.25%
創立日期	Apr 23, 2001

費用率分析

RWR 費用率	ETF DB類別 平均費用率	FactSet劃分 平均費用率
0.25%	0.42%	0.46%

ETF主題	
類別	全球房地產
資產類別	房地產
資產類別規模	多元股
資產類別風格	混合
地區（一般）	北美
地區（具體）	美國

股息

	RWR	ETF DB類別平均	FactSet 劃分平均
股息	$0.82	$0.36	$0.36
派息日期	18/9/2023	N/A	N/A
年度股息	$3.39	$1.43	$1.58
年度股息率	4.23%	5.07%	4.42%

回報

	RWR	ETF DB類別平均	FactSet 劃分平均
1個月	-9.17%	-9.22%	-8.78%
3個月	-13.97%	-14.15%	-13.41%
今年迄今	-6.26%	-8.18%	-5.43%
1年	0.32%	-1.56%	-1.54%
3年	4.23%	1.02%	2.35%
5年	1.11%	0.19%	0.50%

年度總回報（%）紀錄

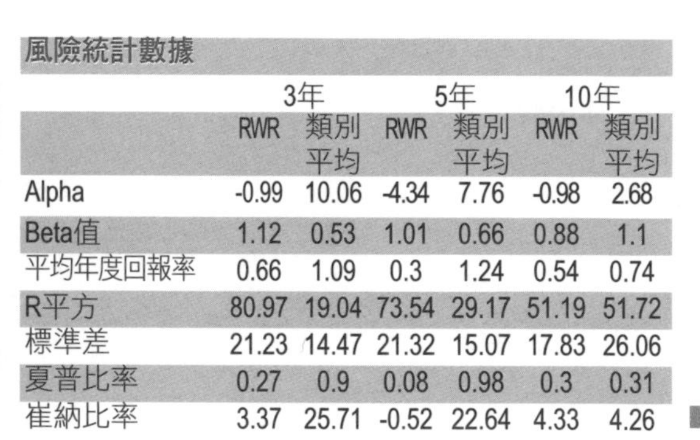

年份	RWR	類別
2022	-26.08%	無
2021	45.46%	無
2020	-11.34%	無
2019	22.72%	無
2018	-4.40%	無
2017	3.46%	無
2016	6.41%	無
2015	4.12%	0.52%
2014	31.82%	27.78%
2013	0.93%	1.87%

交易數據

52 Week Lo	$78.34
52 Week Hi	$97.68
AUM	$1,382.5 M
股數	14.9 M

歷史交易數據

1個月平均量	256,522
3個月平均量	296,968

持倉分析

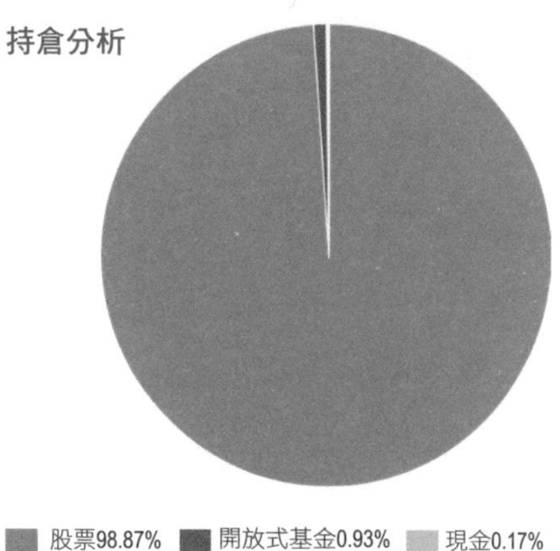

風險統計數據

	3年		5年		10年	
	RWR	類別平均	RWR	類別平均	RWR	類別平均
Alpha	-0.99	10.06	-4.34	7.76	-0.98	2.68
Beta值	1.12	0.53	1.01	0.66	0.88	1.1
平均年度回報率	0.66	1.09	0.3	1.24	0.54	0.74
R平方	80.97	19.04	73.54	29.17	51.19	51.72
標準差	21.23	14.47	21.32	15.07	17.83	26.06
夏普比率	0.27	0.9	0.08	0.98	0.3	0.31
崔納比率	3.37	25.71	-0.52	22.64	4.33	4.26

10大持股

編碼	持股	% 資產
PLD	Prologis, Inc.	11.50%
EQIX	Equinix, Inc.	7.99%
WELL	Welltower Inc.	5.28%
PSA	Public Storage	4.96%
O	Realty Income Corporation	4.25%
DLR	Digital Realty Trust, Inc.	4.25%
SPG	Simon Property Group, Inc.	4.23%
AVB	AvalonBay Communities, Inc.	2.98%
EXR	Extra Space Storage Inc.	2.89%
EQR	Equity Residential	2.45%

持股比較

	RWR	ETF DB 類別平均	FactSet 劃分平均
持股數目	109	80	68
10大持股佔比	50.78%	49.84%	47.59%
15大持股佔比	60.33%	63.81%	60.59%
50大持股佔比	90.46%	92.91%	88.51%

RWO SPDR Dow Jones Global Real Estate ETF

RWO是由State Street Global Advisors管理。這款基金的目標是追蹤Dow Jones Global Select Real Estate Securities Index，該指數包括全球範圍內的公開交易房地產公司和REITs。RWO投資於來自不同國家和地區的各種房地產子產業，包括但不限於住宅、商業、工業和特殊用途房地產，為尋求國際多樣化的投資者提供了有吸引力的選項。該基金可能會受到不同貨幣和地區經濟狀況的影響，從而帶來額外的風險和機會。費用比率相對中等，而基金的流通性則取決於市場條件和基金規模。RWO的持股相當多元化，總共擁有200多種證券，但其國家範圍有些有限，美國佔 50%， 而亞太地區佔20%。

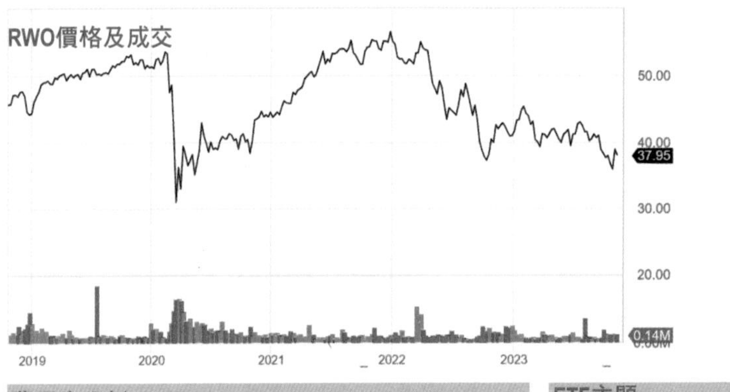

概況	
發行人	State Street
品牌	SPDR
結構	ETF
費用率	0.50%
創立日期	May 07, 2008

費用率分析		
RWO 費用率	ETF DB類別 平均費用率	FactSet劃分 平均費用率
0.50%	0.42%	0.50%

ETF主題	
類別	全球房地產
資產類別	房地產
資產類別規模	多元股
資產類別風格	混合
地區（一般）	已開發市場
地區（具體）	廣泛

股息	RWO	ETF DB類別平均	FactSet 劃分平均
股息	$0.39	$0.28	$0.29
派息日期	18/9/2023	N/A	N/A
年度股息	$1.49	$0.90	$0.91
年度股息率	4.05%	3.76%	3.05%

回報	RWO	ETF DB類別平均	FactSet 劃分平均
1個月	-8.46%	-8.43%	-7.49%
3個月	-13.69%	-13.23%	-12.23%
今年迄今	-8.20%	-11.80%	-7.38%
1年	0.33%	-1.62%	-0.16%
3年	0.82%	-4.32%	0.12%
5年	-1.04%	-1.70%	-0.27%

年度總回報（%）紀錄

年份	RWO	類別
2022	-25.11%	無
2021	31.03%	無
2020	-10.40%	無
2019	21.18%	無
2018	-5.99%	無
2017	7.79%	無
2016	3.89%	無
2015	1.01%	-0.15%
2014	18.66%	8.88%
2013	2.37%	4.46%

交易數據

52 Week Lo	$35.88
52 Week Hi	$45.19
AUM	$1,262.9 M
股數	29.7 M

歷史交易數據

1 個月平均量	154,074
3 個月平均量	129,106

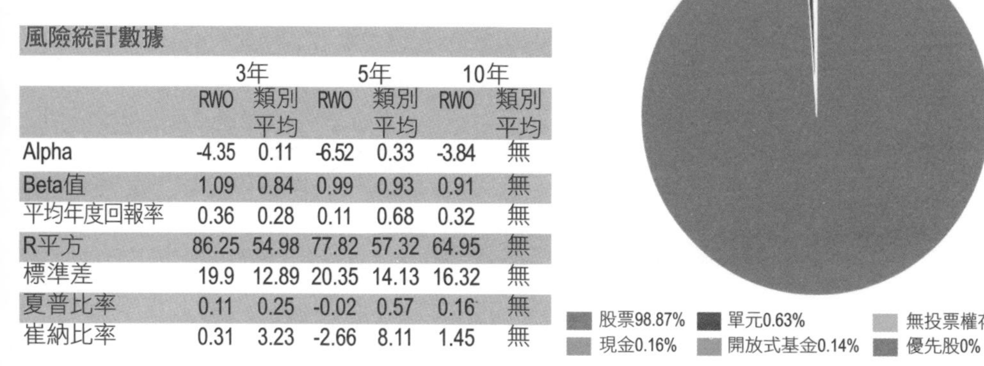

風險統計數據

	3年 RWO	3年 類別平均	5年 RWO	5年 類別平均	10年 RWO	10年 類別平均
Alpha	-4.35	0.11	-6.52	0.33	-3.84	無
Beta值	1.09	0.84	0.99	0.93	0.91	無
平均年度回報率	0.36	0.28	0.11	0.68	0.32	無
R平方	86.25	54.98	77.82	57.32	64.95	無
標準差	19.9	12.89	20.35	14.13	16.32	無
夏普比率	0.11	0.25	-0.02	0.57	0.16	無
崔納比率	0.31	3.23	-2.66	8.11	1.45	無

持倉分析

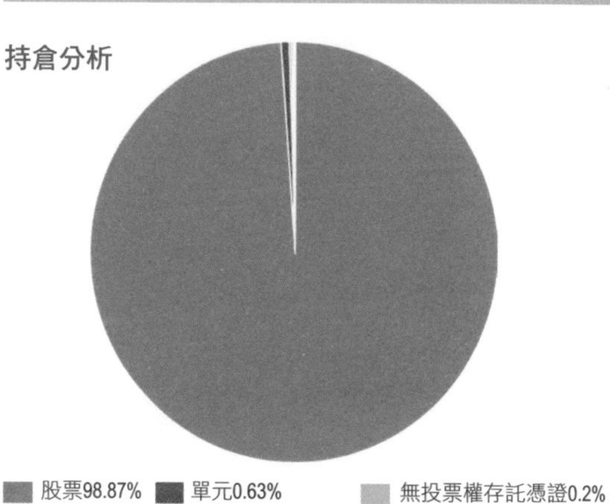

10大持股

編碼	持股	% 資產
PLD	Prologis, Inc.	8.12%
EQIX	Equinix, Inc.	5.64%
WELL	Welltower Inc.	3.73%
PSA	Public Storage	3.50%
O	Realty Income Corporation	3.00%
DLR	Digital Realty Trust, Inc.	3.00%
SPG	Simon Property Group, Inc.	2.98%
AVB	AvalonBay Communities, Inc.	2.10%
EXR	Extra Space Storage Inc.	2.04%
8801	Mitsui Fudosan Co., Ltd.	1.76%

持股比較

	RWO	ETF DB 類別平均	FactSet 劃分平均
持股數目	240	304	164
10大持股佔比	35.87%	36.93%	39.72%
15大持股佔比	43.17%	46.39%	50.60%
50大持股佔比	68.09%	73.98%	82.07%

JEPI JPMorgan Equity Premium Income ETF

JEPI是由摩根大通（JPMorgan）提供的ETF，其主要策略是通過持有一組美國大型股票並實行收入增強策略（通常是賣出期權），來為投資者提供股票收益的同時增加收入流。JEPI持有一籃子美國大型股票，這些股票選自廣泛的行業，旨在反映整體市場或特定指數的表現。為了增加收入，JEPI會通過備兑認沽期權來賣出這些股票的看跌期權。基金管理者會定期賣出期權合約，獲取期權買家支付的權利金作為收入。如果期權到期時股票價格高於執行價，這些期權便會失效，讓基金保留權利金。JEPI的持股數量會根據投資策略和市場條件變化。這些持股通常包括不同行業的大型藍籌股，如科技、金融和醫療保健等。持股數量有幾十到上百不等。JEPI的策略在某些市場環境下表現較好，尤其是當市場波動時，賣出期權可能更有利可圖。

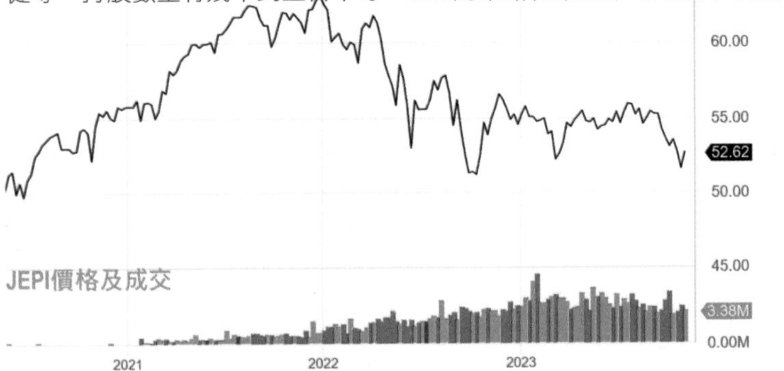

概況	
發行人	JPMorgan Chase
品牌	JPMorgan
結構	ETF
費用率	0.35%
創立日期	May 20, 2020

費用率分析

JEPI 費用率	ETF DB類別 平均費用率	FactSet劃分 平均費用率
0.35%	0.48%	0.58%

ETF主題	
類別	大盤混合股票
資產類別	股票
資產類別規模	大盤股
資產類別風格	混合
地區（一般）	北美洲
地區（具體）	美國

股息

	JEPI	ETF DB類別平均	FactSet 劃分平均
股息	$ 0.36	$ 0.26	$ 0.16
派息日期	2023-10-02	N/A	N/A
年度股息	$ 5.23	$ 0.94	$ 0.59
年度股息率	10.07%	2.05%	1.38%

回報

	JEPI	ETF DB類別平均	FactSet 劃分平均
1個月	-3.25%	-3.97%	-2.60%
3個月	-6.19%	-9.81%	-6.48%
今年迄今	0.67%	1.57%	3.69%
1年	5.29%	3.98%	4.74%
3年	8.09%	4.88%	3.12%
5年	N/A	3.78%	2.34%

年度總回報（%）紀錄

年份	JEPI	類別
2022	-3.52%	無
2021	21.50%	無

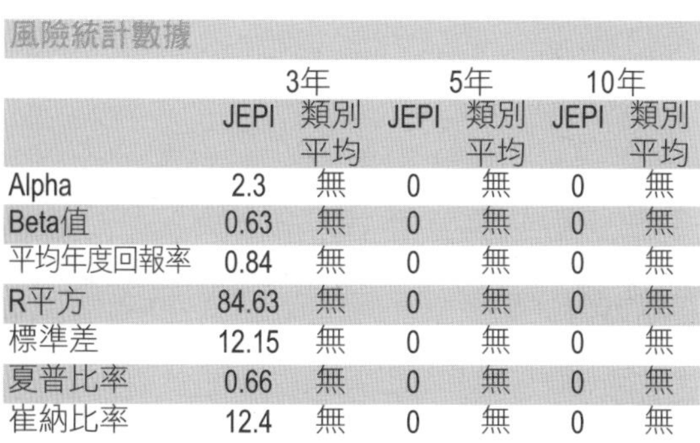

交易數據

52 Week Lo	$48.70
52 Week Hi	$55.25
AUM	$28,872.8 M
股數	551.9 M

歷史交易數據

1 個月平均量	4,076,722
3 個月平均量	3,911,521

持倉分析

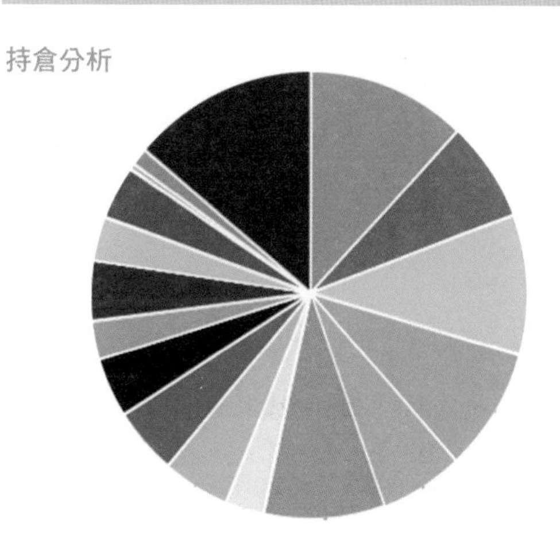

行業	比重	行業	比重
技術服務	12.01%	電子技術	7.35%
健康科技	8.85%	零售業	6.2%
生產者製造	4.9%	消費服務	4.82%
健康服務	2.74%	公用事業	4.32%
運輸	3.87%	現金	1.31%
金融	10.03%	能源礦產	2.86%
非耐久性消費品	8.98%	分銷服務	0.47%
商業服務	4.33%	流程工業	3.2%
		其他	13.72%

風險統計數據

	3年 JEPI	3年 類別平均	5年 JEPI	5年 類別平均	10年 JEPI	10年 類別平均
Alpha	2.3	無	0	無	0	無
Beta值	0.63	無	0	無	0	無
平均年度回報率	0.84	無	0	無	0	無
R平方	84.63	無	0	無	0	無
標準差	12.15	無	0	無	0	無
夏普比率	0.66	無	0	無	0	無
崔納比率	12.4	無	0	無	0	無

10大持股

編碼	持股	% 資產
N/A	EQUITY OTHER	14.11%
PGR	Progressive Corporation	1.73%
MSFT	Microsoft Corporation	1.71%
ADBE	Adobe Incorporated	1.56%
AMZN	Amazon.com, Inc.	1.56%
MA	Mastercard Incorporated Class A	1.55%
UNH	UnitedHealth Group Incorporated	1.51%
CME	CME Group Inc. Class A	1.49%
V	Visa Inc. Class A	1.49%
ABBV	AbbVie, Inc.	1.48%

資產分配

股票84.18%　美國存託憑證0.56%　現金1.23%
其他14.03%

持股比較

	JEPI	ETF DB類別平均	FactSet劃分平均
持股數目	118	284	172
10大持股佔比	28.19%	37.07%	59.97%
15大持股佔比	35.18%	44.16%	64.52%
50大持股佔比	73.48%	71.99%	81.23%

JPST JPMorgan Ultra-Short Income ETF

JPST是摩根大通提供的超短期債券ETF。該ETF的主要目標是為投資者提供穩定的收益，同時保持較低的價格波動性和較短的投資期限。JPST主要投資於到期時間通常少於一年的超短期債券。這些投資通常包括企業債、可變利率債券、政府和機構債券，以及其他高信用質量的固定收益證券。該基金旨在超越傳統的貨幣市場基金，提供略高的收益，同時力圖控制信用和利率風險，保護投資本金。JPST持有多種不同的固定收益證券。具體持股數量會隨著市場條件和基金管理團隊的策略調整而變化，通常包含數百種不同的債券，包括高信用評級的企業債、機構債券、市政債券以及其他短期債券。這些債券來自不同的行業，以及不同的地理位置。由於JPST集中投資於超短期債券，其價格波動性相對較低，適合尋求穩定收入和較低風險投資的投資者。

概況	
發行人	JPMorgan Chase
品牌	JPMorgan
結構	ETF
費用率	0.18%
創立日期	May 17, 2017

費用率分析

JPST 費用率	ETF DB類別 平均費用率	FactSet劃分 平均費用率
0.18%	0.68%	0.23%

ETF主題	
類別	貨幣市場
資產類別	債券
地區（一般）	北美洲
地區（具體）	美國

股息

	JPST	ETF DB類別平均	FactSet 劃分平均
股息	$ 0.21	$ 0.22	$ 0.19
派息日期	2023-10-02	N/A	N/A
年度股息	$ 2.21	$ 1.32	$ 1.91
年度股息率	4.41%	2.46%	3.69%

回報

	JPST	ETF DB類別平均	FactSet 劃分平均
1個月	0.50%	-0.46%	0.35%
3個月	1.37%	-1.57%	1.03%
今年迄今	3.67%	1.81%	3.25%
1年	4.73%	0.30%	4.07%
3年	1.70%	0.40%	0.91%
5年	2.15%	0.73%	0.74%

年度總回報（%）紀錄

年份	JPST	類別
2022	1.14%	無
2021	0.11%	無
2020	2.18%	無
2019	3.34%	無
2018	2.23%	無

交易數據

52 Week Lo	$47.91
52 Week Hi	$50.21
AUM	$23,055.6 M
股數	459.6 M

歷史交易數據

1 個月平均量	4,021,483
3 個月平均量	3,746,609

風險統計數據

	3年		5年		10年	
	JPST	類別平均	JPST	類別平均	JPST	類別平均
Alpha	-0.15	0.58	0.38	0.93	0	無
Beta值	0.04	0.02	0.07	0.02	0	無
平均年度回報率	0.14	0.06	0.18	0.09	0	無
R平方	38.31	10.79	14.48	2.92	0	無
標準差	3.22	0.3	1.14	0.59	0	無
夏普比率	0.72	1.02	0.24	0.07	0	無
崔納比率	-11.36	-48.82	3.53	-1.771	0	無

資產分配

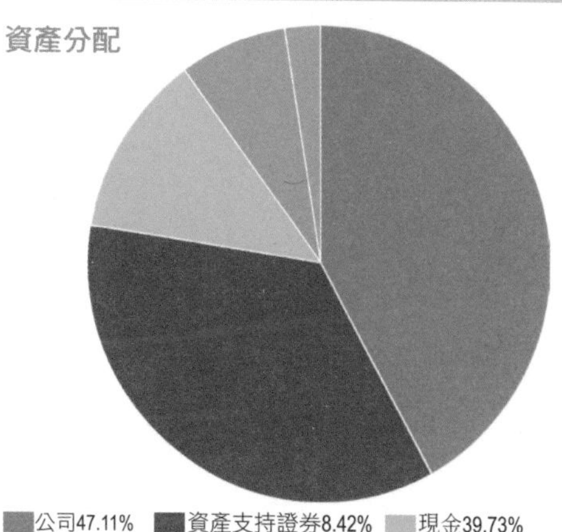

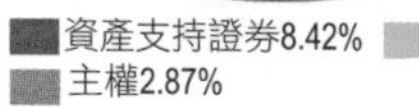

10大持股

編碼	持股	% 資產
N/A	U.S. Dollar	39.31%
N/A	United States Treasury Notes 0.375% 15-JUL-2024	2.23%
N/A	United States Treasury Notes 0.375% 15-JUL-2024	2.23%
N/A	CORPORATE BOND	1.00%
N/A	CORPORATE BOND	1.00%
N/A	Federation des caisses Desjardins du Quebec 5.278% 23-JAN-2026	0.88%
N/A	Federation des caisses Desjardins du Quebec 5.278% 23-JAN-2026	0.88%
N/A	National Bank of Canada 5.25% 17-JAN-2025	0.86%
N/A	National Bank of Canada 5.25% 17-JAN-2025	0.86%
N/A	New York Life Global Funding 3.855% 26-AUG-2024	0.77%

持股比較

	JPST	ETF DB類別平均	FactSet劃分平均
持股數目	1000	230	301
10大持股佔比	50.02%	65.85%	32.76%
15大持股佔比	53.53%	71.59%	37.69%
50大持股佔比	72.43%	91.89%	55.33%

DFAC Dimensional U.S. Core Equity 2 ETF

DFAC是由Dimensional Fund Advisors提供的ETF，旨在提供廣泛而深入的美國股市曝露，結合了Dimensional的投資哲學和方法。DFAC的策略基於綜合的核心股票策略，涵蓋了不同市值規模的美國股票。Dimensional Fund Advisors是以市場效率和系統性風險與回報模型為基礎的投資方法，強調市場價格反映了所有已知信息。DFAC結合這些原則和輕度的主動管理，力求超越傳統的市值加權指數表現。DFAC包含數百甚至上千個不同的持股，這些持股涵蓋了從小型股到大型股的美國公司。具體的持股會根據Dimensional的投資模型和市場條件定期調整，包括各種行業，如科技、金融、醫療保健、消費品等。DFAC旨在提供與整體美國股市相關的回報，因此其投資組合的波動性將與廣泛市場相似。

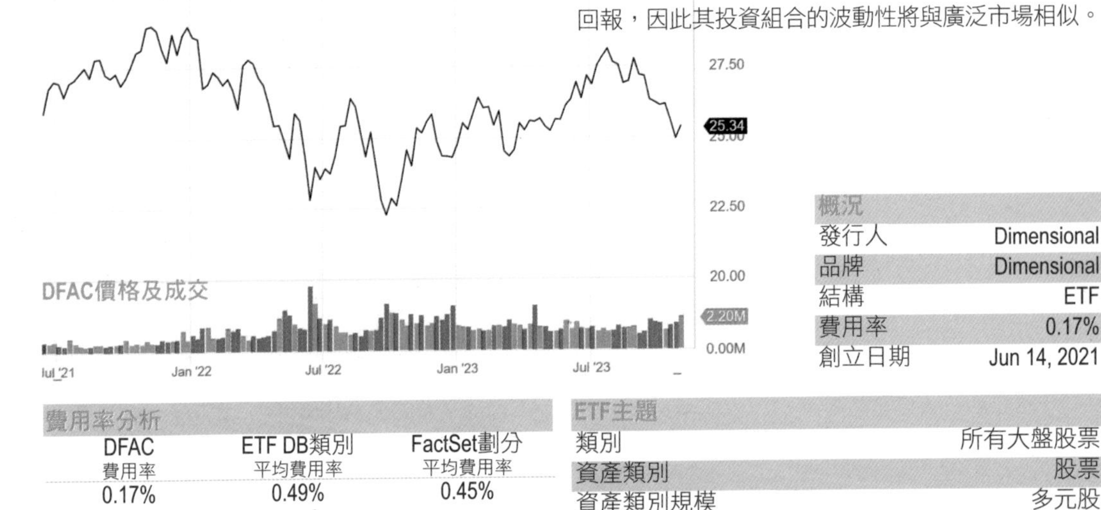

概況	
發行人	Dimensional
品牌	Dimensional
結構	ETF
費用率	0.17%
創立日期	Jun 14, 2021

費用率分析		
DFAC 費用率	ETF DB類別 平均費用率	FactSet劃分 平均費用率
0.17%	0.49%	0.45%

ETF主題	
類別	所有大盤股票
資產類別	股票
資產類別規模	多元股
地區（一般）	北美洲
地區（具體）	美國

股息	DFAC	ETF DB類別平均	FactSet 劃分平均
股息	$ 0.10	$ 0.25	$ 0.23
派息日期	2023-09-19	N/A	N/A
年度股息	$ 0.37	$ 0.72	$ 0.75
年度股息率	1.48%	1.74%	1.57%

回報	DFAC	ETF DB類別平均	FactSet 劃分平均
1個月	-4.38%	-4.92%	-3.40%
3個月	-10.88%	-11.45%	-8.47%
今年迄今	3.56%	0.39%	2.33%
1年	5.31%	1.11%	2.96%
3年	N/A	2.53%	3.06%
5年	N/A	3.00%	3.41%

年度總回報（%）紀錄

年份	DFAC	類別
2022	-14.93%	無
2021	27.53%	無
2020	15.80%	無
2019	29.54%	無
2018	-9.43%	無
2017	18.82%	無
2016	16.31%	無
2015	-2.53%	-0.63%
2014	9.56%	11.79%
2013	37.55%	31.44%

交易數據

52 Week Lo	$23.07
52 Week Hi	$28.14
AUM	$20,228.3 M
股數	805.9 M

歷史交易數據

1個月平均量	1,709,065
3個月平均量	1,564,356

風險統計數據

	3年		5年		10年	
	DFAC	類別平均	DFAC	類別平均	DFAC	類別平均
Alpha	1.44	-0.65	-1.86	-0.48	-2.06	0.15
Beta值	1	0.98	1.06	1	1.06	1
平均年度回報率	1.06	0.86	0.84	1.28	0.92	0.69
R平方	94.9	94.06	96.17	95.34	94.83	96.99
標準差	18.28	10.9	20.59	11.38	16.22	15.42
夏普比率	0.58	0.94	0.4	1.34	0.6	0.48
崔納比率	9.61	10.38	5.97	15.73	8.44	6.54

持倉分析

技術服務	15.77%	電子技術	13.39%
健康科技	5.92%	零售業	6.34%
生產者製造	5.67%	消費服務	3.54%
健康服務	2.48%	公用事業	2.05%
運輸	2.59%	工業服務	2.54%
非能源礦產	1.5%	現金	0.05%
金融	13.13%	能源礦產	5.36%
非耐久性消費品	4.86%	分銷服務	1.7%
商業服務	3.33%	流程工業	3.15%
耐久性消費品	2.3%	通訊	1%
		雜項開支	0.06%
		其他	0%

10大持股

編碼	持股	% 資產
AAPL	Apple Inc.	4.78%
MSFT	Microsoft Corporation	4.53%
AMZN	Amazon.com, Inc.	1.44%
META	Meta Platforms Inc. Class A	1.44%
XOM	Exxon Mobil Corporation	1.13%
JNJ	Johnson & Johnson	1.00%
BRK.B	Berkshire Hathaway Inc. Class B	0.93%
GOOGL	Alphabet Inc. Class A	0.93%
JPM	JPMorgan Chase & Co.	0.91%
AVGO	Broadcom Inc.	0.86%

資產分配

股票99.06% 優先股0% 現金0.23% 其他0%

持股比較

	DFAC	ETF DB類別平均	FactSet劃分平均
持股數目	3000	380	438
10大持股佔比	24.78%	32.96%	36.26%
15大持股佔比	30.88%	42.13%	45.52%
50大持股佔比	64.24%	75.47%	80.16%

MINT PIMCO Enhanced Short Maturity Active ETF

MINT是由PIMCO管理的主動管理的超短期債券ETF。策略是為投資者提供比傳統儲蓄產品更高的收益，同時維持資本的穩定和流通性。MINT投資在廣泛的高信用質量固定收益證券，包括企業債券、政府債券、抵押貸款相關證券和其他短期工具，其平均到期期限通常低於一年。採用主動管理策略，由PIMCO的專家團隊負責選擇個別證券，旨在在不同的市場環境中識別價值和控制風險。MINT的持股數量會隨著市場條件和基金經理的投資策略而變化，包含數百個不同的固定收益債券。持股組成涵蓋多個行業和信用評級，集中在高信用質量的短期債券，包括由美國政府擔保的債券、企業商業票據、存款單以及其他短期企業和政府債務。

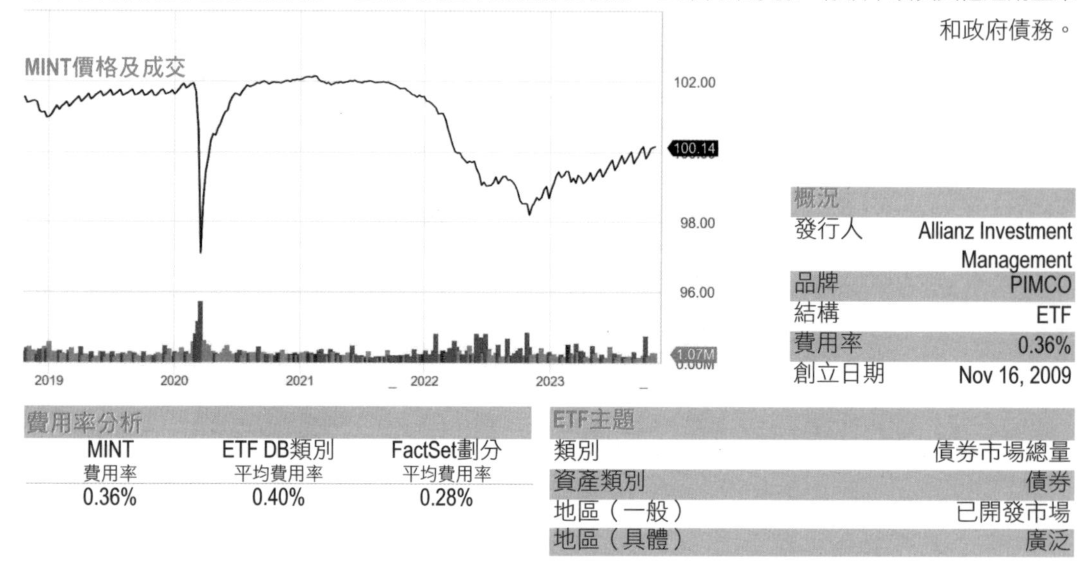

概況	
發行人	Allianz Investment Management
品牌	PIMCO
結構	ETF
費用率	0.36%
創立日期	Nov 16, 2009

費用率分析		
MINT 費用率	ETF DB類別 平均費用率	FactSet劃分 平均費用率
0.36%	0.40%	0.28%

ETF主題	
類別	債券市場總量
資產類別	債券
地區（一般）	已開發市場
地區（具體）	廣泛

股息	MINT	ETF DB類別平均	FactSet 劃分平均
股息	$ 0.45	$ 0.17	$ 0.24
派息日期	2023-10-02	N/A	N/A
年度股息	$ 4.39	$ 1.70	$ 2.19
年度股息率	4.38%	4.25%	3.62%

回報	MINT	ETF DB類別平均	FactSet 劃分平均
1個月	0.47%	-1.09%	0.09%
3個月	1.63%	-3.08%	0.08%
今年迄今	5.18%	0.04%	2.19%
1年	6.22%	2.19%	3.33%
3年	1.41%	-2.15%	-0.28%
5年	1.81%	0.34%	0.66%

年度總回報（%）紀錄

年份	MINT	類別
2022	-1.01%	無
2021	-0.03%	無
2020	1.62%	無
2019	3.33%	無
2018	1.72%	無
2017	1.86%	無
2016	2.09%	無
2015	0.43%	0.33%
2014	0.54%	0.47%
2013	0.72%	0.81%

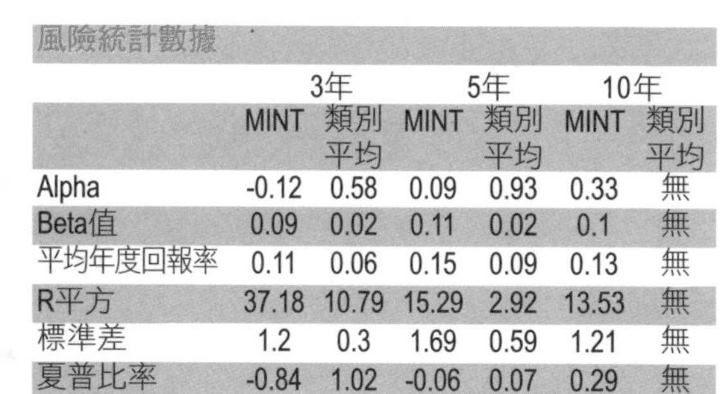

風險統計數據

	3年		5年		10年	
	MINT	類別平均	MINT	類別平均	MINT	類別平均
Alpha	-0.12	0.58	0.09	0.93	0.33	無
Beta值	0.09	0.02	0.11	0.02	0.1	無
平均年度回報率	0.11	0.06	0.15	0.09	0.13	無
R平方	37.18	10.79	15.29	2.92	13.53	無
標準差	1.2	0.3	1.69	0.59	1.21	無
夏普比率	-0.84	1.02	-0.06	0.07	0.29	無
崔納比率	-8.69	-48.82	-0.91	-1,771	3.48	無

交易數據

52 Week Lo	$94.12
52 Week Hi	$100.13
AUM	$10,777.6 M
股數	107.7 M

歷史交易數據

1 個月平均量	1,361,313
3 個月平均量	929,923

資產分配

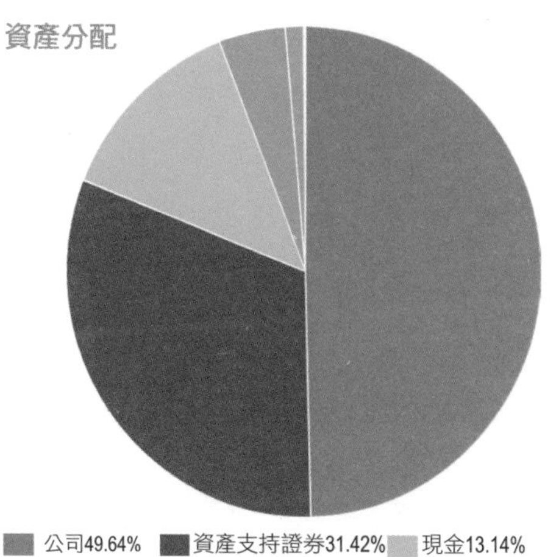

10大持股

編碼	持股	% 資產
N/A	U.S. Dollar	16.71%
N/A	ASSET-BACKED SECURITIES	1.86%
N/A	ASSET-BACKED SECURITIES	1.86%
N/A	CORPORATE BOND	1.33%
N/A	CORPORATE BOND	1.33%
N/A	Federal Home Loan Bank System 5.42% 30-MAY-2024	1.04%
N/A	Federal Home Loan Bank System 5.42% 30-MAY-2024	1.04%
N/A	Nomura Holdings, Inc. 2.648% 16-JAN-2025	1.01%
N/A	Nomura Holdings, Inc. 2.648% 16-JAN-2025	1.01%
N/A	Toyota Motor Credit Corporation FRN 22-AUG-2024	0.99%

持股比較

	MINT	ETF DB類別平均	FactSet劃分平均
持股數目	1000	1427	659
10大持股佔比	27.45%	36.37%	36.86%
15大持股佔比	31.63%	41.84%	42.29%
50大持股佔比	54.12%	65.39%	64.72%

DFUV Dimensional US Marketwide Value ETF

DFUV是一檔積極管理的基金，尋求長期資本增值，同時實現稅後回報最大化。該基金持有基金顧問認為相對價格較低且獲利潛力較高的美國股票。股票的評估是基於基本因素，例如本益比，以評估相對價格，以及相對於帳面價值或資產的營運收益或利潤，以衡量獲利能力。持股通常按市值加權，採用積極的方法，權重可能會波動。投資組合可購買或出售美國權益證券和指數的期貨合約和期貨合約期權，以根據投資組合的實際或預期現金流入或流出新增或減少股票市場風險。

概況	
發行人	Dimensional
品牌	Dimensional
結構	ETF
費用率	0.22%
創立日期	May 09, 2022

費用率分析		
DFUV 費用率	ETF DB類別 平均費用率	FactSet劃分 平均費用率
0.22%	0.49%	0.46%

ETF主題	
類別	所有大盤股票
資產類別	股票
資產類別規模	多元股
資產類別風格	價值
地區（一般）	北美洲
地區（具體）	美國

股息	DFUV	ETF DB類別平均	FactSet 劃分平均
股息	$ 0.18	$ 0.25	$ 0.31
派息日期	2023-09-19	N/A	N/A
年度股息	$ 0.63	$ 0.72	$ 0.99
年度股息率	1.95%	1.74%	1.87%

回報	DFUV	ETF DB類別平均	FactSet 劃分平均
1個月	-5.85%	-4.92%	-3.64%
3個月	-10.99%	-11.45%	-8.23%
今年迄今	-3.47%	0.39%	-0.78%
1年	-1.34%	1.11%	0.95%
3年	N/A	2.53%	5.51%
5年	N/A	3.00%	2.84%

年度總回報（%）紀錄

年份	DFUV	類別
2022	-7.88%	無
2021	25.91%	無
2020	1.80%	無
2019	27.11%	無
2018	-10.06%	無
2017	17.15%	無
2016	17.37%	無
2015	-2.63%	-1.89%
2014	10.09%	12.53%
2013	40.51%	30.05%

交易數據

52 Week Lo	$31.20
52 Week Hi	$36.04
AUM	$8,176.6 M
股數	253.4 M

歷史交易數據

1 個月平均量	308,317
3 個月平均量	259,232

風險統計數據

	3年		5年		10年	
	DFUV	類別平均	DFUV	類別平均	DFUV	類別平均
Alpha	2.57	0.43	-3.76	0.71	-3.12	-0.34
Beta值	0.95	0.91	1.04	0.9	1.04	0.97
平均年度回報率	1.11	0.88	0.66	1.25	0.82	0.64
R平方	78.82	86.29	85.11	84.94	85.73	88.42
標準差	19	10.58	21.35	10.81	16.84	15.87
夏普比率	0.59	1	0.28	1.38	0.51	0.43
崔納比率	10.78	11.86	3.75	17.48	7.17	5.97

持倉分析

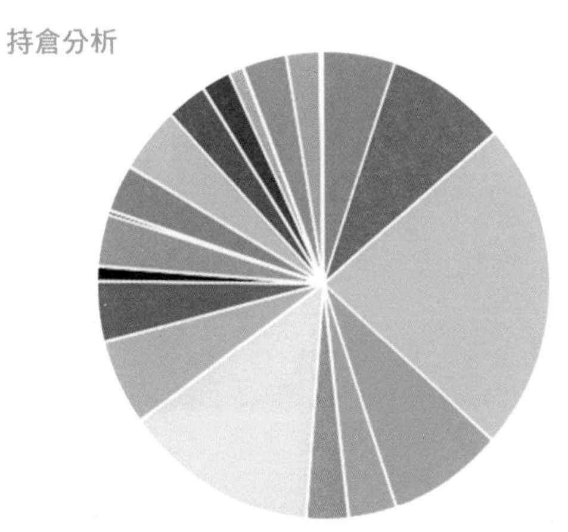

技術服務	5.18%	電子技術	8.66%
健康科技	8.25%	零售業	3.46%
生產者製造	6%	消費服務	4.31%
健康服務	3.49%	公用事業	0.31%
運輸	2.94%	工業服務	2.09%
非能源礦產	2.4%	能源礦產	13.52%
金融	22.82%	分銷服務	1.04%
非耐久性消費品	3.11%	流程工業	4.67%
商業服務	1.03%	通訊	3.08%
耐久性消費品	3.45%	雜項開支	0%
		其他	0%

10大持股

編碼	持股	% 資產
XOM	Exxon Mobil Corporation	3.67%
JPM	JPMorgan Chase & Co.	3.47%
CVX	Chevron Corporation	2.46%
BRK.B	Berkshire Hathaway Inc. Class B	2.41%
CMCSA	Comcast Corporation Class A	2.05%
PFE	Pfizer Inc.	1.68%
BAC	Bank of America Corp	1.59%
COP	ConocoPhillips	1.50%
TMO	Thermo Fisher Scientific Inc.	1.48%
META	Meta Platforms Inc. Class A	1.35%

資產分配

股票99.74%　優先股0.01%　其他0.01%

持股比較

	DFUV	ETF DB類別平均	FactSet劃分平均
持股數目	1500	380	345
10大持股佔比	29.28%	32.96%	27.42%
15大持股佔比	38.33%	42.13%	35.28%
50大持股佔比	80.12%	75.47%	68.10%

DFAT Dimensional U.S. Targeted Value ETF

DFAT是由Dimensional Fund Advisors提供的ETF。以系統性的方式，投資於美國小型和中型公司中價值較高的股票。DFAT的投資策略是基於Dimensional的研究，該研究表明小型和價值型股票長期來看可能會提供超越市場平均水平的回報。Dimensional使用財務數據和市場數據來確定哪些股票符合其目標市場的特性，並通過控制投資組合的風險來提高風險調整後的回報。DFAT的持股數量會因為市場條件而變化。組合可能包括數百個不同的股票，涵蓋了多種行業。

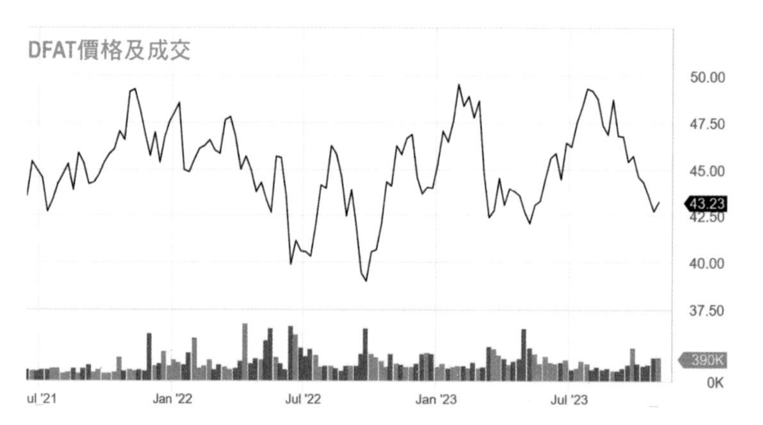

概況	
發行人	Dimensional
品牌	Dimensional
結構	ETF
費用率	0.28%
創立日期	Jun 14, 2021

費用率分析

DFAT 費用率	ETF DB類別 平均費用率	FactSet劃分 平均費用率
0.28%	0.26%	0.59%

ETF主題	
類別	中盤價值股票
資產類別	股票
資產類別規模	多元股
資產類別風格	價值
地區（一般）	北美洲
地區（具體）	美國

股息

	DFAT	ETF DB類別平均	FactSet 劃分平均
股息	$ 0.18	$ 0.55	$ 0.06
派息日期	2023-09-19	N/A	N/A
年度股息	$ 0.67	$ 1.55	$ 0.39
年度股息率	1.56%	1.96%	1.07%

回報

	DFAT	ETF DB類別平均	FactSet 劃分平均
1個月	-5.24%	-5.51%	-3.33%
3個月	-12.87%	-14.31%	-8.56%
今年迄今	-1.75%	-4.62%	0.46%
1年	-0.21%	-2.12%	1.02%
3年	N/A	8.96%	3.98%
5年	N/A	5.14%	0.68%

年度總回報（%）紀錄

年份	DFAT	類別
2022	-6.23%	無
2021	35.49%	無
2020	2.28%	無
2019	22.11%	無
2018	-16.24%	無
2017	11.08%	無
2016	23.84%	無
2015	-3.31%	-7.82%
2014	4.21%	5.71%
2013	43.86%	39.19%

交易數據

52 Week Lo	$40.83
52 Week Hi	$49.54
AUM	$7,817.6 M
股數	181.3 M

歷史交易數據

1 個月平均量	354,826
3 個月平均量	260,085

風險統計數據

	3年		5年		10年	
	DFAT	類別平均	DFAT	類別平均	DFAT	類別平均
Alpha	9.57	-3.76	-3.83	-2.04	-4.37	-1.48
Beta值	1.04	1.06	1.2	1.12	1.17	1.26
平均年度回報率	1.77	0.49	0.78	1.07	0.83	0.67
R平方	65.75	63.24	75.37	69.4	71.84	79.68
標準差	22.85	14.31	26.32	13.86	20.65	21.69
夏普比率	0.84	0.42	0.29	0.92	0.42	0.33
崔納比率	17.65	4.82	3.45	11.2	5.87	3.99

持倉分析

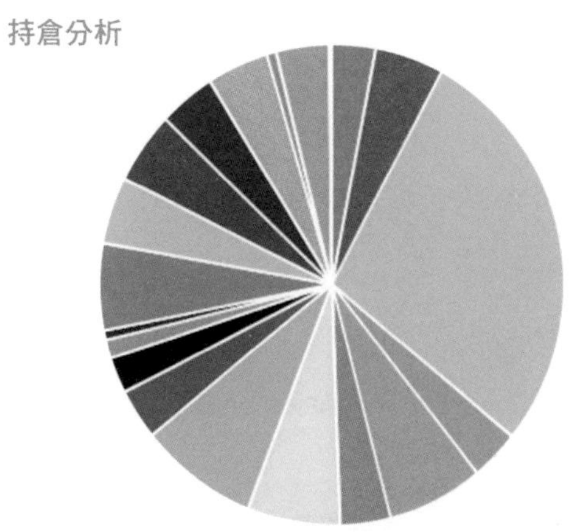

技術服務	3.07%	電子技術	4.76%
健康科技	3.38%	零售業	6.71%
生產者製造	8.07%	消費服務	3.44%
健康服務	1.22%	公用事業	0.65%
運輸	4.86%	工業服務	3.97%
非能源礦產	3.65%	現金	0.05%
金融	28.17%	能源礦產	6.29%
非耐久性消費品	3.57%	分銷服務	4.22%
商業服務	2.41%	流程工業	4.52%
耐久性消費品	5.98%	通訊	0.66%
		雜項開支	0.05%
		其他	0.01%

10大持股

編碼	持股	% 資產
PHM	PulteGroup, Inc.	0.83%
PAG	Penske Automotive Group, Inc.	0.71%
ARW	Arrow Electronics, Inc.	0.68%
KNX	Knight-Swift Transportation Holdings Inc. Class A	0.64%
BLDR	Builders FirstSource, Inc.	0.63%
TOL	Toll Brothers, Inc.	0.61%
OC	Owens Corning	0.60%
DINO	HF Sinclair Corporation	0.59%
AGCO	AGCO Corporation	0.57%
BWA	BorgWarner Inc.	0.55%

資產分配

股票99.6% 優先股0.02% 現金0.08% 其他0.01%

持股比較

	DFAT	ETF DB類別平均	FactSet劃分平均
持股數目	2000	502	701
10大持股佔比	6.42%	15.32%	6.15%
15大持股佔比	9.41%	21.11%	8.98%
50大持股佔比	27.86%	47.29%	27.36%

FTSM First Trust Enhanced Short Maturity ETF

FTSM是一款由 First Trust Advisors 提供的超短期債券ETF。該基金的目標是提供比傳統的短期固定收益投資更高的收益，同時保持低風險和高流通性的特點。FTSM投資於一系列的美國和非美國發行的投資級（高信用評級）固定收益證券，包括但不限於政府債券、企業債券、市政債券和資產支持證券，具有較短的到期期限，減少利率變化對基金價值的影響。它的組合目標是為投資者提供一個多元化的、超短期債券投資組合，其持股可能包含數十到數百種不同的固定收益證券。

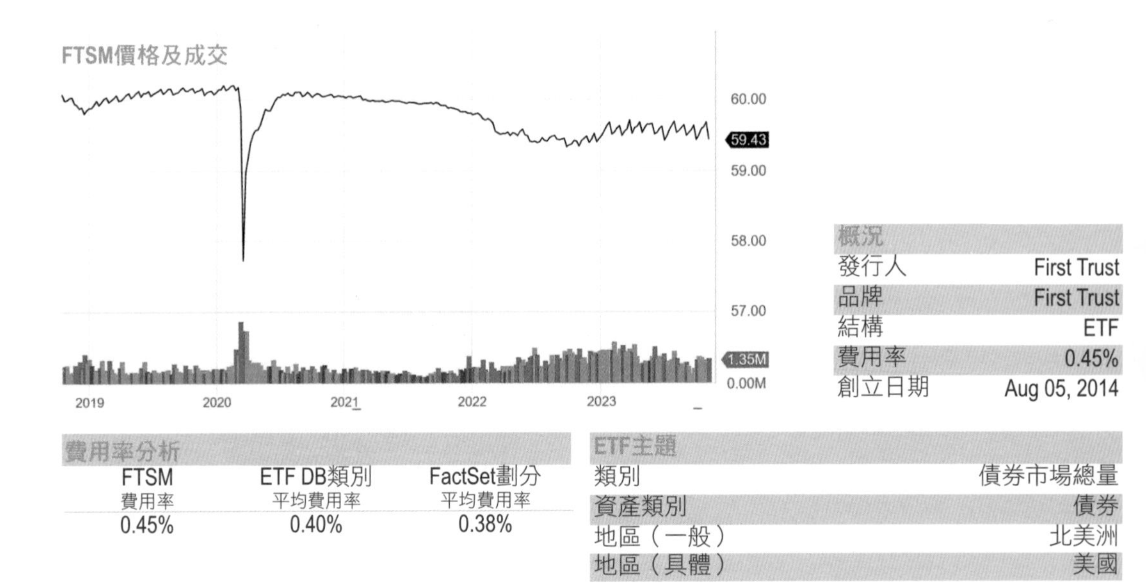

概況	
發行人	First Trust
品牌	First Trust
結構	ETF
費用率	0.45%
創立日期	Aug 05, 2014

費用率分析		
FTSM 費用率	ETF DB類別 平均費用率	FactSet劃分 平均費用率
0.45%	0.40%	0.38%

ETF主題	
類別	債券市場總量
資產類別	債券
地區（一般）	北美洲
地區（具體）	美國

股息	FTSM	ETF DB類別平均	FactSet 劃分平均
股息	$ 0.25	$ 0.17	$ 0.16
派息日期	2023-09-29	N/A	N/A
年度股息	$ 2.50	$ 1.70	$ 1.44
年度股息率	4.19%	4.25%	3.49%

回報	FTSM	ETF DB類別平均	FactSet 劃分平均
1個月	0.47%	-1.09%	0.04%
3個月	1.25%	-3.08%	0.31%
今年迄今	3.84%	0.04%	2.66%
1年	4.75%	2.19%	3.75%
3年	1.63%	-2.15%	-0.02%
5年	1.79%	0.34%	1.05%

年度總回報（%）紀錄

年份	FTSM	類別
2022	1.02%	無
2021	-0.01%	無
2020	1.12%	無
2019	2.82%	無
2018	1.94%	無
2017	1.45%	無
2016	1.23%	無
2015	0.38%	0.33%

交易數據

52 Week Lo	$56.95
52 Week Hi	$59.68
AUM	$7,512.9 M
股數	126.0 M

歷史交易數據

1個月平均量	1,260,613
3個月平均量	1,140,418

資產分配

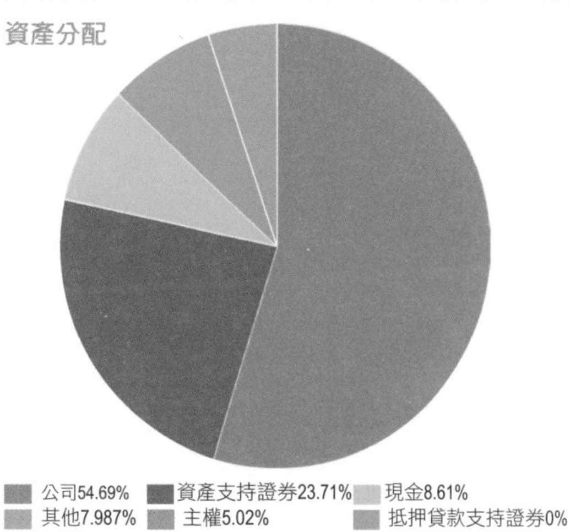

風險統計數據

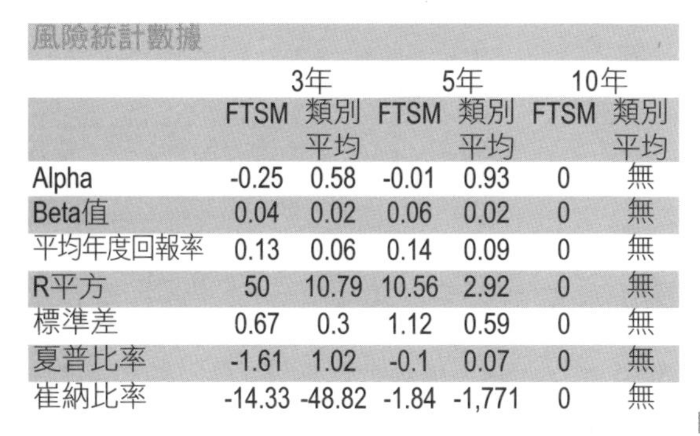

	3年		5年		10年	
	FTSM	類別平均	FTSM	類別平均	FTSM	類別平均
Alpha	-0.25	0.58	-0.01	0.93	0	無
Beta值	0.04	0.02	0.06	0.02	0	無
平均年度回報率	0.13	0.06	0.14	0.09	0	無
R平方	50	10.79	10.56	2.92	0	無
標準差	0.67	0.3	1.12	0.59	0	無
夏普比率	-1.61	1.02	-0.1	0.07	0	無
崔納比率	-14.33	-48.82	-1.84	-1,771	0	無

10大持股

編碼	持股	% 資產
N/A	U.S. Dollar	28.89%
N/A	CORPORATE BOND	1.94%
N/A	United States Treasury Notes 4.625% 28-FEB-2025	1.58%
N/A	United States Treasury Notes 4.625% 30-JUN-2025	1.58%
N/A	United States Treasury Notes 3.875% 30-APR-2025	0.99%
N/A	FIXED INCOME (UNCLASSFIED)	0.76%
N/A	Freddie Mac Structured Pass-Through Certificates, Series K-041 A2 3.171% 25-OCT-2024	0.58%
N/A	Spectra Energy Partners, LP 4.75% 15-MAR-2024	0.57%
N/A	Bayer US Finance II LLC 3.875% 15-DEC-2023	0.55%
N/A	Aon Global Limited 4.0% 27-NOV-2023	0.55%

持股比較

	FTSM	ETF DB類別平均	FactSet劃分平均
持股數目	349	1427	1043
10大持股佔比	37.99%	36.37%	38.44%
15大持股佔比	40.64%	41.84%	42.60%
50大持股佔比	56.33%	65.39%	64.59%

ARKK ARK Innovation ETF

ARKK是由ARK Invest管理的ETF，專注於投資於具有顛覆性創新潛力的公司，業務涵蓋了多個領域，包括基因組編輯、自動化技術、能源轉換、人工智慧和金融科技等。ARKK的策略是主動管理，ARK Invest的創始人兼首席執行官凱瑟琳·伍德及其團隊相信，透過投資於這些顛覆性創新公司，可以在未來幾年內實現超越傳統投資的回報。ARKK的持股數量會隨著市場環境而變化，但通常會集中於35至55家公司。持股通常包括了從成熟的創新公司到前沿的初創企業。ARKK的投資策略牽涉到高風險，因為它投資於那些業務模式和市場接受度可能會有顯著波動的公司，其價值可能會經歷大幅度的短期波動。

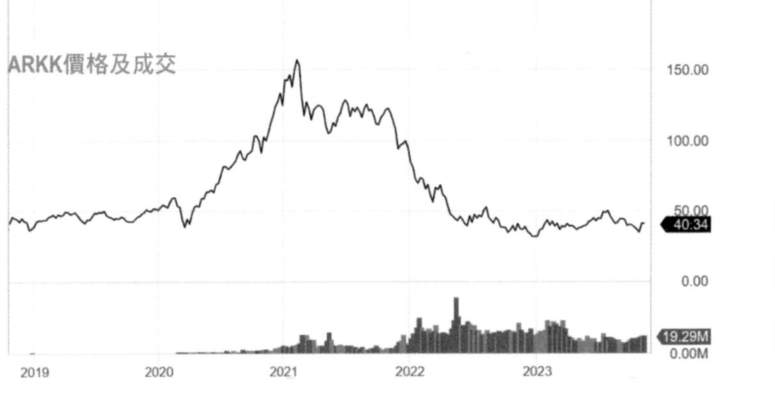

概況	
發行人	ARK
品牌	ARK
結構	ETF
費用率	0.75%
創立日期	Oct 31, 2014

費用率分析

ARKK 費用率	ETF DB類別 平均費用率	FactSet劃分 平均費用率
0.75%	0.49%	0.69%

ETF主題	
類別	All Cap Equities
資產類別	股票
地區（一般）	北美
地區（具體）	美國

股息

	ARKK	ETF DB類別平均	FactSet 劃分平均
股息	$ 0.36	$ 0.25	$ 0.10
派息日期	2023-10-02	N/A	N/A
年度股息	$ 2.14	$ 1.63	$ 1.92
年度股息率	4.25%	4.22%	3.71%

回報

	ARKK	ETF DB類別平均	FactSet 劃分平均
1個月	4.34%	0.42%	-0.03%
3個月	-9.11%	-5.05%	-7.78%
今年迄今	32.03%	6.08%	10.36%
1年	17.88%	6.38%	9.81%
3年	-25.48%	3.00%	-1.62%
5年	-1.03%	3.07%	0.26%

年度總回報 (%) 紀錄

年份	ARKK	類別
2022	-66.97%	無
2021	-23.38%	無
2020	152.82%	無
2019	35.58%	無
2018	3.51%	無
2017	87.34%	無
2016	-2.00%	無
2015	3.75%	0.16%

交易數據

52 Week Lo	$29.19
52 Week Hi	$50.91
AUM	$7,004.9 M
股數	176.3 M

歷史交易數據

1 個月平均量	17,135,036
3 個月平均量	15,062,292

風險統計數據

	3年 ARKK	3年 類別平均	5年 ARKK	5年 類別平均	10年 ARKK	10年 類別平均
Alpha	-38.91	-2.52	-12.96	-2.27	0	0.64
Beta值	1.66	0.96	1.65	1.04	0	1.1
平均年度回報率	-1.78	0.69	0.5	1.19	0	0.8
R平方	46.8	74.68	54.24	79.23	0	84.56
標準差	43.27	12.1	41.96	13.05	0	18.24
夏普比率	-0.55	0.68	0.1	1.09	0	0.48
崔納比率	-17.39	8.14	-2.73	13.68	0	6.64

持倉分析

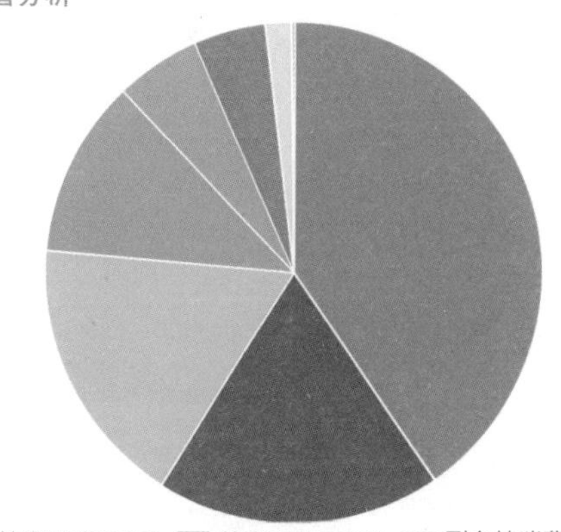

技術服務40.37% 健康科技18.49% 耐久性消費品17.54%
金融11.46% 健康服務5.56% 消費服務4.69%
電子技術1.68% 現金021%

資產分配

股票99.79% 開放式基金0.21%

10大持股

編碼	持股	% 資產
ROKU	Roku, Inc. Class A	9.17%
COIN	Coinbase Global, Inc. Class A	8.98%
TSLA	Tesla, Inc.	8.24%
ZM	Zoom Video Communications, Inc. Class A	7.14%
PATH	UiPath, Inc. Class A	6.74%
SQ	Block, Inc. Class A	5.52%
DKNG	DraftKings, Inc. Class A	4.62%
CRSP	CRISPR Therapeutics AG	4.46%
RBLX	Roblox Corp. Class A	4.24%
TWLO	Twilio, Inc. Class A	3.78%

持股比較

	ARKK	ETF DB類別平均	FactSet劃分平均
持股數目	32	382	134
10大持股佔比	62.89%	33.47%	50.14%
15大持股佔比	78.37%	42.67%	58.76%
50大持股佔比	100.01%	75.70%	83.72%

AVUV Avantis U.S. Small Cap Value ETF

AVUV是一支專注於美國小市值公司中具有價值特性的股票的ETF。該基金由Avantis Investors管理，專注於利用市場定價效率來提供投資解決方案的投資公司。AVUV旨在提供對美國小市值價值股票的投資機會。這些股票通常被認為具有低於市場平均水平的估值。基金會使用一系列的財務指標來識別具有價值特徵的股票，並投資於這些股票來提供吸引人的長期回報。AVUV通常會持有數百家公司的股票。作為一支小市值價值股票ETF，AVUV可能會比投資於大型股票或成長股票的基金有更高的波動性。然而，小市值價值股票長期來看可能提供較高的回報潛力。

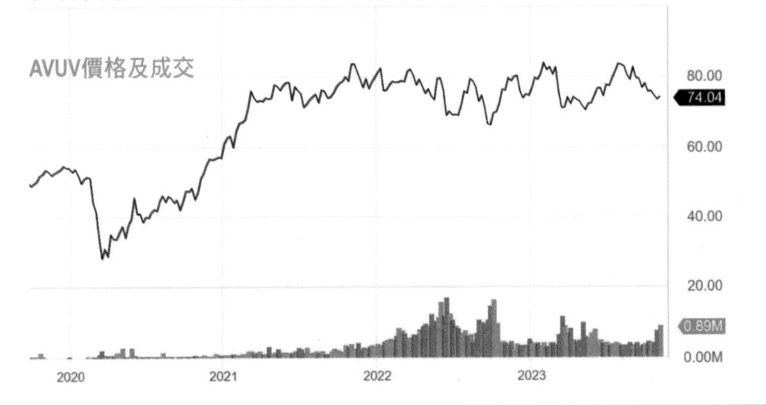

概況	
發行人	American Century Investments
品牌	Avantis
結構	ETF
費用率	0.25%
創立日期	Sep 24, 2019

費用率分析

AVUV 費用率	ETF DB類別 平均費用率	FactSet劃分 平均費用率
0.25%	0.36%	0.34%

ETF主題	
類別	小型價值股票
資產類別	股票
資產類別規模	小型股
資產類別風格	價值
地區（一般）	北美洲
地區（具體）	美國

股息

	AVUV	ETF DB類別平均	FactSet 劃分平均
股息	$ 0.36	$ 0.31	$ 0.33
派息日期	2023-09-21	N/A	N/A
年度股息	$ 1.47	$ 1.15	$ 1.24
年度股息率	1.98%	2.08%	1.76%

回報

	AVUV	ETF DB類別平均	FactSet 劃分平均
1個月	-5.30%	-5.89%	-5.57%
3個月	-11.27%	-12.94%	-12.45%
今年迄今	0.45%	-2.96%	-3.69%
1年	-1.34%	-3.24%	-5.54%
3年	19.79%	10.94%	9.38%
5年	N/A	4.13%	3.34%

年度總回報（%）紀錄

年份	AVUV	類別
2022	-4.90%	無
2021	42.23%	無
2020	6.39%	無

交易數據

52 Week Lo	$67.96
52 Week Hi	$83.99
AUM	$6,557.3 M
股數	89.4 M

歷史交易數據

1 個月平均量	519,232
3 個月平均量	406,529

風險統計數據

	3年		5年		10年	
	AVUV	類別平均	AVUV	類別平均	AVUV	類別平均
Alpha	12.73	-3.76	0	-2.04	0	-1.48
Beta值	1.08	1.06	0	1.12	0	1.26
平均年度回報率	2.06	0.49	0	1.07	0	0.67
R平方	60.79	63.24	0	69.4	0	79.68
標準差	24.64	14.31	0	13.86	0	21.69
夏普比率	0.92	0.42	0	0.92	0	0.33
崔納比率	20.49	4.82	0	11.2	0	3.99

持倉分析

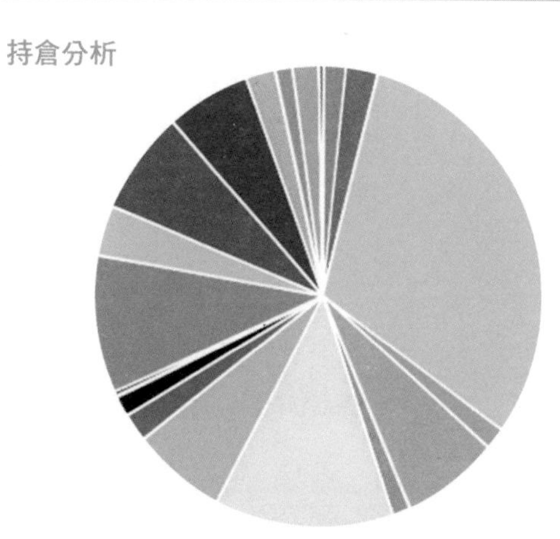

技術服務	1.69%	電子技術	2.31%
健康科技	1.5%	零售業	7.16%
生產者製造	6.69%	消費服務	1.94%
健康服務	0.08%	公用事業	0.31%
運輸	7.11%	工業服務	5.99%
非能源礦產	1.96%	現金	0.05%
金融	31.06%	能源礦產	12.71%
非耐久性消費品	1.29%	分銷服務	2.09%
商業服務	1.37%	流程工業	3.47%
耐久性消費品	9.54%	通訊	1.24%
		雜項開支	0.34%

10大持股

編碼	持股	% 資產
R	Ryder System, Inc.	0.97%
TMHC	Taylor Morrison Home Corporation	0.96%
THO	Thor Industries, Inc.	0.92%
BCC	Boise Cascade Co.	0.90%
AL	Builders FirstSource, Inc.	0.83%
MLI	Air Lease Corporation Class A	0.80%
MTH	Meritage Homes Corporation	0.76%
MATX	Matson, Inc.	0.74%
KBH	KB Home	0.73%
SM	SM Energy Company	0.73%

資產分配

股票99.81%　開放式基金0.08%

持股比較

	AVUV	ETF DB類別平均	FactSet劃分平均
持股數目	1000	727	720
10大持股佔比	8.68%	10.00%	8.89%
15大持股佔比	12.63%	13.89%	12.45%
50大持股佔比	36.08%	35.74%	32.57%

DFUS Dimensional U.S. Equity ETF

DFUS是由Dimensional Fund Advisors提供的ETF。Dimensional Fund Advisors是以其基於學術研究和因子投資策略而聞名的投資公司。DFUS的策略旨在提供廣泛的美國股票市場曝露，強調市場效率、系統性風險和回報以及對股票價格行為的深入研究。Dimensional的投資方法通常傾向於小型公司、低價值比率（價值股票）和高盈利能力股票，被認為與超額回報相關的因子。DFUS通常持有數百到數千個不同的美國股票，從大型股到小型股，並且跨越多個行業和產業，有助於減少依賴任何單一股票或行業的風險。

概況	
發行人	Dimensional
品牌	Dimensional
結構	ETF
費用率	0.09%
創立日期	Jun 14, 2021

費用率分析

DFUS 費用率	ETF DB類別 平均費用率	FactSet劃分 平均費用率
0.09%	0.49%	0.45%

ETF主題	
類別	所有大盤股票
資產類別	股票
資產類別規模	多元股
地區（一般）	北美洲
地區（具體）	美國

股息

	DFUS	ETF DB類別平均	FactSet 劃分平均
股息	$ 0.16	$ 0.25	$ 0.24
派息日期	2023-09-19	N/A	N/A
年度股息	$ 0.64	$ 0.72	$ 0.75
年度股息率	1.45%	1.75%	1.58%

回報

	DFUS	ETF DB類別平均	FactSet 劃分平均
1個月	-3.22%	-4.86%	-3.11%
3個月	-9.13%	-10.90%	-7.89%
今年迄今	9.33%	1.24%	3.07%
1年	7.97%	0.14%	2.09%
3年	N/A	3.20%	3.76%
5年	N/A	3.11%	3.54%

年度總回報（%）紀錄

年份	DFUS	類別
2022	-18.34%	無
2021	26.94%	無
2020	20.66%	無
2019	30.92%	無
2018	-5.39%	無
2017	21.44%	無
2016	12.68%	無
2015	0.46%	-0.63%
2014	11.99%	11.79%
2013	34.17%	31.44%

風險統計數據

	3年		5年		10年	
	DFUS	類別平均	DFUS	類別平均	DFUS	類別平均
Alpha	-0.03	-0.65	-0.46	-0.48	-0.57	0.15
Beta值	1.01	0.98	1.03	1	1.02	1
平均年度回報率	0.94	0.86	0.92	1.28	1.01	0.69
R平方	99.59	94.06	99.67	95.34	99.52	96.99
標準差	18	10.9	19.51	11.38	15.35	15.42
夏普比率	0.51	0.94	0.47	1.34	0.71	0.48
崔納比率	8.06	10.38	7.53	15.73	10.07	6.54

10大持股

編碼	持股	% 資產
AAPL	Apple Inc.	6.87%
MSFT	Microsoft Corporation	5.45%
AMZN	Amazon.com, Inc.	2.99%
NVDA	NVIDIA Corporation	2.56%
GOOG	Alphabet Inc. Class C	1.74%
GOOGL	Alphabet Inc. Class A	1.70%
TSLA	Tesla, Inc.	1.65%
META	Meta Platforms Inc. Class A	1.65%
BRK.B	Berkshire Hathaway Inc. Class B	1.53%
UNH	UnitedHealth Group Incorporated	1.12%

交易數據

52 Week Lo	$39.66
52 Week Hi	$49.79
AUM	$6,442.8 M
股數	144.7 M

歷史交易數據

1 個月平均量	286,282
3 個月平均量	221,018

持倉分析

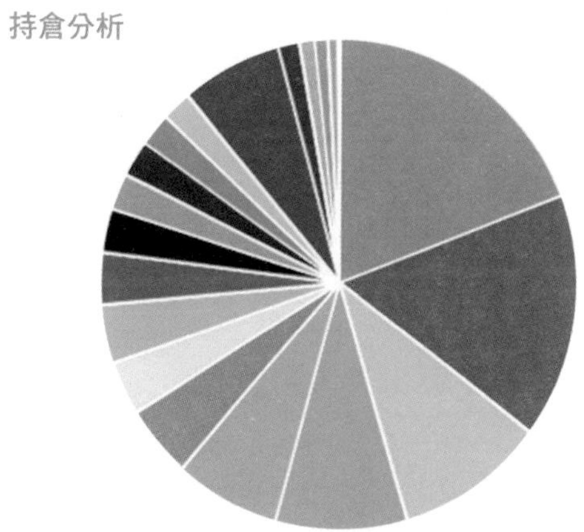

技術服務	19.82%	電子技術	16.79%
健康科技	9.19%	零售業	7.44%
生產者製造	4.03%	消費服務	3.57%
健康服務	2.47%	公用事業	2.55%
運輸	1.78%	工業服務	1.49%
非能源礦產	0.72%	現金	0.06%
金融	10.75%	能源礦產	3.77%
非耐久性消費品	4.97%	分銷服務	1.08%
商業服務	3.07%	流程工業	2.09%
耐久性消費品	2.41%	通訊	0.91%
		雜項開支	0.03%
		其他	0%

資產分配

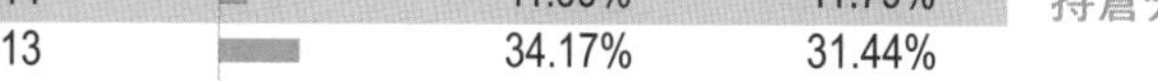

股票98.71% 優先股0.01% 現金0.14%

持股比較

	DFUS	ETF DB類別平均	FactSet劃分平均
持股數目	2500	380	438
10大持股佔比	38.31%	33.07%	36.42%
15大持股佔比	47.41%	42.25%	45.68%
50大持股佔比	98.16%	75.58%	80.27%

JEPQ J.P. Morgan Nasdaq Equity Premium Income ETF

JEPQ積極、大量地投資於包括其基準納斯達克100指數在內的美國大盤股，同時追求較低的波動性。該基金將投資組合最多20%投資於由銀行、經紀自營商或其附屬機構等交易對手發行的股票掛鉤票據(ELN)，以提供額外收入。在管理基金時，利用專有投資方法，以識別具有有吸引力估值的證券。顧問還透過分析潛在威脅來評估風險並評估環境、社會和治理（ESG）因素對個別證券的影響。由於其主動性質，該基金仍可能投資於顧問認為合適的未納入基準的其他股本證券。

JEPQ價格及成交

概況	
發行人	JPMorgan Chase
品牌	JPMorgan
結構	ETF
費用率	0.35%
創立日期	May 03, 2022

費用率分析		
JEPQ 費用率	ETF DB類別 平均費用率	FactSet劃分 平均費用率
0.35%	0.48%	0.58%

ETF主題	
類別	大盤混合股票
資產類別	股票
資產類別規模	大盤股
資產類別風格	混合
地區（一般）	北美洲
地區（具體）	美國

股息	JEPQ	ETF DB類別平均	FactSet 劃分平均
股息	$ 0.42	$ 0.27	$ 0.16
派息日期	2023-10-02	N/A	N/A
年度股息	$ 5.57	$ 0.94	$ 0.59
年度股息率	12.14%	2.07%	1.37%

回報	JEPQ	ETF DB類別平均	FactSet 劃分平均
1個月	-1.32%	-3.31%	-2.10%
3個月	-4.66%	-8.95%	-5.86%
今年迄今	22.11%	2.58%	4.39%
1年	19.97%	3.20%	4.04%
3年	N/A	5.83%	3.66%
5年	N/A	3.89%	2.40%

風險統計數據

	3年		5年		10年	
	JEPQ	類別平均	JEPQ	類別平均	JEPQ	類別平均
Alpha	0	無	0	無	0	無
Beta值	0	無	0	無	0	無
平均年度回報率	0	無	0	無	0	無
R平方	0	無	0	無	0	無
標準差	0	無	0	無	0	無
夏普比率	0	無	0	無	0	無
崔納比率	0	無	0	無	0	無

交易數據

52 Week Lo	$35.97
52 Week Hi	$48.37
AUM	$6,048.6 M
股數	133.4 M

歷史交易數據

1 個月平均量	2,511,759
3 個月平均量	2,070,826

持倉分析

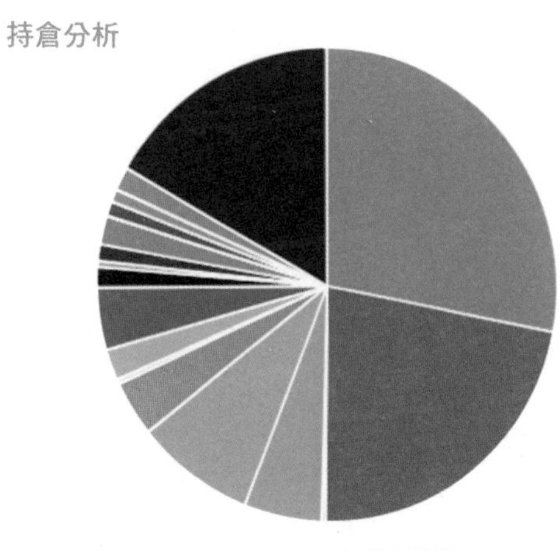

技術服務	19.82%	電子技術	16.79%
健康科技	9.19%	零售業	7.44%
生產者製造	4.03%	消費服務	3.57%
健康服務	2.47%	公用事業	2.55%
運輸	1.78%	工業服務	1.49%
非能源礦產	0.72%	現金	0.06%
金融	10.75%	能源礦產	3.77%
非耐久性消費品	4.97%	分銷服務	1.08%
商業服務	3.07%	流程工業	2.09%
耐久性消費品	2.41%	通訊	0.91%
		雜項開支	0.03%
		其他	0%

10大持股

編碼	持股	% 資產
N/A	EQUITY OTHER	16.74%
MSFT	Microsoft Corporation	8.70%
AAPL	Apple Inc.	8.51%
GOOG	Alphabet Inc. Class C	5.05%
AMZN	Amazon.com, Inc.	4.78%
NVDA	NVIDIA Corporation	3.56%
META	Meta Platforms Inc. Class A	3.38%
TSLA	Tesla, Inc.	2.09%
AVGO	Broadcom Inc.	1.95%
ADBE	Adobe Incorporated	1.84%

資產分配

股票81.53% 美國存託憑證0.55% 現金1.32%
其他16.57%

持股比較

	JEPQ	ETF DB類別平均	FactSet劃分平均
持股數目	84	282	176
10大持股佔比	56.60%	37.69%	59.94%
15大持股佔比	63.84%	44.72%	64.52%
50大持股佔比	90.21%	72.30%	81.38%

XLF Financial Select Sector SPDR Fund

XLF是追蹤金融選擇性行業指數的ETF，與金融選擇性行業指數的表現大致相同。該指數包括了標準普爾500指數中的金融行業公司，涵蓋了銀行、保險公司、金融服務、房地產和信貸管理公司。XLF提供了對美國金融行業的廣泛曝光，其成分股包括在全球金融市場中佔有重要地位的大型銀行和金融機構，例如摩根大通（JPMorgan Chase）、富國銀行（Wells Fargo）、美國銀行（Bank of America）和高盛（Goldman Sachs）。XLF包含約60至70個不同的持股，會隨著標準普爾500指數中金融類股的增減而變化。持股比例也會根據各公司在金融行業指數中的相對市值進行調整。由於XLF投資於整個金融行業，其表現受到各種宏觀經濟因素的影響， 包括利率變化、經濟增長、監管政策以及信貸市場條件等。

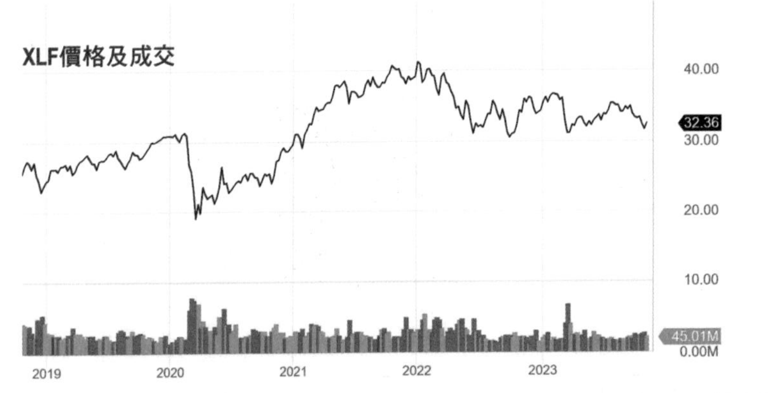

概況	
發行人	State Street
品牌	SPDR
結構	ETF
費用率	0.10%
創立日期	Dec 16, 1998

費用率分析

XLF 費用率	ETF DB類別 平均費用率	FactSet劃分 平均費用率
0.10%	0.54%	0.60%

ETF主題	
類別	金融股票
資產類別	股票
資產類別規模	大盤股
資產類別風格	混合
地區（一般）	北美洲
地區（具體）	美國

股息

	XLF	ETF DB類別平均	FactSet 劃分平均
股息	$ 0.16	$ 0.49	$ 0.34
派息日期	2023-09-18	N/A	N/A
年度股息	$ 0.67	$ 1.39	$ 1.35
年度股息率	2.08%	3.88%	3.60%

回報

	XLF	ETF DB類別平均	FactSet 劃分平均
1個月	-5.53%	-5.03%	-4.75%
3個月	-11.22%	-12.78%	-10.73%
今年迄今	-6.76%	-4.86%	-5.99%
1年	-3.81%	-5.93%	-5.04%
3年	10.51%	7.64%	5.08%
5年	6.68%	3.29%	3.01%

年度總回報(%)紀錄

年份	XLF	類別
2022	-10.60%	無
2021	34.82%	無
2020	-1.67%	無
2019	31.88%	無
2018	-13.04%	無
2017	22.00%	無
2016	22.59%	無
2015	-1.74%	-0.16%
2014	15.05%	7.43%
2013	35.52%	36.98%

交易數據

52 Week Lo	$30.12
52 Week Hi	$36.60
AUM	$28,549.8 M
股數	890.7 M

歷史交易數據

1 個月平均量	51,388,812
3 個月平均量	42,829,612

風險統計數據

	3年		5年		10年	
	XLF	類別平均	XLF	類別平均	XLF	類別平均
Alpha	6.35	1.97	-0.19	4.98	1.94	-3.71
Beta值	1.1	0.95	1.14	1	1.1	1.12
平均年度回報率	1.26	0.62	0.72	1.32	0.92	0.22
R平方	70.69	53.95	77.57	62.06	69.55	63.59
標準差	22.32	15.01	23.5	15.7	19.08	24.13
夏普比率	0.58	0.51	0.29	1.04	0.51	0.07
崔納比率	10.34	7.31	3.6	16.68	7.61	-1.13

持倉分析

技術服務	2.07%
現金	0%
商業服務	21.38%
金融	76.21%
雜項開支	0.29%

10大持股

編碼	持股	% 資產
BRK.B	Berkshire Hathaway Inc. Class B	13.77%
JPM	JPMorgan Chase & Co.	9.19%
V	Visa Inc. Class A	8.35%
MA	Mastercard Incorporated Class A	6.81%
BAC	Bank of America Corp	4.06%
WFC	Wells Fargo & Company	3.26%
SPGI	S&P Global, Inc.	2.55%
GS	Goldman Sachs Group, Inc.	2.20%
MMC	Marsh & McLennan Companies, Inc.	2.08%
MS	Morgan Stanley	2.07%

資產分配

股票99.79%　開放式基金0.23%　現金0%

持股比較

	XLF	ETF DB類別平均	FactSet劃分平均
持股數目	74	89	136
10大持股佔比	54.34%	48.40%	40.13%
15大持股佔比	63.85%	59.85%	49.67%
50大持股佔比	94.13%	89.71%	84.34%

VFH Vanguard Financials ETF

VFH是追蹤美國金融行業的ETF，目的是追蹤MSCI US Investable Market Financials 25/50 Index的表現，該指數包括在美國上市的大型、中型和小型金融公司。VFH投資於一系列的金融股票，提供對整個美國金融行業的廣泛曝光，包括但不限於銀行、保險公司、資本市場公司、房地產投資信託（REITs）、消費金融公司和抵押貸款公司。VFH的持股數量超過300家不同的公司，這些持股通常會包括一些美國最大的金融機構，比如摩根大通、美國銀行、富國銀行和花旗集團。持股的確切數量和具體成份會隨著市場條件和指數調整而發生變化。投資於VFH等金融行業ETF可能會受到利率變化、經濟周期、政府監管政策以及市場信心等多種宏觀經濟因素的影響，由於這些因素，表現可能會顯示出相當的波動性。

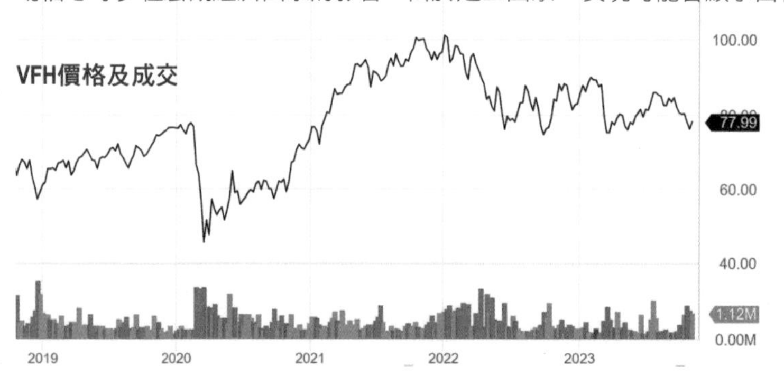

概況	
發行人	Vanguard
品牌	Vanguard
結構	ETF
費用率	0.10%
創立日期	Jan 26, 2004

費用率分析

VFH 費用率	ETF DB類別 平均費用率	FactSet劃分 平均費用率
0.10%	0.54%	0.60%

ETF主題	
類別	金融股票
資產類別	股票
資產類別規模	大盤股
資產類別風格	混合
地區（一般）	北美洲
地區（具體）	美國

股息

	VFH	ETF DB類別平均	FactSet 劃分平均
股息	$ 0.51	$ 0.48	$ 0.34
派息日期	2023-09-28	N/A	N/A
年度股息	$ 2.00	$ 1.43	$ 1.35
年度股息率	2.57%	4.00%	3.60%

回報

	VFH	ETF DB類別平均	FactSet 劃分平均
1個月	-5.51%	-5.38%	-4.75%
3個月	-11.84%	-12.15%	-10.73%
今年迄今	-6.54%	-8.26%	-5.99%
1年	-4.82%	-6.34%	-5.04%
3年	10.04%	7.89%	5.08%
5年	6.18%	3.40%	3.01%

年度總回報(%)紀錄

年份	VFH	類別
2022	-12.31%	無
2021	35.19%	無
2020	-2.00%	無
2019	31.57%	無
2018	-13.51%	無
2017	19.98%	無
2016	24.86%	無
2015	-0.58%	-0.16%
2014	14.09%	7.43%
2013	32.85%	36.98%

交易數據

52 Week Lo	$72.39
52 Week Hi	$89.29
AUM	$7,447.9 M
股數	96.2 M

歷史交易數據

1 個月平均量	1,014,270
3 個月平均量	563,120

風險統計數據

	3年		5年		10年	
	VFH	類別平均	VFH	類別平均	VFH	類別平均
Alpha	6.6	1.97	-0.69	4.98	1.7	-3.71
Beta值	1.1	0.95	1.16	1	1.1	1.12
平均年度回報率	1.28	0.62	0.68	1.32	0.9	0.22
R平方	69.22	53.95	76.77	62.06	69.23	63.59
標準差	22.57	15.01	24.04	15.7	19.21	24.13
夏普比率	0.59	0.51	0.26	1.04	0.5	0.07
崔納比率	10.54	7.31	3.06	16.68	7.34	-1.13

持倉分析

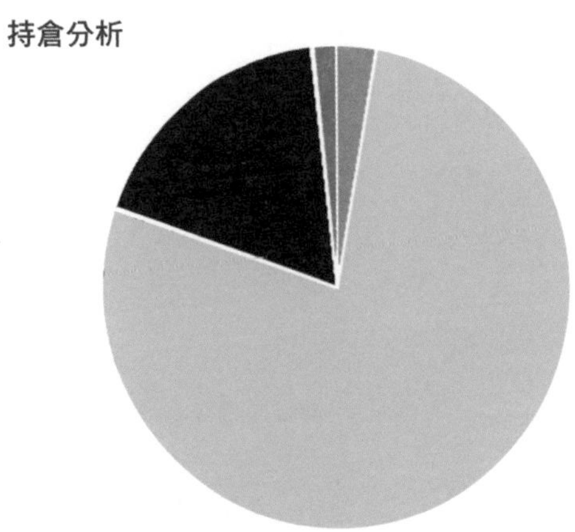

技術服務	2.71%
現金	0.13%
商業服務	17.96%
金融	77.7%
雜項開支	1.58%
消費服務	1.58%
健康服務	1.58%

10大持股

編碼	持股	% 資產
BRK.B	Berkshire Hathaway Inc. Class B	8.41%
JPM	JPMorgan Chase & Co.	7.85%
MA	Mastercard Incorporated Class A	6.21%
V	Visa Inc. Class A	6.13%
BAC	Bank of America Corp	3.64%
WFC	Wells Fargo & Company	2.78%
SPGI	S&P Global, Inc.	2.22%
GS	Goldman Sachs Group, Inc.	1.99%
MS	Morgan Stanley	1.90%
BLK	BlackRock, Inc.	1.80%

資產分配

股票98.42% 開放式基金1.57% 現金0.13%

持股比較

	VFH	ETF DB類別平均	FactSet劃分平均
持股數目	395	91	136
10大持股佔比	42.93%	47.82%	40.13%
15大持股佔比	51.13%	59.22%	49.67%
50大持股佔比	78.92%	89.38%	84.34%

KRE SPDR S&P Regional Banking ETF

KRE是一支專注於美國地區銀行部門的ETF，追蹤的是S&P Regional Banks Select Industry Index，該指數代表了在美國各地區運營的中小型銀行的表現。KRE投資於一系列地區銀行股票，提供對這一金融子行業的專注曝光，包括多家不同的銀行，能提供商業銀行、零售銀行、小額貸款和其他金融服務。這類銀行通常在其所在地區擁有強大的市場地位，但沒有全國性大銀行那樣的規模。KRE的持股數量在50至100之間，具體數量會隨著指數的變動而調整，代表了一個多元化的地區銀行組合，包括各種市值大小的公司。地區銀行的業績可能會受到利率環境、地區經濟條件和監管政策變化的影響。特別是，利率的變動對銀行的淨利差（即銀行貸款和存款之間的利率差）有顯著影響，從而影響其盈利能力。

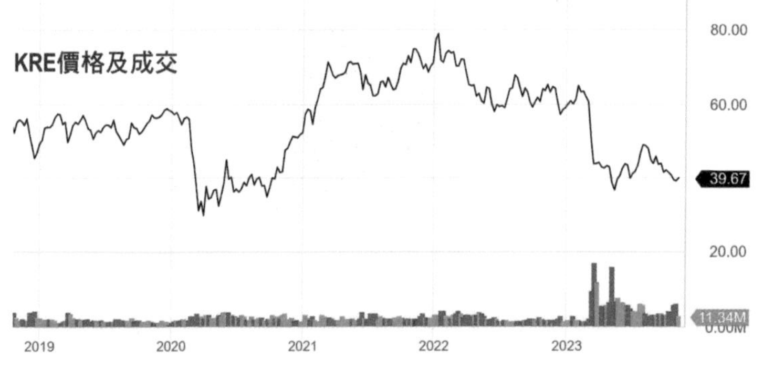

概況	
發行人	State Street
品牌	SPDR
結構	ETF
費用率	0.35%
創立日期	Jun 19, 2006

費用率分析

KRE 費用率	ETF DB類別 平均費用率	FactSet劃分 平均費用率
0.35%	0.53%	0.43%

ETF主題	
類別	金融股票
資產類別	股票
資產類別規模	多元股
資產類別風格	價值
地區（一般）	北美洲
地區（具體）	美國

股息

	KRE	ETF DB類別平均	FactSet 劃分平均
股息	$ 0.38	$ 0.48	$ 0.40
派息日期	2023-09-18	N/A	N/A
年度股息	$ 1.54	$ 1.43	$ 1.46
年度股息率	3.88%	4.00%	3.93%

回報

	KRE	ETF DB類別平均	FactSet 劃分平均
1個月	-5.43%	-5.38%	-5.27%
3個月	-19.76%	-12.15%	-18.97%
今年迄今	-32.07%	-8.26%	-29.44%
1年	-35.50%	-6.34%	-32.05%
3年	0.27%	7.89%	1.45%
5年	-2.96%	3.40%	-2.35%

年度總回報(%)紀錄

年份	KRE	類別
2022	-15.10%	無
2021	39.32%	無
2020	-7.30%	無
2019	27.45%	無
2018	-19.00%	無
2017	7.48%	無
2016	34.98%	無
2015	4.87%	-0.16%
2014	1.85%	7.43%
2013	47.50%	36.98%

交易數據

52 Week Lo	$33.91
52 Week Hi	$63.80
AUM	$2,475.1 M
股數	62.3 M

歷史交易數據

1 個月平均量	18,628,000
3 個月平均量	14,733,771

風險統計數據

	3年		5年		10年	
	KRE	類別平均	KRE	類別平均	KRE	類別平均
Alpha	5.73	1.97	-7.64	4.98	-1.87	-3.71
Beta值	0.88	0.95	1.24	1	1.17	1.12
平均年度回報率	1.09	0.62	0.14	1.32	0.64	0.22
R平方	21.62	53.95	44.06	62.06	38.43	63.59
標準差	32.19	15.01	33.68	15.7	27.29	24.13
夏普比率	0.34	0.51	0	1.04	0.24	0.07
崔納比率	6.97	7.31	-4.85	16.68	2.3	-1.13

持倉分析

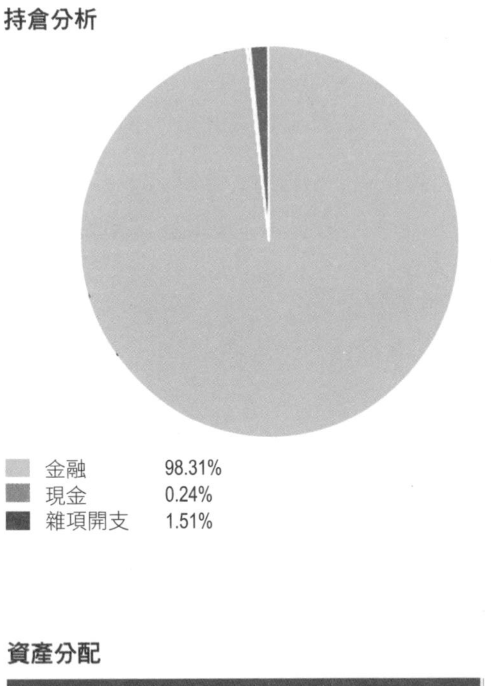

金融	98.31%
現金	0.24%
雜項開支	1.51%

10大持股

編碼	持股	% 資產
TFC	Truist Financial Corporation	3.26%
MTB	M&T Bank Corporation	3.16%
FHN	First Horizon Corporation	3.07%
HBAN	Huntington Bancshares Incorporated	3.04%
ZION	Zions Bancorporation, N.A.	2.97%
CFG	Citizens Financial Group, Inc.	2.95%
WAL	Western Alliance Bancorp	2.93%
NYCB	New York Community Bancorp Inc	2.83%
RF	Regions Financial Corporation	2.74%
EWBC	East West Bancorp, Inc.	2.72%

資產分配

股票98.04% 開放式基金1.7% 現金0.2%

持股比較

	KRE	ETF DB類別平均	FactSet劃分平均
持股數目	142	91	93
10大持股佔比	29.67%	47.82%	38.07%
15大持股佔比	40.26%	59.22%	47.98%
50大持股佔比	78.65%	89.38%	87.61%

IYF iShares U.S. Financials ETF

IYF是提供對美國金融行業廣泛投資的ETF。IYF旨在追蹤Dow Jones U.S. Financials Index的表現，該指數包括了美國金融行業的大型、中型和小型公司。IYF提供了對各類金融服務公司的投資，包括銀行、保險公司、信貸提供者、證券交易和經紀服務、以及多元金融公司。通過一個ETF持有這些不同的金融股票，投資者能夠在這個重要的經濟產業內實現多元化投資。IYF的持股數量會有所變動，通常會包括超過100個不同的持股，這包括一些美國最大和最有影響力的金融機構，比如摩根大通、美國銀行、富國銀行、伯克希爾哈撒韋以及金融科技公司如PayPal和Visa。IYF的表現會受到多種宏觀經濟因素的影響，包括利率政策、經濟增長、監管變化以及市場情緒等。

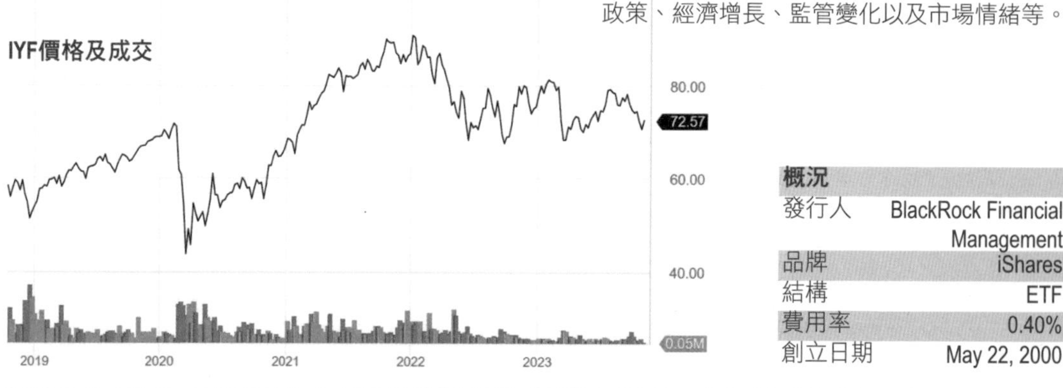

概況	
發行人	BlackRock Financial Management
品牌	iShares
結構	ETF
費用率	0.40%
創立日期	May 22, 2000

費用率分析		
IYF 費用率	ETF DB類別 平均費用率	FactSet劃分 平均費用率
0.40%	0.53%	0.60%

ETF主題	
類別	金融股票
資產類別	股票
資產類別規模	大盤股
資產類別風格	混合
地區（一般）	北美洲
地區（具體）	美國

股息	IYF	ETF DB類別平均	FactSet 劃分平均
股息	$ 0.39	$ 0.48	$ 0.34
派息日期	2023-09-26	N/A	N/A
年度股息	$ 1.43	$ 1.43	$ 1.35
年度股息率	1.97%	4.00%	3.60%

回報	IYF	ETF DB類別平均	FactSet 劃分平均
1個月	-5.54%	-5.38%	-4.75%
3個月	-11.15%	-12.15%	-10.73%
今年迄今	-5.00%	-8.26%	-5.99%
1年	-2.73%	-6.34%	-5.04%
3年	8.79%	7.89%	5.08%
5年	6.65%	3.40%	3.01%

年度總回報(%)紀錄

年份	IYF	類別
2022	-11.32%	無
2021	31.60%	無
2020	-1.02%	無
2019	31.87%	無
2018	-9.37%	無
2017	19.59%	無
2016	16.95%	無
2015	-0.38%	-0.16%
2014	14.18%	7.43%
2013	33.98%	36.98%

交易數據

52 Week Lo	$66.31
52 Week Hi	$81.16
AUM	$1,780.8 M
股數	24.7 M

歷史交易數據

1 個月平均量	216,183
3 個月平均量	163,380

風險統計數據

	3年		5年		10年	
	IYF	類別平均	IYF	類別平均	IYF	類別平均
Alpha	4.56	1.97	-0.03	4.98	1.76	-3.71
Beta值	1.07	0.95	1.09	1	1.04	1.12
平均年度回報率	1.09	0.62	0.7	1.32	0.87	0.22
R平方	72.64	53.95	79.85	62.06	74.77	63.59
標準差	21.41	15.01	22.05	15.7	17.48	24.13
夏普比率	0.51	0.51	0.3	1.04	0.53	0.07
崔納比率	8.76	7.31	3.93	16.68	7.71	-1.13

持倉分析

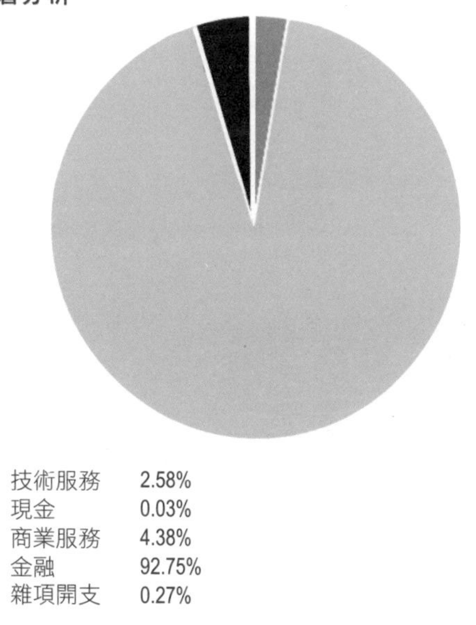

技術服務	2.58%
現金	0.03%
商業服務	4.38%
金融	92.75%
雜項開支	0.27%

10大持股

編碼	持股	% 資產
BRK.B	Berkshire Hathaway Inc. Class B	13.41%
JPM	JPMorgan Chase & Co.	8.96%
BAC	Bank of America Corp	4.29%
WFC	Wells Fargo & Company	3.83%
SPGI	S&P Global, Inc.	2.95%
GS	Goldman Sachs Group, Inc.	2.52%
MMC	Marsh & McLennan Companies, Inc.	2.46%
PGR	Progressive Corporation	2.41%
BLK	BlackRock, Inc.	2.39%
CB	Chubb Limited	2.32%

資產分配

股票99.65% 開放式基金0.28% 現金0.03%

持股比較

	IYF	ETF DB類別平均	FactSet劃分平均
持股數目	140	91	136
10大持股佔比	45.54%	47.82%	40.13%
15大持股佔比	55.57%	59.22%	49.67%
50大持股佔比	84.62%	89.38%	84.34%

FAS Direxion Daily Financial Bull 3X Shares

FAS是提供對標準普爾金融選擇性行業指數（S&P Financial Select Sector Index）三倍日收益的槓杆ETF，專為尋求在短期內對金融股表現激進投資的經驗豐富的交易者設計。FAS透過使用金融衍生工具如期貨和互換協議來達到其目標，這些工具可以放大指數的日收益。如果指數在一天內上漲1%，FAS旨在提供3%的回報；相對地，如果指數下跌1%，FAS則可能下跌3%。由於FAS是高度激進的投資工具，日常價格波動可能非常大，不適合長期持有。它主要用於短期交易，對於想要利用金融行業短期動向的投資者來說，可以是一個有用的工具。FAS並不直接持有股票，而是透過衍生品來實現目標指數的激進投資。它的表現依賴於包含在S&P Financial Select Sector Index中的金融公司，通常包括銀行、投資公司、保險公司和 其他金融服務提供者。

概況	
發行人	Rafferty Asset Management
品牌	Direxion
結構	ETF
費用率	0.96%
創立日期	Nov 06, 2008

費用率分析

FAS 費用率	ETF DB類別 平均費用率	FactSet劃分 平均費用率
0.96%	1.01%	0.96%

ETF主題	
類別	槓桿股票
資產類別	股票
資產類別規模	大盤股
資產類別風格	混合
地區（一般）	北美洲
地區（具體）	美國

股息

	FAS	ETF DB類別平均	FactSet 劃分平均
股息	$ 0.29	$ 0.13	$ 0.19
派息日期	2023-09-19	N/A	N/A
年度股息	$ 1.41	$ 0.32	$ 0.95
年度股息率	2.69%	1.03%	1.96%

回報

	FAS	ETF DB類別平均	FactSet 劃分平均
1個月	-17.26%	-10.81%	-14.36%
3個月	-33.36%	-25.76%	-28.11%
今年迄今	-31.88%	9.92%	-23.00%
1年	-28.20%	1.64%	-19.71%
3年	11.09%	-0.19%	11.04%
5年	-0.61%	-2.47%	1.76%

年度總回報(%)紀錄

年份	FAS	類別
2022	-43.18%	無
2021	116.57%	無
2020	-35.10%	無
2019	113.07%	無
2018	-33.84%	無
2017	67.38%	無
2016	40.70%	無
2015	-8.55%	11.70%
2014	40.81%	63.86%
2013	125.90%	30.50%

交易數據

52 Week Lo	$48.16
52 Week Hi	$90.69
AUM	$1,416.7 M
股數	27.1 M

歷史交易數據

1 個月平均量	851,852
3 個月平均量	804,342

持倉分析

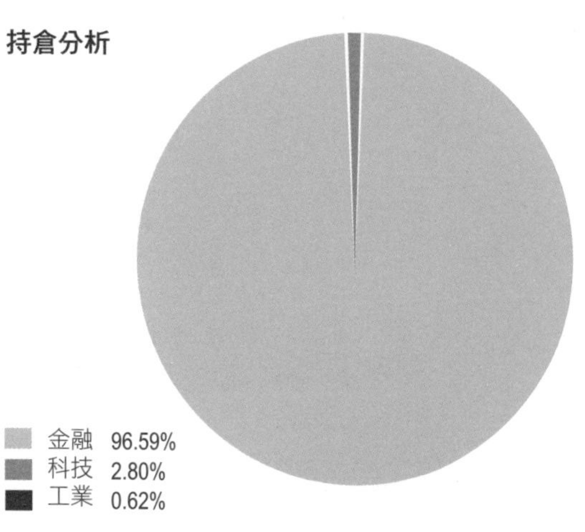

風險統計數據

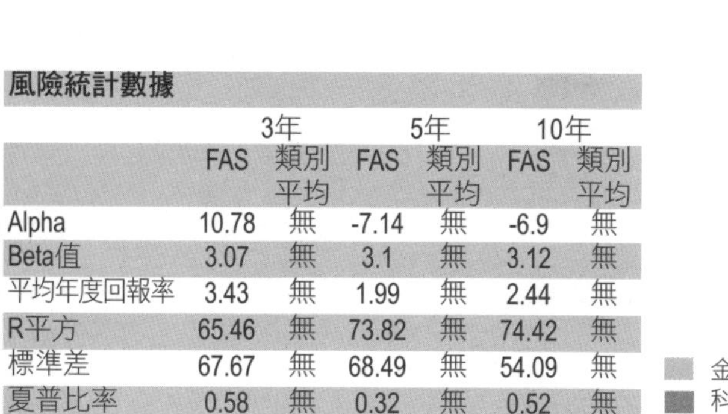

	3年		5年		10年	
	FAS	類別平均	FAS	類別平均	FAS	類別平均
Alpha	10.78	無	-7.14	無	-6.9	無
Beta值	3.07	無	3.1	無	3.12	無
平均年度回報率	3.43	無	1.99	無	2.44	無
R平方	65.46	無	73.82	無	74.42	無
標準差	67.67	無	68.49	無	54.09	無
夏普比率	0.58	無	0.32	無	0.52	無
崔納比率	6.32	無	-1.39	無	4.04	無

10大持股

編碼	持股	% 資產
N/A	U.S. Dollar	33.38%
BRK.B	Berkshire Hathaway Inc. Class B	9.24%
JPM	JPMorgan Chase & Co.	6.03%
V	Visa Inc. Class A	5.63%
MA	Mastercard Incorporated Class A	4.63%
BAC	Bank of America Corp	2.66%
WFC	Wells Fargo & Company	2.17%
SPGI	S&P Global, Inc.	1.70%
GS	Goldman Sachs Group, Inc.	1.46%
MMC	Marsh & McLennan Companies, Inc.	1.40%

持股比較

	FAS	ETF DB類別平均	FactSet劃分平均
持股數目	73	111	73
10大持股佔比	68.30%	66.11%	64.47%
15大持股佔比	74.89%	69.76%	71.77%
50大持股佔比	96.01%	78.73%	95.48%

TQQQ ProShares UltraPro QQQ

TQQQ提供納斯達克100指數（Nasdaq-100 Index）三倍槓桿的日表現。如果納斯達克100指數在一天內上漲1%，TQQQ應該上漲大約3%；同樣地，如果指數下跌1%，TQQQ則應下跌大約3%。TQQQ通過使用金融衍生工具，如股指期貨、指數互換合約和其他相關金融工具來達到其投資目標，旨在為經驗豐富的投資者提供加速的投資回報，但同時也伴隨著相對較高的風險。TQQQ的價格波動性很大，它可以在短期內快速增長，也可以迅速減值。TQQQ主要適合於短期策略和交易，長期持有會受到波動率和複利效應的影響，可能會導致與預期的3倍納斯達克100日表現出現顯著偏差。投資者在持有這種ETF時需要非常謹慎。

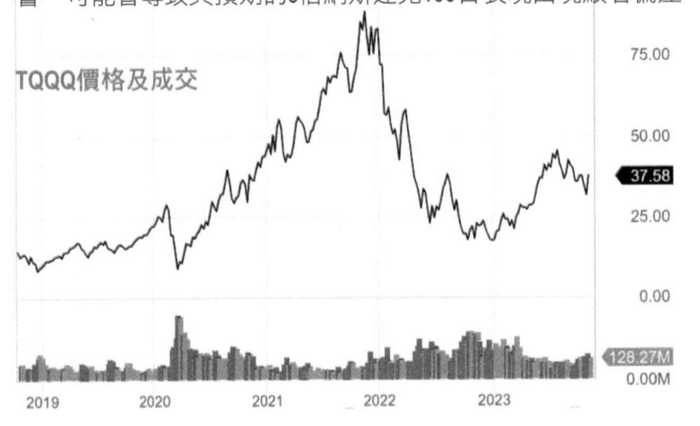

概況	
發行人	ProShares
品牌	ProShares
結構	ETF
費用率	0.88%
創立日期	Feb 09, 2010

費用率分析

TQQQ 費用率	ETF DB類別 平均費用率	FactSet劃分 平均費用率
0.88%	1.01%	0.85%

ETF主題	
類別	資金槓桿
資產類別	股票
資產類別規模	大盤股
資產類別風格	成長
地區（一般）	北美
地區（具體）	美國

股息

	TQQQ	ETF DB類別平均	FactSet 劃分平均
股息	$ 0.14	$ 0.13	$ 0.04
派息日期	2023-09-20	N/A	N/A
年度股息	$ 0.52	$ 0.32	$ 0.12
年度股息率	1.40%	0.93%	0.20%

回報

	TQQQ	ETF DB類別平均	FactSet 劃分平均
1個月	-7.40%	-10.62%	-2.90%
3個月	-18.64%	-16.71%	-4.12%
今年迄今	114.66%	22.13%	15.59%
1年	88.72%	15.99%	19.03%
3年	0.96%	1.21%	2.07%
5年	19.71%	-2.90%	2.32%

年度總回報（%）紀錄

年份	TQQQ	類別
2022	-79.08%	無
2021	82.98%	無
2020	110.05%	無
2019	133.83%	無
2018	-19.81%	無
2017	118.06%	無
2016	11.38%	無
2015	17.23%	無
2014	57.09%	11.70%
2013	139.73%	63.86%

交易數據

52 Week Lo	$15.90
52 Week Hi	$46.98
AUM	$17,562.6 M
股數	455.9 M

歷史交易數據

1 個月平均量	110,663,584
3 個月平均量	99,768,288

風險統計數據

	3年		5年		10年	
	TQQQ	類別平均	TQQQ	類別平均	TQQQ	類別平均
Alpha	-7.51	無	4.8	無	6	無
Beta值	3.42	無	3.42	無	3.47	無
平均年度回報率	2.17	無	3.243	無	3.85	無
R平方	81.79	無	86.82	無	84.34	無
標準差	67.67	無	69.8	無	56.62	無
夏普比率	0.36	無	0.53	無	0.79	無
崔納比率	0.38	無	3.95	無	9.61	無

持股比較

	TQQQ	ETF DB 類別平均	FactSet 劃分平均
持股數目	128	111	117
10大持股佔比	48.70%	65.88%	80.77%
15大持股佔比	57.08%	69.58%	82.99%
50大持股佔比	86.78%	78.69%	89.84%

10大持股

編碼	持股	% 資產
N/A	U.S. Dollar	17.92%
N/A	United States Treasury Bills 0.0% 04-APR-2024	7.98%
AAPL	Apple Inc.	4.59%
MSFT	Microsoft Corporation	4.10%
N/A	United States Treasury Bills 0.0% 21-MAR-2024	2.96%
N/A	United States Treasury Bills 0.0% 08-FEB-2024	2.68%
AMZN	Amazon.com, Inc.	2.21%
N/A	United States Treasury Bills 0.0% 19-DEC-2023	2.10%
N/A	United States Treasury Bills 0.0% 04-JAN-2024	2.10%
N/A	United States Treasury Bills 0.0% 18-APR-2024	2.06%

SOXL Direxion Daily Semiconductor Bull 3x Shares

SOXL旨在提供美國半導體行業表現的三倍日收益。這基金追蹤的是Solactive Semiconductor Producers Index（半導體生產商指數）。作為槓桿型ETF，SOXL使用金融衍生品，如期貨、期權和互換協議，來放大其追蹤的指數的日回報。如果該指數在一個交易日上漲1%，SOXL的目標是上漲3%；如果指數下跌1%，SOXL則損失3%，使SOXL成為風險較高的投資工具。由於它提供的是加倍的日回報，SOXL適合於短期交易者和那些尋求在半導體行業中進行激進投資並願意承擔較高風險的投資 者。

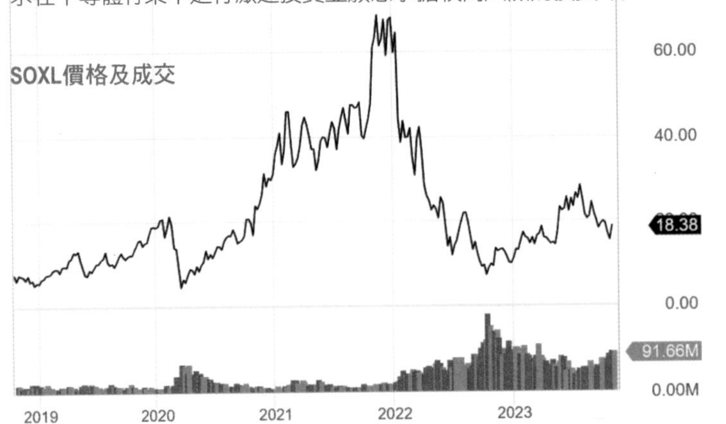

概況	
發行人	Rafferty Asset Management
品牌	Direxion
結構	ETF
費用率	0.88%
創立日期	Mar 11, 2010

費用率分析

SOXL 費用率	ETF DB類別 平均費用率	FactSet劃分 平均費用率
0.94%	1.01%	1.03%

ETF主題	
類別	資金槓桿
資產類別	股票
資產類別規模	大盤股
資產類別風格	成長
地區（一般）	已開發市場
地區（具體）	廣泛

股息	SOXL	ETF DB類別平均	FactSet 劃分平均
股息	$ 0.03	$ 0.13	$ 0.02
派息日期	2023-09-19	N/A	N/A
年度股息	$ 0.13	$ 0.32	$ 0.05
年度股息率	0.69%	0.93%	0.20%

回報	SOXL	ETF DB類別平均	FactSet 劃分平均
1個月	-7.49%	-10.62%	-6.58%
3個月	-34.75%	-16.71%	-20.86%
今年迄今	89.88%	22.13%	136.51%
1年	148.99%	15.99%	83.86%
3年	-3.16%	1.21%	4.43%
5年	17.78%	-2.90%	12.35%

年度總回報（%）紀錄

年份	SOXL	類別
2022	-85.66%	無
2021	118.84%	無
2020	69.99%	無
2019	231.85%	無
2018	-39.06%	無
2017	141.71%	無
2016	113.30%	無
2015	-20.58%	無
2014	95.34%	11.70%
2013	156.68%	63.86%

交易數據

52 Week Lo	$6.98
52 Week Hi	$28.70
AUM	$6,642.8 M
股數	330.6 M

歷史交易數據

1 個月平均量	71,029,360
3 個月平均量	61,083,360

持倉分析

持股比較

	SOXL	ETF DB 類別平均	FactSet 劃分平均
持股數目	31	111	17
10大持股佔比	60.98%	65.88%	86.34%
15大持股佔比	77.71%	69.58%	92.82%
50大持股佔比	100.01%	78.69%	100.01%

風險統計數據

	3年		5年		10年	
	SOXL	類別平均	SOXL	類別平均	SOXL	類別平均
Alpha	8.76	無	17.35	無	14.34	無
Beta值	4.22	無	4.02	無	4.03	無
平均年度回報率	4.14	無	4.76	無	5.07	無
R平方	60.15	無	67.92	無	63.08	無
標準差	97.26	無	92.82	無	76.07	無
夏普比率	0.49	無	0.6	無	0.78	無
崔納比率	0.54	無	2.88	無	8.66	無

10大持股

編碼	持股	% 資產
N/A	U.S. Dollar	16.13%
AMD	Advanced Micro Devices, Inc.	7.07%
AVGO	Broadcom Inc.	6.82%
NVDA	NVIDIA Corporation	6.33%
INTC	Intel Corporation	5.68%
TXN	Texas Instruments Incorporated	5.08%
MU	Micron Technology, Inc.	3.51%
QCOM	QUALCOMM Incorporated	3.48%
KLAC	KLA Corporation	3.45%
MCHP	Microchip Technology Incorporated	3.43%

QLD ProShares Ultra QQQ

QLD是提供兩倍於NASDAQ-100指數日收益的ETF，使用金融衍生品，如指數期貨、期權和互換合約，來放大日收益。這種放大效果能夠在市場表現好時放大收益，但在市場下跌時同樣會放大損失。槓桿ETF的目標是日收益的放大，這意味著在超過一天的時間範圍內，收益放大的效果可能會偏離預期的倍數，特別是在市場波動性較高的時候。投資者應當注意它們主要是為了短期交易設計，而不是作為長期投資策略的一部分。

概況	
發行人	ProShares
品牌	ProShares
結構	ETF
費用率	0.95%
創立日期	Jun 19, 2006

費用率分析

QLD 費用率	ETF DB類別 平均費用率	FactSet劃分 平均費用率
0.95%	1.01%	1.03%

ETF主題	
類別	資金槓桿
資產類別	股票
資產類別規模	大盤股
資產類別風格	成長
地區（一般）	北美
地區（具體）	美國

股息

	QLD	ETF DB類別平均	FactSet 劃分平均
股息	$ 0.18	$ 0.13	$ 0.04
派息日期	2023-09-20	N/A	N/A
年度股息	$ 0.28	$ 0.32	$ 0.12
年度股息率	0.46%	0.93%	0.20%

回報

	QLD	ETF DB類別平均	FactSet 劃分平均
1個月	-4.32%	-10.62%	-2.90%
3個月	-11.62%	-16.71%	-4.12%
今年迄今	73.56%	22.13%	15.59%
1年	62.43%	15.99%	19.03%
3年	7.48%	1.21%	2.07%
5年	21.84%	-2.90%	2.32%

年度總回報（%）紀錄

年份	QLD	類別
2022	-60.52%	無
2021	54.67%	無
2020	88.90%	無
2019	81.69%	無
2018	-8.32%	無
2017	70.34%	無
2016	10.17%	無
2015	14.74%	無
2014	37.59%	11.70%
2013	82.11%	63.86%

交易數據

52 Week Lo	$33.29
52 Week Hi	$70.55
AUM	$4,914.6 M
股數	78.5 M

歷史交易數據

1 個月平均量	4,216,648
3 個月平均量	4,255,067

持股比較

	QLD	ETF DB 類別平均	FactSet 劃分平均
持股數目	108	111	117
10大持股佔比	55.84%	65.88%	80.77%
15大持股佔比	63.39%	69.58%	82.99%
50大持股佔比	86.82%	78.69%	89.84%

風險統計數據

	3年		5年		10年	
	QLD	類別平均	QLD	類別平均	QLD	類別平均
Alpha	-4.45	無	4.75	無	5.2	無
Beta值	2.29	無	2.25	無	2.28	無
平均年度回報率	1.56	無	2.32	無	2.66	無
R平方	83.14	無	87.06	無	84.55	無
標準差	45.02	無	45.82	無	37.08	無
夏普比率	0.37	無	0.57	無	0.83	無
崔納比率	3.07	無	7.56	無	11.87	無

10大持股

編碼	持股	% 資產
N/A	U.S. Dollar	21.28%
AAPL	Apple Inc.	8.10%
MSFT	Microsoft Corporation	7.22%
AMZN	Amazon.com, Inc.	3.89%
NVDA	NVIDIA Corporation	3.07%
META	Meta Platforms Inc. Class A	2.91%
GOOGL	Alphabet Inc. Class A	2.41%
GOOG	Alphabet Inc. Class C	2.38%
AVGO	Broadcom Inc.	2.31%
TSLA	Tesla, Inc.	2.27%

SSO ProShares Ultra S&P 500

SSO是提供兩倍於標準普爾500指數（S&P　500）日收益的ETF。這個ETF運用金融衍生品，如期貨合約和交換協議，來達成其目標。SSO適合希望在短期內對S&P 500指數進行多頭投資並尋求增強回報的投資。SSO提供的槓桿較低，但仍然能夠在短期內放大市場的走向。槓桿ETF在多天期間持有時，其表現可能與預期的倍數收益有所偏差，這主要是由於槓桿的複利效應及市場波動造成的路徑依賴性。槓桿ETF主要用於短期交易，而不適合長期持有。

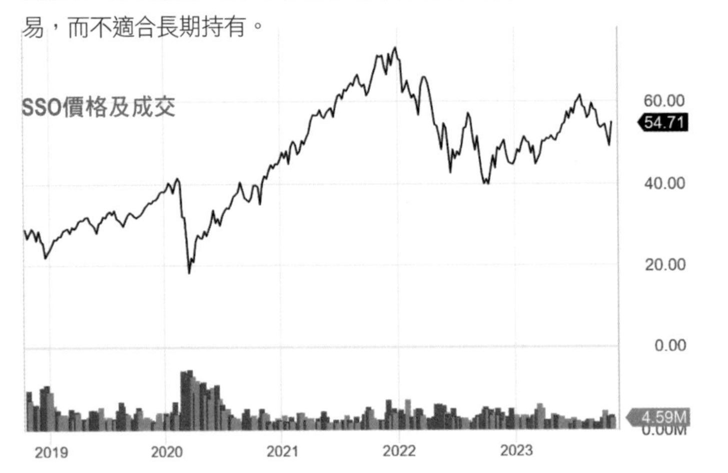

概況	
發行人	ProShares
品牌	ProShares
結構	ETF
費用率	0.91%
創立日期	Jun 19, 2006

費用率分析		
SSO 費用率	ETF DB類別 平均費用率	FactSet劃分 平均費用率
0.91%	1.01%	1.03%

ETF主題	
類別	資金槓桿
資產類別	股票
資產類別規模	大盤股
資產類別風格	混合
地區（一般）	北美
地區（具體）	美國

股息	SSO	ETF DB類別平均	FactSet 劃分平均
股息	$0.18	$0.13	$0.04
派息日期	22/12/2022	N/A	N/A
年度股息	$0.18	$0.32	$0.12
年度股息率	0.33%	0.93%	0.20%

回報	SSO	ETF DB類別平均	FactSet 劃分平均
1個月	-6.51%	-10.62%	-2.90%
3個月	-10.16%	-16.71%	-4.12%
今年迄今	21.21%	22.13%	15.59%
1年	27.06%	15.99%	19.03%
3年	11.23%	1.21%	2.07%
5年	13.18%	-2.90%	2.32%

年度總回報（%）紀錄

年份	SSO	類別
2022	-38.98%	無
2021	60.57%	無
2020	21.53%	無
2019	63.45%	無
2018	-14.62%	無
2017	44.35%	無
2016	21.55%	無
2015	-1.19%	無
2014	25.53%	11.70%
2013	70.47%	63.86%

交易數據

52 Week Lo	$40.66
52 Week Hi	$62.14
AUM	$3,401.4 M
股數	61.8 M

歷史交易數據

1 個月平均量	4,729,021
3 個月平均量	3,568,391

持股比較

	SSOL	ETF DB 類別平均	FactSet 劃分平均
持股數目	1000	111	117
10大持股佔比	54.03%	65.88%	80.77%
15大持股佔比	65.14%	69.58%	82.99%
50大持股佔比	100.60%	78.69%	89.84%

風險統計數據

	3年		5年		10年	
	SSO	類別平均	SSO	類別平均	SSO	類別平均
Alpha	-1.55	無	-2.73	無	-2.57	無
Beta值	2	無	2.03	無	2.03	無
平均年度回報率	1.58	無	1.52	無	1.79	無
R平方	99.92	無	99.72	無	99.77	無
標準差	35.8	無	38.61	無	30.47	無
夏普比率	0.47	無	0.42	無	0.66	無
崔納比率	5.7	無	4.64	無	8.31	無

10大持股

編碼	持股	% 資產
N/A	U.S. Dollar	12.06%
AAPL	Apple Inc.	5.77%
MSFT	Microsoft Corporation	5.22%
N/A	United States Treasury Bills 0.0% 28-SEP-2023	3.35%
N/A	United States Treasury Bills 0.0% 21-SEP-2023	3.35%
AMZN	Amazon.com, Inc.	2.67%
NVDA	NVIDIA Corporation	2.37%
GOOGL	Alphabet Inc. Class A	1.63%
TSLA	Tesla, Inc.	1.47%
META	Meta Platforms Inc. Class A	1.47%

SPXL Direxion Daily S&P 500 Bull 3X Shares

SPXL是追蹤S&P 500指數表現的三倍槓桿ETF。該基金的目標是提供S&P 500指數單日收益的三倍，透過使用金融衍生工具如期貨合約、指數交換協議和其他衍生產品來達成目標。這個槓桿ETF適用於經驗豐富，願意承擔高風險的投資者，並尋求透過日間交易或短期策略來放大對S&P 500指數的投資回報。由於它是三倍槓桿，如果S&P 500在任何給定的交易日上升1%，SPXL的目標是上升3%；如果S&P 500下跌1%，則SPXL將下跌3%。SPXL的價格波動性會非常高，這也增加了損失的風險。槓桿ETF由於其複利效應，可能會在長期內與基礎指數的表現出現顯著的偏離。SPXL更常被用於短期交易策略而不是長期投資組合。

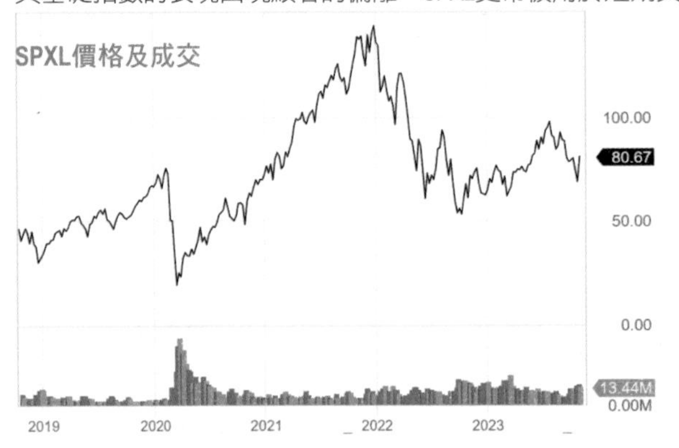

概況	
發行人	Rafferty Asset Management
品牌	Direxion
結構	ETF
費用率	1.00%
創立日期	Nov 05, 2008

費用率分析

SPXL 費用率	ETF DB類別 平均費用率	FactSet劃分 平均費用率
1.00%	1.01%	0.85%

ETF主題	
類別	資金槓桿
資產類別	股票
資產類別規模	大盤股
資產類別風格	混合
地區（一般）	北美
地區（具體）	美國

股息

	SPXL	ETF DB類別平均	FactSet 劃分平均
股息	$0.19	$0.13	$0.04
派息日期	19/9/2023	N/A	N/A
年度股息	$0.84	$0.32	$0.12
年度股息率	1.02%	0.93%	0.20%

回報

	SPXL	ETF DB類別平均	FactSet 劃分平均
1個月	-10.02%	-10.62%	-2.90%
3個月	-15.82%	-16.71%	-4.12%
今年迄今	28.47%	22.13%	15.59%
1年	35.54%	15.99%	19.03%
3年	11.19%	1.21%	2.07%
5年	11.09%	-2.90%	2.32%

年度總回報（%）紀錄

年份	SPXL	類別
2022	-56.55%	無
2021	98.74%	無
2020	9.64%	無
2019	102.83%	無
2018	-25.13%	無
2017	71.04%	無
2016	30.01%	無
2015	-5.52%	無
2014	37.49%	11.70%
2013	118.37%	63.86%

交易數據

52 Week Lo	$54.80
52 Week Hi	$98.98
AUM	$3,258.1 M
股數	39.9 M

歷史交易數據

1 個月平均量	11,271,117
3 個月平均量	9,116,552

持股比較

	SPXL	ETF DB 類別平均	FactSet 劃分平均
持股數目	1000	111	117
10大持股佔比	55.15%	65.88%	80.77%
15大持股佔比	62.97%	69.58%	82.99%
50大持股佔比	91.73%	78.69%	89.84%

風險統計數據

	3年		5年		10年	
	SPXL	類別平均	SPXL	類別平均	SPXL	類別平均
Alpha	-1.95	無	-4.86	無	-4.94	無
Beta值	3.01	無	3.07	無	3.08	無
平均年度回報率	2.32	無	2.17	無	2.57	無
R平方	99.7	無	99.22	無	99.35	無
標準差	53.93	無	58.61	無	46.32	無
夏普比率	0.48	無	0.41	無	0.64	無
崔納比率	4.15	無	2.08	無	6.59	無

10大持股

編碼	持股	% 資產
N/A	U.S. Dollar	6.68%
AAPL	Apple Inc.	6.54%
MSFT	Microsoft Corporation	6.07%
AMZN	Amazon.com, Inc.	3.14%
NVDA	NVIDIA Corporation	2.78%
GOOGL	Alphabet Inc. Class A	1.93%
META	Meta Platforms Inc. Class A	1.73%
TSLA	Tesla, Inc.	1.68%
GOOG	Alphabet Inc. Class C	1.67%
BRK.B	Berkshire Hathaway Inc. Class B	1.60%

IYW iShares U.S. Technology ETF

IYW追蹤的是Dow Jones U.S. Technology Index，該指數包含了美國股市中科技行業的大型和中型公司。這款ETF提供了投資於軟體、硬體、半導體、網際網路軟體與服務等子行業的美國科技公司的機會。透過投資IYW，投資者可以一次性擁有一籃子科技公司股票，以實現分散投資並捕捉該行業的整體增長潛力。該ETF的組成包括蘋果、微軟等大型科技公司，這些公司在市場上佔有顯著的地位並對指數的表現有重大影響。在投資IYW時，應該考慮到這些股票可能會隨著市場狀況和技術創新的變化而快速上落。

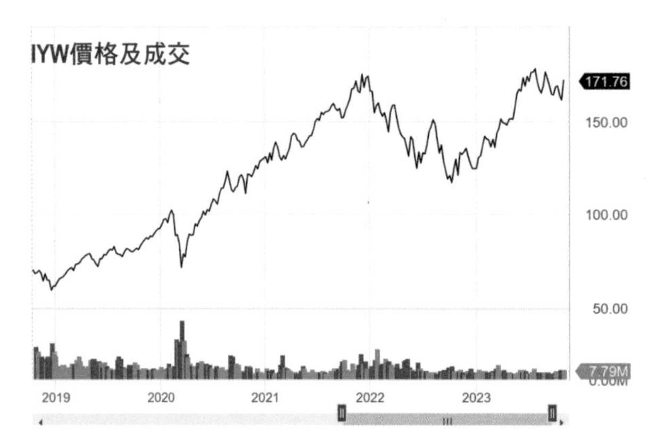

概況	
發行人	Blackrock Financial Management
品牌	iShares
結構	ETF
費用率	0.40%
創立日期	May 15, 2000

費用率分析		
IYW 費用率	ETF DB類別 平均費用率	FactSet劃分 平均費用率
0.40%	0.57%	0.48%

ETF主題	
類別	科技股
資產類別	股票
資產類別規模	大盤股
資產類別風格	成長
地區（一般）	北美
地區（具體）	美國

股息			
	IYW	ETF DB類別平均	FactSet 劃分平均
股息	$0.09	$0.28	$0.16
派息日期	26/9/2023	N/A	N/A
年度股息	$0.41	$0.38	$0.66
年度股息率	0.39%	0.81%	0.95%

回報			
	IYW	ETF DB類別平均	FactSet 劃分平均
1個月	0.44%	-2.79%	-1.94%
3個月	-4.52%	-12.99%	-7.81%
今年迄今	41.65%	19.72%	16.66%
1年	38.73%	15.34%	15.84%
3年	11.12%	0.75%	4.14%
5年	19.06%	4.55%	8.56%

年度總回報(%)紀錄

年份	IYW	類別
2022	-34.83%	無
2021	35.44%	無
2020	47.46%	無
2019	46.64%	無
2018	-0.92%	無
2017	36.61%	無
2016	13.72%	無
2015	3.69%	4.50%
2014	19.46%	14.22%
2013	26.56%	34.51%

風險統計數據

	3年		5年		10年	
	IYW	類別平均	IYW	類別平均	IYW	類別平均
Alpha	5.03	9.46	10.01	5.86	10.16	5.19
Beta值	1.19	1.1	1.16	1.05	1.14	1.04
平均年度回報率	1.19	1.13	1.58	1.22	1.63	0.88
R平方	73.81	63.2	78.94	62.13	74.25	72.67
標準差	23.69	15.69	23.75	15.41	19.21	20.82
夏普比率	0.52	0.86	0.72	1.34	0.95	0.48
崔納比率	8.51	11.9	13.35	13.74	15.78	7.7

10大持股

編碼	持股	%資產
AAPL	Apple Inc.	18.09%
MSFT	Microsoft Corporation	17.25%
GOOGL	Alphabet Inc. Class A	5.91%
GOOG	Alphabet Inc. Class C	5.11%
NVDA	NVIDIA Corporation	4.33%
META	Meta Platforms Inc. Class A	3.94%
AVGO	Broadcom Inc.	3.06%
ADBE	Adobe Incorporated	2.78%
CRM	Salesforce, Inc.	2.25%
AMD	Advanced Micro Devices, Inc.	1.88%

交易數據

52 Week Lo	$69.69
52 Week Hi	$114.07
AUM	$11,510.0 M
股數	109.6 M

歷史交易數據

1 個月平均量	858,027
3 個月平均量	694,403

持倉分析

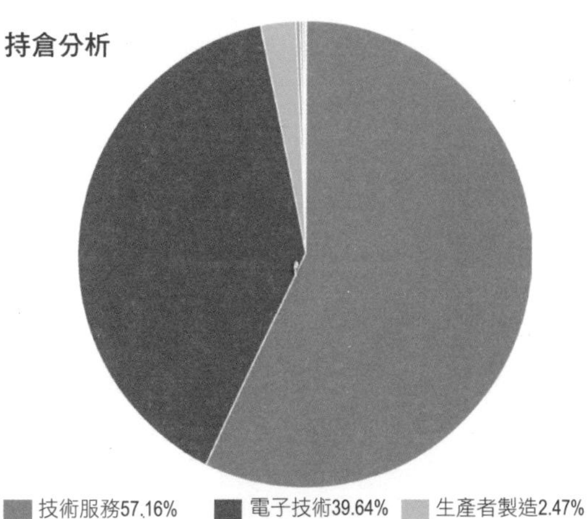

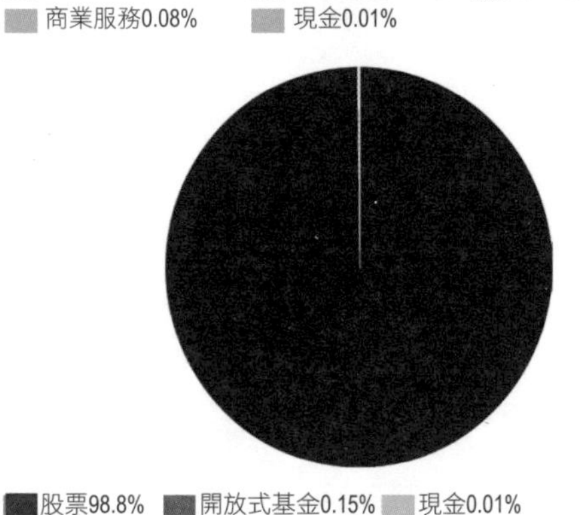

持股比較

	IYW	ETF DB 類別平均	FactSet 劃分平均
持股數目	136	67	104
10大持股佔比	64.60%	46.98%	47.02%
15大持股佔比	72.75%	60.72%	56.96%
50大持股佔比	92.13%	94.34%	90.65%

FTEC Fidelity MSCI Information Technology Index ETF

FTEC是追蹤MSCI USA IMI Information Technology Index的ETF。這個指數包含在美國股市上市的資訊技術行業內的大型、中型和小型股票。FTEC旨在提供投資者廣泛的科技行業曝光，涵蓋了包括軟體、硬體、半導體、科技硬體儲存及外圍設備、IT服務等子領域。這款ETF通過模仿其追蹤指數的表現，使投資者參與資訊技術行業的整體增長。由Fidelity提供的FTEC，是成本效益較高的投資選項，有著相對較低的費用比率。

FTEC價格及成交

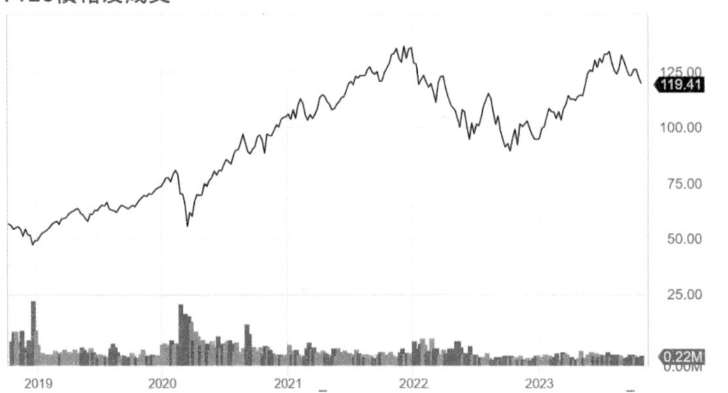

概況	
發行人	Fidelity
品牌	Fidelity
結構	ETF
費用率	0.08%
創立日期	Oct 21, 2013

費用率分析

FTEC 費用率	ETF DB類別 平均費用率	FactSet劃分 平均費用率
0.08%	0.55%	0.45%

ETF主題	
類別	科技股
資產類別	股票
資產類別規模	大盤股
資產類別風格	成長
地區（一般）	北美
地區（具體）	美國

股息

	FTEC	ETF DB類別平均	FactSet 劃分平均
股息	$ 0.22	$ 0.28	$ 0.16
派息日期	2023-09-15	N/A	N/A
年度股息	$ 0.91	$ 0.38	$ 0.66
年度股息率	0.75%	0.81%	0.95%

回報

	FTEC	ETF DB類別平均	FactSet 劃分平均
1個月	-0.93%	-2.79%	-1.94%
3個月	-7.79%	-12.99%	-7.81%
今年迄今	29.64%	19.72%	16.66%
1年	29.66%	15.34%	15.84%
3年	9.82%	0.75%	4.14%
5年	17.96%	4.55%	8.56%

年度總回報(%)紀錄

年份	FTEC	類別
2022	-29.59%	無
2021	30.49%	無
2020	45.87%	無
2019	48.93%	無
2018	-0.37%	無
2017	36.83%	無
2016	13.92%	無
2015	4.98%	4.50%
2014	18.34%	14.22%

交易數據

52 Week Lo	$89.15
52 Week Hi	$136.52
AUM	$6,871.6 M
股數	56.4 M

歷史交易數據

1 個月平均量	219,005
3 個月平均量	215,014

持倉分析

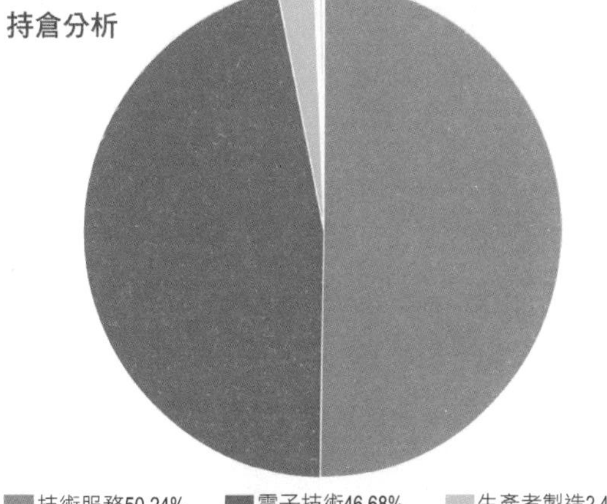

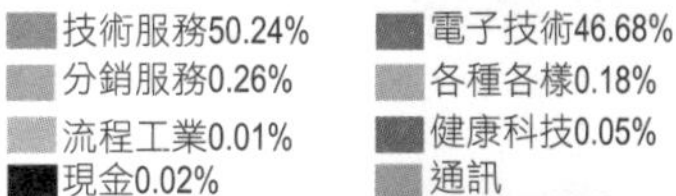

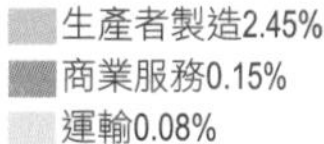

股票98.89% 開放式基金0.15% 現金0.02%

風險統計數據

	3年 FTEC	3年 類別平均	5年 FTEC	5年 類別平均	10年 FTEC	10年 類別平均
Alpha	3.75	9.46	9.09	5.86	0	5.19
Beta值	1.2	1.1	1.17	1.05	0	1.04
平均年度回報率	1.09	1.13	1.5	1.22	0	0.88
R平方	78.77	63.2	82.28	62.13	0	72.67
標準差	23.1	15.69	23.35	15.41	0	20.82
夏普比率	0.48	0.86	0.69	1.34	0	0.48
崔納比率	7.45	11.9	12.51	13.74	08	7.7

10大持股

編碼	持股	%資產
AAPL	Apple Inc.	22.82%
MSFT	Microsoft Corporation	21.14%
GOOGL	NVIDIA Corporation	4.09%
GOOG	Broadcom Inc.	3.29%
NVDA	Adobe Incorporated	2.32%
META	Cisco Systems, Inc.	2.02%
AVGO	Salesforce, Inc.	1.88%
ADBE	Accenture Plc Class A	1.75%
CRM	Oracle Corporation	1.54%
AMD	Advanced Micro Devices, Inc.	1.53%

持股比較

	FTEC	ETF DB 類別平均	FactSet 劃分平均
持股數目	313	67	104
10大持股佔比	62.38%	46.98%	47.02%
15大持股佔比	68.66%	60.72%	56.96%
50大持股佔比	84.88%	94.34%	90.65%

FDN First Trust Dow Jones Internet Index Fund

FDN是專注於互聯網業的ETF。FDN追蹤的是Dow Jones Internet Composite Index，該指數包括了在美國股市上市且主要業務是互聯網相關的最大和最活躍的公司。這支ETF提供了投資於互聯網公司的方便途徑，使投資者能夠投資在線上零售、社交媒體、雲計算和線上廣告等快速增長領域。FDN包含了一些著名的互聯網公司，如亞馬遜、臉書和谷歌的母公司Alphabet。由於互聯網行業的創新快速且市場增長潛力巨大，投資於像FDN這樣的ETF可能會提供相對較高的回報。然而，波動性和風險也較高。

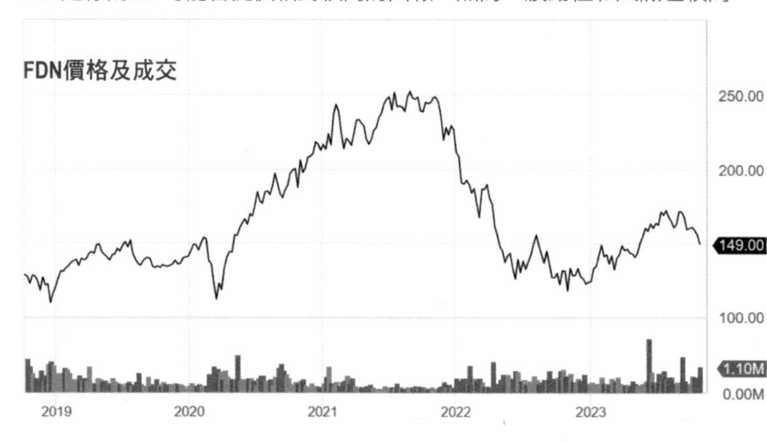

概況	
發行人	First Trust
品牌	First Trust
結構	ETF
費用率	0.52%
創立日期	Jun 19, 2006

費用率分析

FDN 費用率	ETF DB類別 平均費用率	FactSet劃分 平均費用率
0.52%	0.37%	0.49%

ETF主題	
類別	科技股
資產類別	股票
資產類別規模	大盤股
資產類別風格	成長
地區（一般）	北美
地區（具體）	美國

股息

	FDN	ETF DB類別平均	FactSet 劃分平均
股息	$0.01	$0.32	$0.04
派息日期	21/12/2011	N/A	N/A
年度股息	N/A	$0.92	N/A
年度股息率	N/A	1.34%	N/A

回報

	FDN	ETF DB類別平均	FactSet 劃分平均
1個月	-2.31%	-2.14%	-2.26%
3個月	-7.94%	-7.31%	-10.10%
今年迄今	25.92%	12.46%	23.83%
1年	18.44%	14.25%	15.66%
3年	-7.78%	3.97%	-12.35%
5年	3.92%	5.99%	1.60%

年度總回報(%)紀錄

年份	FDN	類別
2022	-45.54%	無
2021	6.55%	無
2020	52.55%	無
2019	19.25%	無
2018	6.17%	無
2017	37.64%	無
2016	7.00%	無
2015	21.67%	4.50%
2014	2.44%	14.22%
2013	53.61%	34.51%

交易數據

52 Week Lo	$114.86
52 Week Hi	$176.62
AUM	$5,247.4 M
股數	33.8 M

歷史交易數據

1 個月平均量	555,873
3 個月平均量	582,436

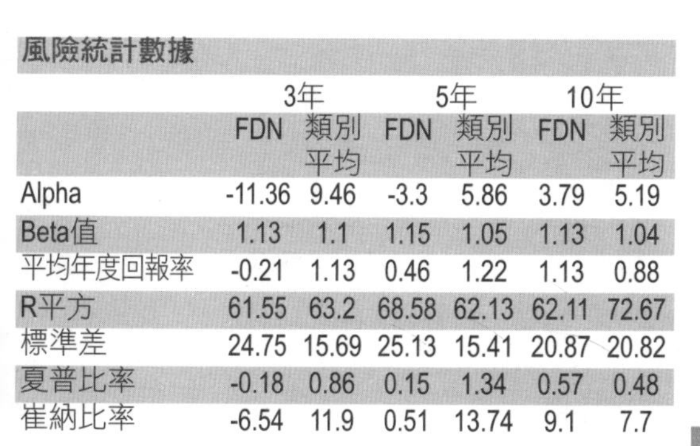

風險統計數據

	3年		5年		10年	
	FDN	類別平均	FDN	類別平均	FDN	類別平均
Alpha	-11.36	9.46	-3.3	5.86	3.79	5.19
Beta值	1.13	1.1	1.15	1.05	1.13	1.04
平均年度回報率	-0.21	1.13	0.46	1.22	1.13	0.88
R平方	61.55	63.2	68.58	62.13	62.11	72.67
標準差	24.75	15.69	25.13	15.41	20.87	20.82
夏普比率	-0.18	0.86	0.15	1.34	0.57	0.48
崔納比率	-6.54	11.9	0.51	13.74	9.1	7.7

持倉分析

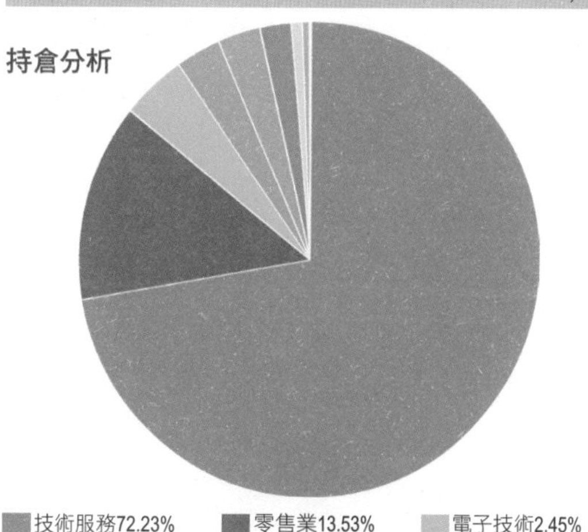

10大持股

編碼	持股	% 資產
AMZN	Amazon.com, Inc.	9.41%
META	Meta Platforms Inc. Class A	8.36%
GOOGL	Alphabet Inc. Class A	5.97%
CSCO	Cisco Systems, Inc.	5.13%
GOOG	Alphabet Inc. Class C	5.13%
CRM	Salesforce, Inc.	4.95%
NFLX	Netflix, Inc.	4.76%
PYPL	PayPal Holdings, Inc.	3.13%
SNOW	Snowflake, Inc. Class A	3.05%
ANET	Arista Networks, Inc.	3.00%

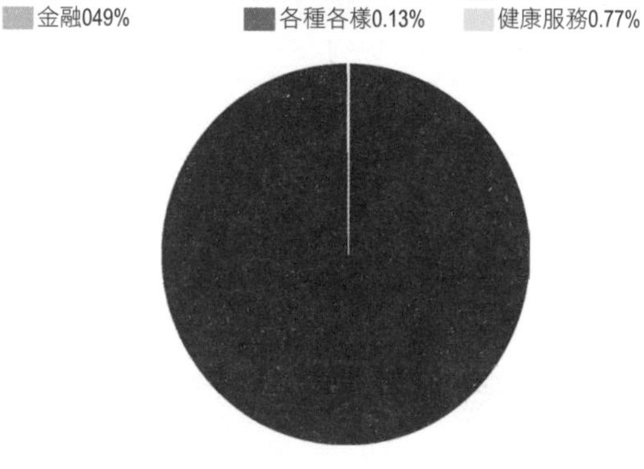

持股比較

	FDN	ETF DB 類別平均	FactSet 劃分平均
持股數目	43	414	53
10大持股佔比	52.89%	42.99%	51.67%
15大持股佔比	65.52%	51.74%	66.99%
50大持股佔比	100.00%	80.97%	99.27%

IXN iShares Global Tech ETF

IXN追蹤全球科技股票表現的ETF， 旨在追蹤S&P Global 1200 Information Technology Sector Index，該指數包含全球資訊技術行業的一些最大和最具影響力的公司。透過投資IXN，投資者能夠一次性地獲得多個國家科技行業領先公司的曝光，這包括美國的大型科技公司如蘋果和微軟，以及其他國家的科技公司。這種全球多元化的投資方式有助於分散單一國家或地區可能帶來的風險。全球科技股通常受到創新進程、消費者需求、企業資本支出和技術趨勢等因素的影響。

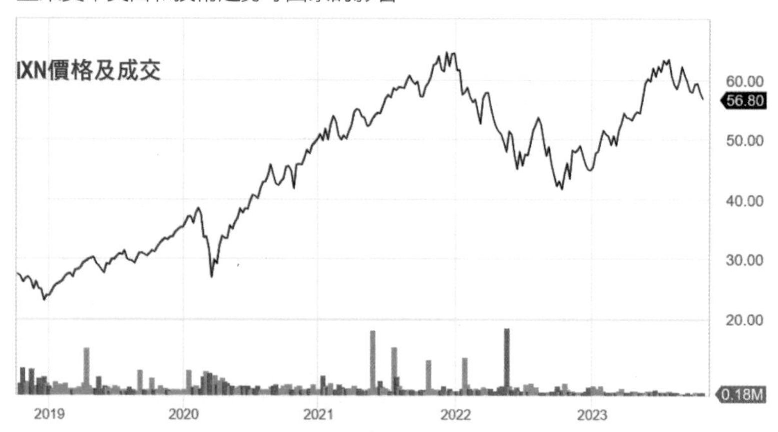

概況	
發行人	Blackrock Financial Management
品牌	iShares
結構	ETF
費用率	0.41%
創立日期	Nov 12, 2001

費用率分析

IXN 費用率	ETF DB類別 平均費用率	FactSet劃分 平均費用率
0.41%	0.55%	0.55%

ETF主題	
類別	科技股
資產類別	股票
資產類別規模	大盤股
資產類別風格	成長
地區（一般）	全球
地區（具體）	廣泛

股息

	IXN	ETF DB類別平均	FactSet 劃分平均
股息	$0.17	$0.28	$0.15
派息日期	7/6/2023	N/A	N/A
年度股息	$0.35	$0.38	$0.31
年度股息率	0.61%	0.81%	0.59%

回報

	IXN	ETF DB類別平均	FactSet 劃分平均
1個月	-0.24%	-2.79%	-2.94%
3個月	-7.40%	-12.99%	-9.61%
今年迄今	29.53%	19.72%	16.11%
1年	31.86%	15.34%	18.10%
3年	9.62%	0.75%	2.42%
5年	17.14%	4.55%	6.71%

年度總回報(%)紀錄

年份	IXN	類別
2022	-29.86%	無
2021	29.59%	無
2020	43.62%	無
2019	47.87%	無
2018	-5.44%	無
2017	41.23%	無
2016	13.92%	無
2015	3.93%	4.50%
2014	15.26%	14.22%
2013	25.15%	34.51%

交易數據

52 Week Lo	$42.18
52 Week Hi	$64.76
AUM	$3,406.6 M
股數	58.9 M

歷史交易數據

1 個月平均量	119,545
3 個月平均量	130,755

風險統計數據

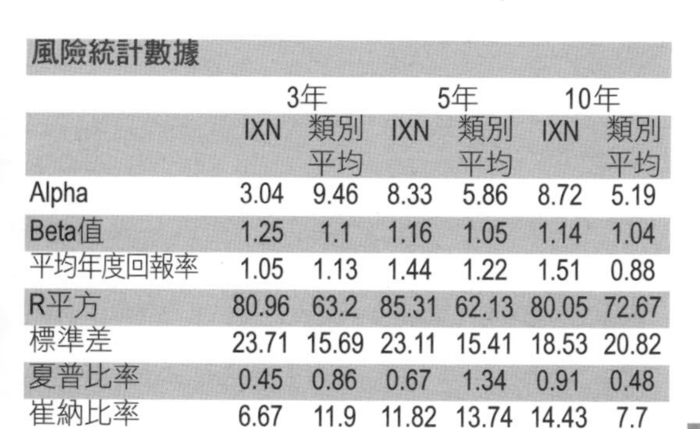

	3年		5年		10年	
	IXN	類別平均	IXN	類別平均	IXN	類別平均
Alpha	3.04	9.46	8.33	5.86	8.72	5.19
Beta值	1.25	1.1	1.16	1.05	1.14	1.04
平均年度回報率	1.05	1.13	1.44	1.22	1.51	0.88
R平方	80.96	63.2	85.31	62.13	80.05	72.67
標準差	23.71	15.69	23.11	15.41	18.53	20.82
夏普比率	0.45	0.86	0.67	1.34	0.91	0.48
崔納比率	6.67	11.9	11.82	13.74	14.43	7.7

持倉分析

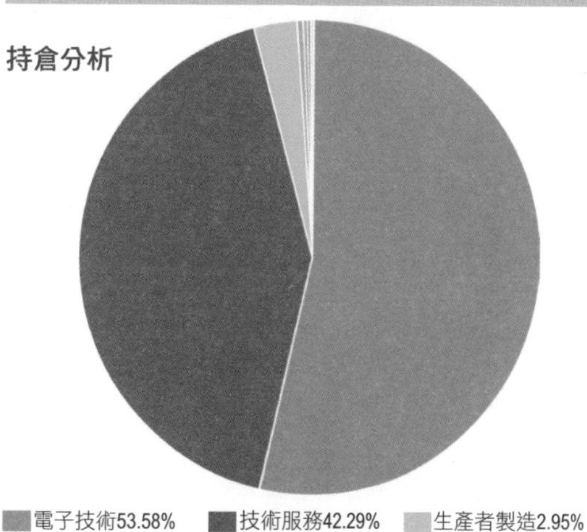

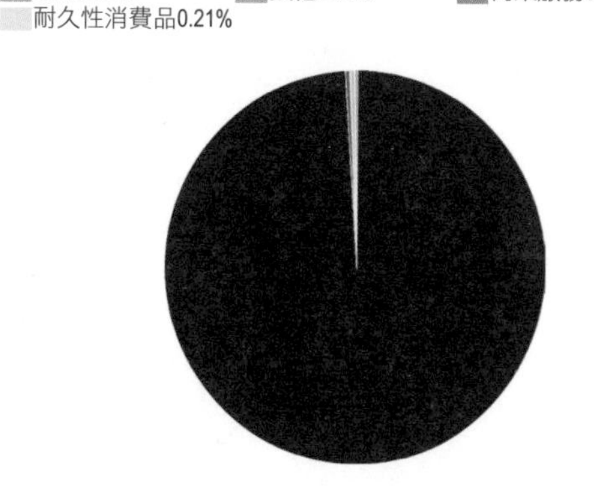

股票98.9% 其他0.42% 現金0.38% 優先股0.3%

10大持股

編碼	持股	% 資產
AAPL	Apple Inc.	21.13%
MSFT	Microsoft Corporation	20.19%
NVDA	NVIDIA Corporation	4.19%
2330	Taiwan Semiconductor Manufacturing Co., Ltd.	3.77%
AVGO	Broadcom Inc.	3.20%
005930	Samsung Electronics Co., Ltd.	2.36%
ADBE	Adobe Incorporated	2.24%
ASML	ASML Holding NV	2.13%
CSCO	Cisco Systems, Inc.	1.96%
CRM	Salesforce, Inc.	1.80%

持股比較

	IXN	ETF DB 類別平均	FactSet 劃分平均
持股數目	117	67	80
10大持股佔比	62.97%	46.98%	43.97%
15大持股佔比	70.24%	60.72%	56.12%
50大持股佔比	90.52%	94.34%	88.17%

IGM iShares Expanded Tech Sector ETF

IGM是追蹤美國擴展技術部門股票的ETF。該基金追蹤的是北美科技業擴展指數（North American Tech-Software, Services, Devices & Hardware Index），這一指數包括了在軟體、服務、設備和硬體等領域的科技公司。透過投資IGM，投資者能夠獲得廣泛的北美科技股票曝光，包括但不限於互聯網、半導體、軟體開發和科技硬體等行業的公司。這種分散化的投資方式有助於減少依賴單一公司或子行業的風險。科技股是成長型股票的重要組成部分，它們通常被視為具有高增長潛力。

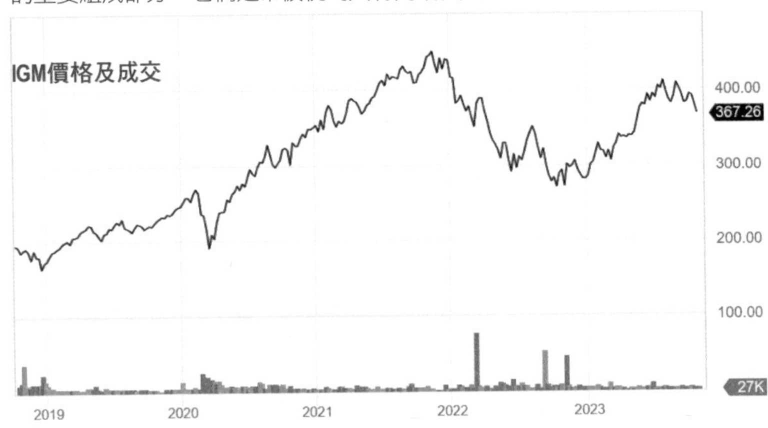

概況	
發行人	Blackrock Financial Management
品牌	iShares
結構	ETF
費用率	0.41%
創立日期	Mar 13, 2001

費用率分析		
IGM 費用率	ETF DB類別 平均費用率	FactSet劃分 平均費用率
0.41%	0.55%	0.41%

ETF主題	
類別	科技股
資產類別	股票
資產類別規模	大盤股
資產類別風格	成長
地區（一般）	北美
地區（具體）	美國

股息	IGM	ETF DB類別平均	FactSet 劃分平均
股息	$0.39	$0.28	$0.39
派息日期	26/9/2023	N/A	N/A
年度股息	$1.99	$0.38	$1.99
年度股息率	0.52%	0.81%	0.52%

回報	IGM	ETF DB類別平均	FactSet 劃分平均
1個月	0.19%	-2.79%	0.19%
3個月	-4.61%	-12.99%	-4.61%
今年迄今	36.42%	19.72%	36.42%
1年	33.37%	15.34%	33.37%
3年	6.48%	0.75%	6.48%
5年	15.06%	4.55%	15.06%

年度總回報(%)紀錄

年份	IGM	類別
2022	-35.91%	無
2021	25.72%	無
2020	45.11%	無
2019	41.80%	無
2018	2.26%	無
2017	37.20%	無
2016	12.94%	無
2015	9.50%	4.50%
2014	14.82%	14.22%
2013	33.96%	34.51%

風險統計數據

	3年		5年		10年	
	IGM	類別平均	IGM	類別平均	IGM	類別平均
Alpha	0.81	9.46	6.28	5.86	8.68	5.19
Beta值	1.22	1.1	1.19	1.05	1.16	1.04
平均年度回報率	0.85	1.13	1.28	1.22	1.51	0.88
R平方	77.02	63.2	81.62	62.13	77.64	72.67
標準差	23.8	15.69	23.83	15.41	19.15	20.82
夏普比率	0.34	0.86	0.57	1.34	0.89	0.48
崔納比率	4.06	11.9	9.62	13.74	14.18	7.7

10大持股

編碼	持股	% 資產
GOOGL	Alphabet Inc. Class A	9.10%
MSFT	Microsoft Corporation	8.99%
AAPL	Apple Inc.	8.77%
NVDA	NVIDIA Corporation	8.37%
META	Meta Platforms Inc. Class A	7.60%
AVGO	Broadcom Inc.	3.87%
ADBE	Adobe Incorporated	2.68%
CSCO	Cisco Systems, Inc.	2.32%
CRM	Salesforce, Inc.	2.14%
ACN	Accenture Plc Class A	2.02%

交易數據

52 Week Lo	$263.15
52 Week Hi	$414.57
AUM	$3,113.5 M
股數	8.2 M

歷史交易數據

1 個月平均量	28,241
3 個月平均量	29,364

持倉分析

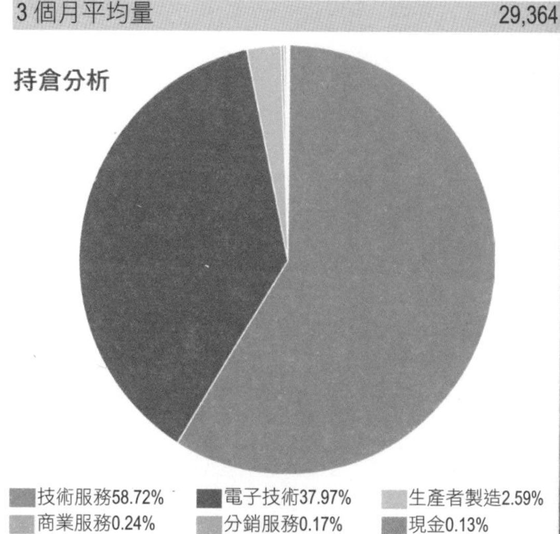

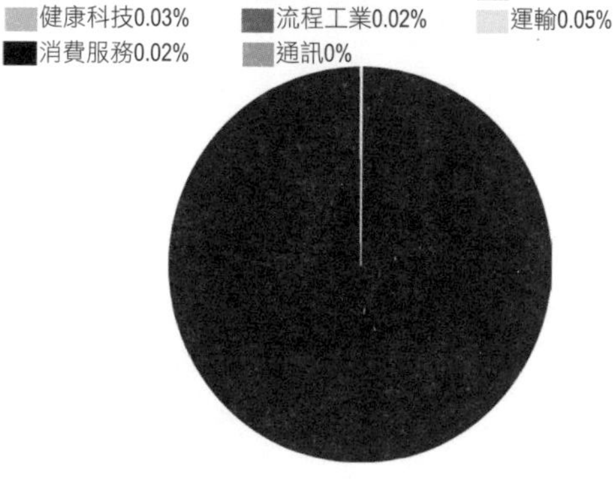

持股比較

	IGM	ETF DB 類別平均	FactSet 劃分平均
持股數目	279	67	279
10大持股佔比	55.86%	46.98%	55.86%
15大持股佔比	64.44%	60.72%	64.44%
50大持股佔比	86.36%	94.34%	86.36%

INDA iShares MSCI India ETF

該ETF提供印度股票市場的投資機會，總共有大約70個成分股，並且對10個持股進行了大量配置，基礎投資組合有些集中。該基金以大盤股公司為主；擁有印度ETF中最便宜的費用比率，這對於注重成本、買入並持有的投資者來説是一個有吸引力的選擇。它涵蓋了多個行業，包括資訊技術、金融、醫療保健、能源和消費品等。印度作為新興市場，擁有巨大的增長潛力，但也存在一定的政治、經濟和貨幣波動風險。投資 INDA需要對該地區的市場環境有所了解，並且準備好面對相關的市場波動。

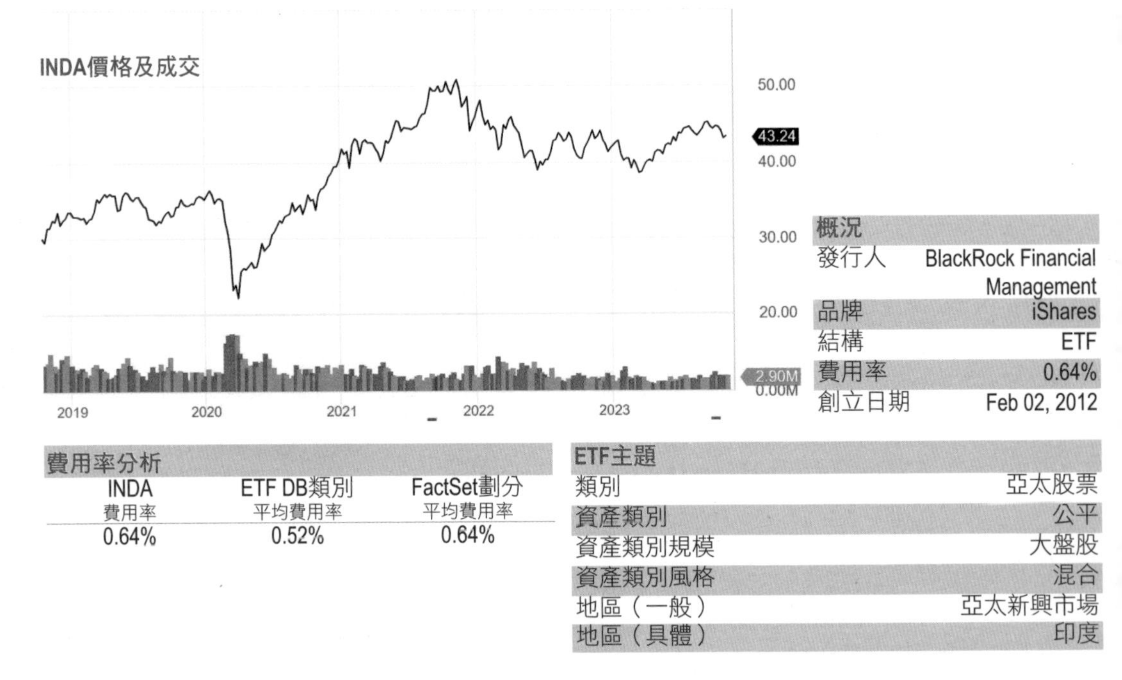

概況	
發行人	BlackRock Financial Management
品牌	iShares
結構	ETF
費用率	0.64%
創立日期	Feb 02, 2012

費用率分析		
INDA 費用率	ETF DB類別 平均費用率	FactSet劃分 平均費用率
0.64%	0.52%	0.64%

ETF主題	
類別	亞太股票
資產類別	公平
資產類別規模	大盤股
資產類別風格	混合
地區（一般）	亞太新興市場
地區（具體）	印度

股息	INDA	ETF DB類別平均	FactSet 劃分平均
股息	$ 0.08	$ 0.56	$ 0.07
派息日期	2023-06-07	N/A	N/A
年度股息	$ 0.08	$ 1.09	$ 0.07
年度股息率	0.19%	3.23%	0.21%

回報	INDA	ETF DB類別平均	FactSet 劃分平均
1個月	-4.26%	-4.81%	-3.41%
3個月	-4.00%	-9.30%	-2.40%
今年迄今	2.56%	-2.01%	2.64%
1年	1.27%	5.61%	2.60%
3年	9.24%	0.24%	6.08%
5年	9.55%	2.13%	5.34%

年度總回報（%）紀錄

年份	INDA	類別
2022	-8.94%	無
2021	21.49%	無
2020	14.83%	無
2019	6.49%	無
2018	-6.69%	無
2017	36.08%	無
2016	-1.64%	無
2015	-7.12%	-5.75%
2014	21.74%	34.31%
2013	-5.01%	-11.54%

交易數據

52 Week Lo	$37.70
52 Week Hi	$45.46
AUM	$5,875.2 M
股數	136.2 M

歷史交易數據

1 個月平均量	3,130,078
3 個月平均量	2,818,835

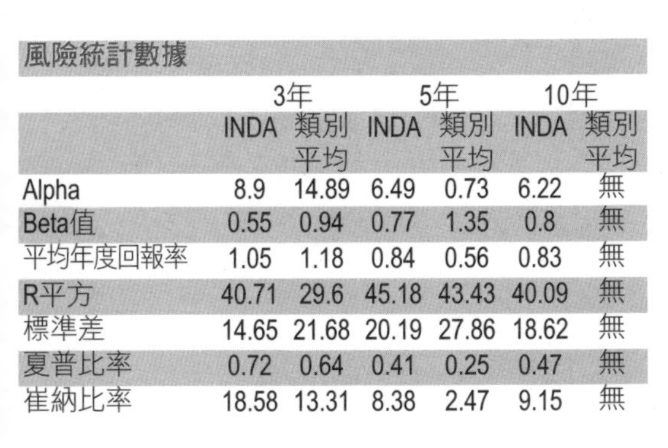

風險統計數據

	3年		5年		10年	
	INDA	類別平均	INDA	類別平均	INDA	類別平均
Alpha	8.9	14.89	6.49	0.73	6.22	無
Beta值	0.55	0.94	0.77	1.35	0.8	無
平均年度回報率	1.05	1.18	0.84	0.56	0.83	無
R平方	40.71	29.6	45.18	43.43	40.09	無
標準差	14.65	21.68	20.19	27.86	18.62	無
夏普比率	0.72	0.64	0.41	0.25	0.47	無
崔納比率	18.58	13.31	8.38	2.47	9.15	無

持倉分析

技術服務	12.64%	電子技術	0.95%
健康科技	3.97%	零售業	1.17%
生產者製造	3.27%	消費服務	0.82%
健康服務	1.11%	公用事業	4.07%
運輸	1.65%	工業服務	2.38%
非能源礦產	5.41%	現金	1.45%
金融	27.37%	能源礦產	10.43%
非耐久性消費品	8.72%	分銷服務	0.45%
商業服務	0.53%	流程工業	2.99%
耐久性消費品	8.17%	通訊	2.44%

10大持股

編碼	持股	% 資產
500325	Reliance Industries Limited	8.18%
532174	ICICI Bank Limited	5.64%
500209	Infosys Limited	5.41%
500180	HDFC Bank Limited	4.98%
532540	Tata Consultancy Services Limited	3.69%
532215	Axis Bank Limited	2.58%
532215	Bajaj Finance Limited	2.50%
500034	Bharti Airtel Limited	2.46%
500696	Hindustan Unilever Limited	2.43%
500510	Larsen & Toubro Ltd.	2.39%

資產分配

股票95.72%　現金0.33%

持股比較

	INDA	ETF DB類別平均	FactSet劃分平均
持股數目	123	387	180
10大持股佔比	40.26%	43.42%	41.62%
15大持股佔比	48.98%	52.96%	51.96%
50大持股佔比	77.44%	83.14%	83.15%

EPI WisdomTree India Earnings Fund

EPI是專注於印度股市的ETF，目標是追蹤WisdomTree India Earnings Index，該指數基於公司的盈利能力對其加權，偏好那些盈利較多的公司，而不僅僅是市值最大的公司。該基金涵蓋了一系列的印度公司，跨越多個行業，包括但不限於金融、資訊科技、健康護理、能源、材料和消費類股，減少投資組合中單一行業或公司所帶來的風險。EPI持股包括一些印度最大和最知名的公司，如Infosys、Reliance Industries、HDFC Bank和其他重要的印度企業。由於EPI是基於盈利加權的ETF，可能會在不同市場環境下表現出與市值加權指數不同的特點。

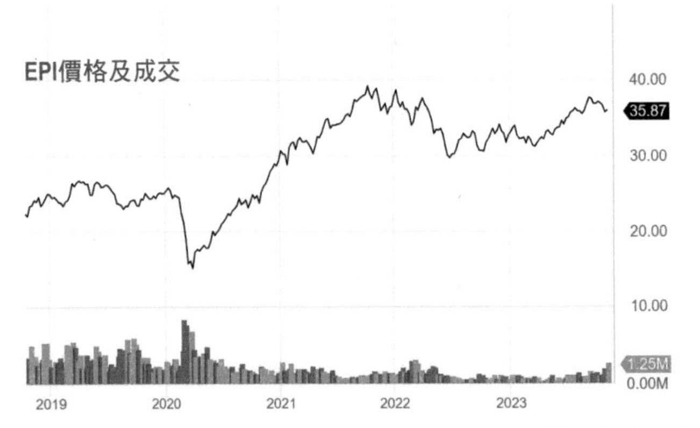

概況	
發行人	WisdomTree
品牌	WisdomTree
結構	ETF
費用率	0.84%
創立日期	Feb 22, 2008

費用率分析		
EPI 費用率	ETF DB類別 平均費用率	FactSet劃分 平均費用率
0.84%	0.52%	0.64%

ETF主題	
類別	亞太股票
資產類別	公平
資產類別規模	大盤股
資產類別風格	混合
地區（一般）	亞太新興市場
地區（具體）	印度

股息	EPI	ETF DB類別平均	FactSet 劃分平均
股息	$ 0.06	$ 0.56	$ 0.07
派息日期	2023-06-26	N/A	N/A
年度股息	$ 0.06	$ 1.09	$ 0.07
年度股息率	0.17%	3.23%	0.21%

回報	EPI	ETF DB類別平均	FactSet 劃分平均
1個月	-4.17%	-4.81%	-3.41%
3個月	-1.94%	-9.30%	-2.40%
今年迄今	8.84%	-2.01%	2.64%
1年	10.39%	5.61%	2.60%
3年	15.99%	0.24%	6.08%
5年	12.20%	2.13%	5.34%

年度總回報（%）紀錄

年份	EPI	類別
2022	-4.85%	無
2021	26.41%	無
2020	18.56%	無
2019	1.54%	無
2018	-9.88%	無
2017	39.13%	無
2016	2.77%	無
2015	-8.89%	-5.75%
2014	27.84%	34.31%
2013	-9.20%	-11.54%

交易數據

52 Week Lo	$30.75
52 Week Hi	$37.92
AUM	$1,366.4 M
股數	38.2 M

歷史交易數據

1 個月平均量	635,396
3 個月平均量	565,003

風險統計數據

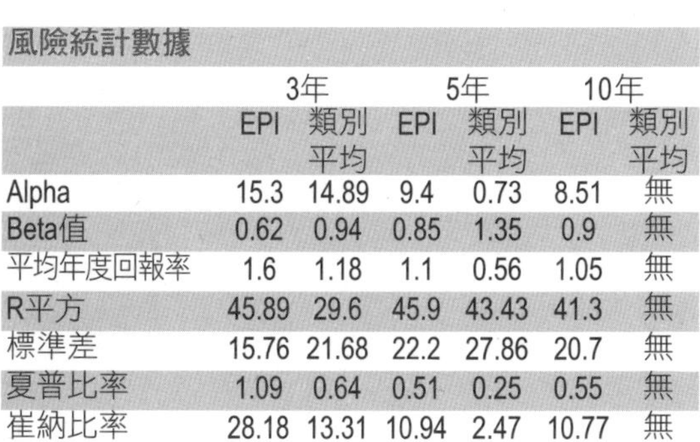

	3年		5年		10年	
	EPI	類別平均	EPI	類別平均	EPI	類別平均
Alpha	15.3	14.89	9.4	0.73	8.51	無
Beta值	0.62	0.94	0.85	1.35	0.9	無
平均年度回報率	1.6	1.18	1.1	0.56	1.05	無
R平方	45.89	29.6	45.9	43.43	41.3	無
標準差	15.76	21.68	22.2	27.86	20.7	無
夏普比率	1.09	0.64	0.51	0.25	0.55	無
崔納比率	28.18	13.31	10.94	2.47	10.77	無

持倉分析

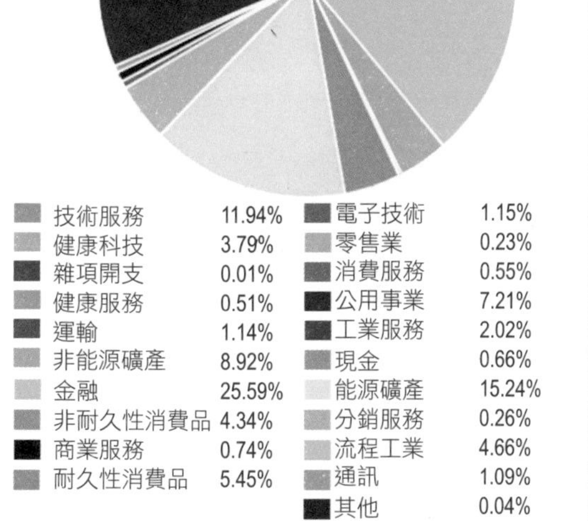

10大持股

編碼	持股	% 資產
500325	Reliance Industries Limited	7.81%
500180	HDFC Bank Limited	6.66%
532174	ICICI Bank Limited	5.10%
500209	Infosys Limited	4.91%
532540	Tata Consultancy Services Limited	2.91%
500312	Oil & Natural Gas Corp. Ltd.	2.81%
533278	Coal India Ltd.	2.60%
500112	State Bank of India	2.24%
532555	NTPC Limited	2.05%
532898	Power Grid Corporation of India Limited	2.02%

資產分配

股票98.99% 現金0.87% 其他0.04%

持股比較

	EPI	ETF DB類別平均	FactSet劃分平均
持股數目	481	387	180
10大持股佔比	39.11%	43.42%	41.62%
15大持股佔比	47.57%	52.96%	51.96%
50大持股佔比	70.76%	83.14%	83.15%

INDY iShares India 50 ETF

INDY是追蹤Nifty 50指數的ETF。Nifty 50指數是由National Stock Exchange of India（NSE）所包含的50家最大和最活躍的上市公司組成，旨在提供投資者一種直接投資於印度主要藍籌股的方法。通過持有與Nifty 50指數相同的股票，以相似的比重，來追蹤該指數的表現。持股包括多個行業，如金融服務、能源、資訊技術、消費品和醫療保健。由於是基於指數的ETF，INDY中的持股和比例會反映Nifty 50指數的組成。如指數調整了其成份股或其成份股的權重，INDY也會做出相應的調整。這些持股包括像Reliance Industries、HDFC Bank 和Infosys大型印度公司。持股數量固定為50，因為ETF跟踪的是一個固定數量成份股的指數。

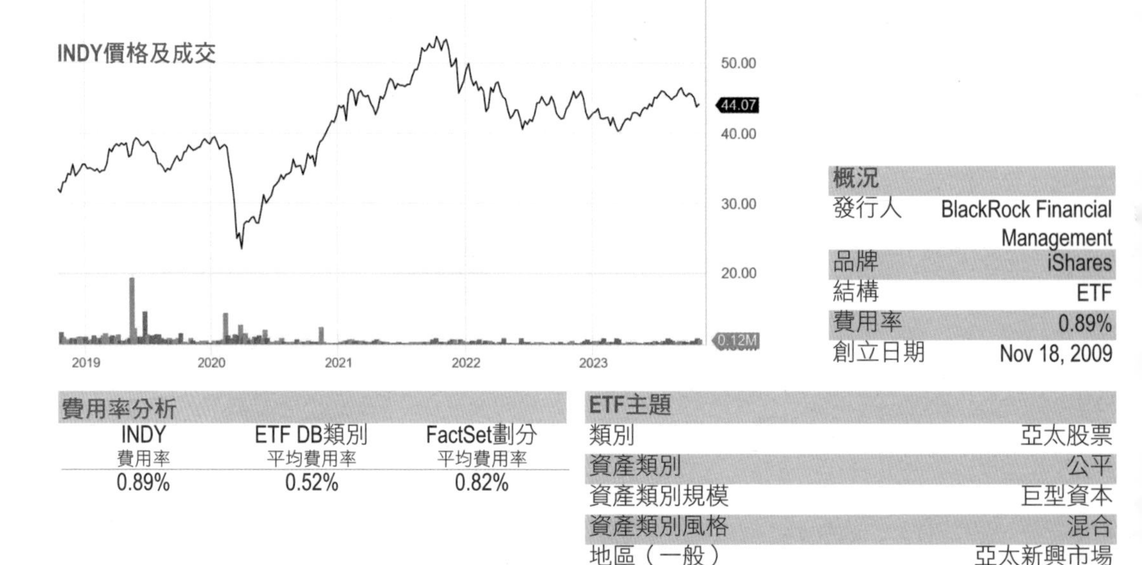

概況	
發行人	BlackRock Financial Management
品牌	iShares
結構	ETF
費用率	0.89%
創立日期	Nov 18, 2009

費用率分析

INDY 費用率	ETF DB類別 平均費用率	FactSet劃分 平均費用率
0.89%	0.52%	0.82%

ETF主題	
類別	亞太股票
資產類別	公平
資產類別規模	巨型資本
資產類別風格	混合
地區（一般）	亞太新興市場
地區（具體）	印度

股息			
	INDY	ETF DB類別平均	FactSet 劃分平均
股息	$ 0.07	$ 0.56	$ 0.07
派息日期	2023-06-07	N/A	N/A
年度股息	$ 1.66	$ 1.09	$ 1.96
年度股息率	3.80%	3.26%	6.65%

回報			
	INDY	ETF DB類別平均	FactSet 劃分平均
1個月	-3.51%	-3.49%	-3.22%
3個月	-5.60%	-9.58%	-4.17%
今年迄今	3.38%	-1.92%	5.95%
1年	4.46%	6.24%	6.57%
3年	10.57%	0.64%	13.10%
5年	9.36%	2.32%	10.26%

年度總回報（%）紀錄

年份	INDY	類別
2022	-7.33%	無
2021	19.55%	無
2020	10.01%	無
2019	9.99%	無
2018	-4.29%	無
2017	36.15%	無
2016	1.03%	無
2015	-8.57%	-5.75%
2014	27.86%	34.31%
2013	-4.86%	-11.54%

交易數據

52 Week Lo	$39.36
52 Week Hi	$46.63
AUM	$683.1 M
股數	15.5 M

歷史交易數據

1 個月平均量	84,948
3 個月平均量	83,041

風險統計數據

	3年		5年		10年	
	INDY	類別平均	INDY	類別平均	INDY	類別平均
Alpha	9.76	14.89	6.54	0.73	7.1	無
Beta值	0.6	0.94	0.81	1.35	0.85	無
平均年度回報率	1.13	1.18	0.85	0.56	0.92	無
R平方	48.09	29.6	47.69	43.43	42.32	無
標準差	14.66	21.68	20.86	27.86	19.28	無
夏普比率	0.78	0.64	0.4	0.25	0.51	無
崔納比率	18.99	13.31	7.89	2.47	9.76	無

持倉分析

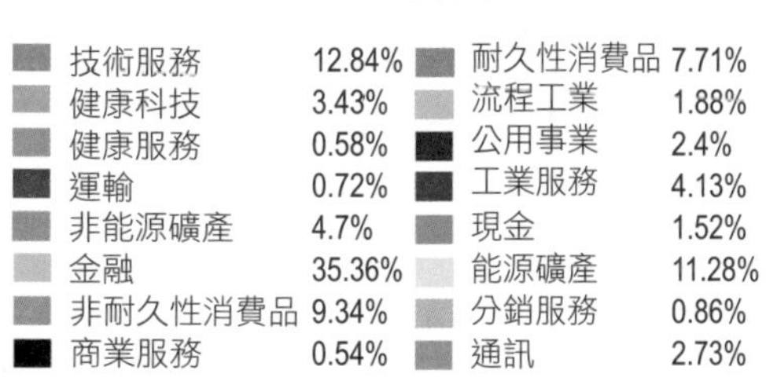

技術服務	12.84%	耐久性消費品	7.71%
健康科技	3.43%	流程工業	1.88%
健康服務	0.58%	公用事業	2.4%
運輸	0.72%	工業服務	4.13%
非能源礦產	4.7%	現金	1.52%
金融	35.36%	能源礦產	11.28%
非耐久性消費品	9.34%	分銷服務	0.86%
商業服務	0.54%	通訊	2.73%

10大持股

編碼	持股	% 資產
500180	HDFC Bank Limited	13.20%
500325	Reliance Industries Limited	8.96%
532174	ICICI Bank Limited	7.55%
500209	Infosys Limited	5.73%
500875	ITC Limited	4.50%
500510	Larsen & Toubro Ltd.	4.14%
532540	Tata Consultancy Services Limited	4.07%
532215	Axis Bank Limited	3.11%
500247	Kotak Mahindra Bank Limited	2.98%
532454	Bharti Airtel Limited	2.73%

資產分配

股票98.47% 現金1.5%

持股比較

	INDY	ETF DB類別平均	FactSet劃分平均
持股數目	51	387	90
10大持股佔比	56.97%	43.42%	38.87%
15大持股佔比	67.78%	52.96%	48.53%
50大持股佔比	99.63%	83.14%	91.06%

SMIN iShares MSCI India Small-Cap ETF

SMIN是追蹤印度小型股表現的ETF，旨在追蹤MSCI India Small Cap Index的表現，這個指數包括位於印度的小型公開交易公司。SMIN容許投資者接投資於印度小型股市場，這些市場被認為具有高增長潛力，但也伴隨著相應的高風險。小型股通常比大型股更少受到國際投資者的關注，可能會提供不同的投資機會和風險/回報特性。由於專注於小型公司，SMIN的持股數量比專注於大型股的ETF更多，提供較高的市場多元化持股包括各種在印度本土運營的小型公司，從金融服務、資訊科技到消費品和醫療保健等行業。

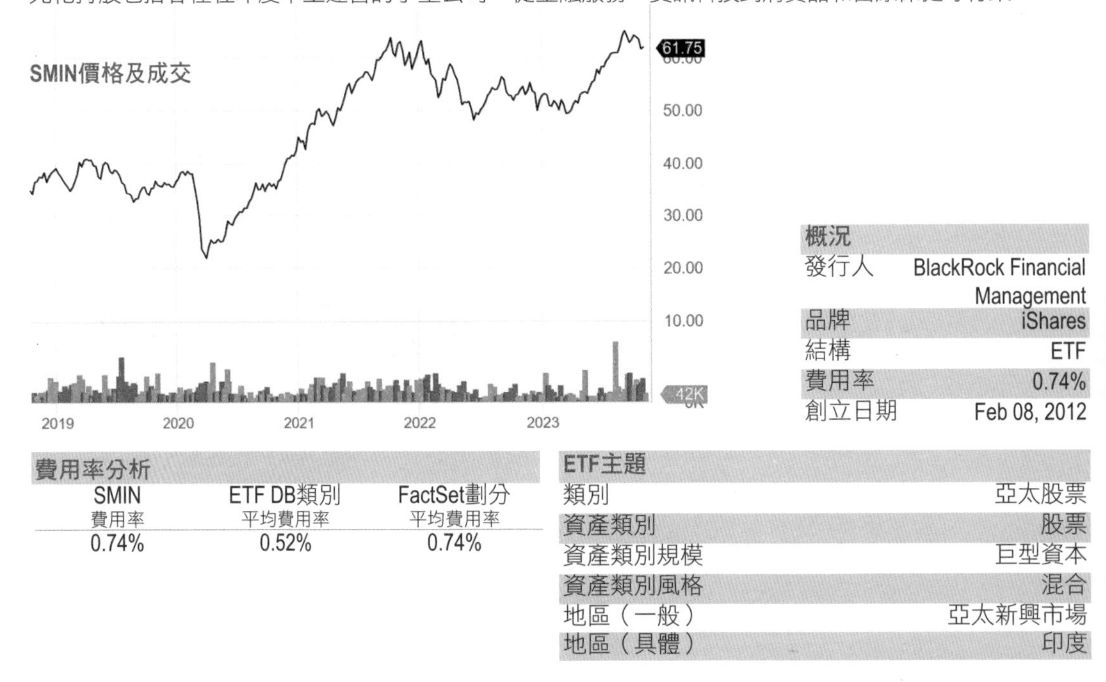

概況	
發行人	BlackRock Financial Management
品牌	iShares
結構	ETF
費用率	0.74%
創立日期	Feb 08, 2012

費用率分析		
SMIN 費用率	ETF DB類別 平均費用率	FactSet劃分 平均費用率
0.74%	0.52%	0.74%

ETF主題	
類別	亞太股票
資產類別	股票
資產類別規模	巨型資本
資產類別風格	混合
地區（一般）	亞太新興市場
地區（具體）	印度

股息	SMIN	ETF DB類別平均	FactSet 劃分平均
股息	$ 0.04	$ 0.56	$ 0.04
派息日期	2023-06-07	N/A	N/A
年度股息	$ 0.05	$ 1.09	$ 0.05
年度股息率	0.08%	3.26%	0.08%

回報	SMIN	ETF DB類別平均	FactSet 劃分平均
1個月	-2.25%	-3.49%	-2.25%
3個月	1.91%	-9.58%	1.91%
今年迄今	18.69%	-1.92%	18.69%
1年	16.47%	6.24%	16.47%
3年	20.73%	0.64%	20.73%
5年	13.51%	2.32%	13.51%

年度總回報（%）紀錄		
年份	SMIN	類別
2022	-14.23%	無
2021	44.45%	無
2020	19.58%	無
2019	-5.20%	無
2018	-25.54%	無
2017	62.35%	無
2016	0.49%	無
2015	-0.14%	-5.75%
2014	53.18%	34.31%
2013	-13.23%	-11.54%

交易數據	
52 Week Lo	$48.08
52 Week Hi	$65.42
AUM	$462.5 M
股數	7.6 M

歷史交易數據	
1 個月平均量	99,339
3 個月平均量	104,126

風險統計數據

	3年		5年		10年	
	SMIN	類別平均	SMIN	類別平均	SMIN	類別平均
Alpha	17.54	14.89	11.74	0.73	13.14	無
Beta值	0.5	0.94	0.78	1.35	0.86	無
平均年度回報率	1.76	1.18	1.28	0.56	1.42	無
R平方	28.63	29.6	31.24	43.43	27.87	無
標準差	16.01	21.68	24.85	27.86	23.89	無
夏普比率	1.19	0.64	0.54	0.25	0.66	無
崔納比率	39.49	13.31	13.79	2.47	16.13	無

持倉分析

技術服務	7.76%	電子技術	3.09%
健康科技	5.92%	零售業	1.34%
生產者製造	18.4%	消費服務	3.43%
健康服務	2.68%	公用事業	2.15%
運輸	2.14%	工業服務	2.38%
非能源礦產	5.9%	現金	1.85%
金融	19.02%	能源礦產	0.68%
非耐久性消費品	3.54%	分銷服務	0.47%
商業服務	2.22%	流程工業	12.58%
耐久性消費品	2.97%	通訊	1.03%
		雜項開支	0.01%
		其他	0%

10大持股

編碼	持股	% 資產
N/A	U.S. Dollar	2.25%
533179	Persistent Systems Limited	1.27%
533758	APL Apollo Tubes Limited	1.16%
500469	Federal Bank Ltd. (India)	1.06%
532667	Suzlon Energy Ltd	1.02%
500271	Max Financial Services Limited	0.92%
505537	Zee Entertainment Enterprises Limited	0.91%
532541	Coforge Limited	0.90%
542651	KPIT Technologies Limited	0.81%
539876	Crompton Greaves Consumer Electricals Ltd.	0.78%

資產分配

股票98.28% 現金1.75% 其他0%

持股比較

	SMIN	ETF DB類別平均	FactSet劃分平均
持股數目	447	387	447
10大持股佔比	11.08%	43.42%	11.08%
15大持股佔比	14.64%	52.96%	14.64%
50大持股佔比	33.94%	83.14%	33.94%

FLIN Franklin FTSE India ETF

FLIN是旨在提供與印度大型和中型股票表現相關的投資回報的ETF。ETF追蹤的是FTSE India Capped Index，該指數反映了印度大型和中型股票的市場表現。FLIN的組合覆蓋了包括金融、資訊科技、醫療保健、能源和基本材料等多個行業，為投資者提供一個簡便、成本效率高的途徑投資於印度股市。FLIN的具體持股數量會隨著市場條件和指數調整而變動，通常會包含數十到數百個不同的股票。成份股包括一些印度最大和最知名的公司，包括Reliance Industries、Infosys和HDFC Bank等公司。由於這些市場可能沒有成熟市場那樣的深度和流通性，所以投資者可能會面對額外的市場進入和退出的挑戰。

概況	
發行人	Franklin Templeton
品牌	Franklin
結構	ETF
費用率	0.19%
創立日期	Feb 06, 2018

費用率分析		
FLIN 費用率	ETF DB類別 平均費用率	FactSet劃分 平均費用率
0.19%	0.52%	0.64%

ETF主題	
類別	亞太股票
資產類別	股
資產類別規模	大盤股
資產類別風格	混合
地區（一般）	亞太新興市場
地區（具體）	印度

股息	FLIN	ETF DB類別平均	FactSet 劃分平均
股息	$ 0.21	$ 0.56	$ 0.07
派息日期	2022-12-16	N/A	N/A
年度股息	$ 0.21	$ 1.09	$ 0.07
年度股息率	0.70%	3.26%	0.21%

回報	FLIN	ETF DB類別平均	FactSet 劃分平均
1個月	-3.22%	-3.49%	-2.25%
3個月	-3.28%	-9.58%	-2.03%
今年迄今	5.18%	-1.92%	2.97%
1年	5.52%	6.24%	3.41%
3年	12.30%	0.64%	6.58%
5年	10.52%	2.32%	5.47%

年度總回報（%）紀錄

年份	FLIN	類別
2022	-7.96%	無
2021	25.00%	無
2020	14.56%	無
2019	4.76%	無

交易數據

52 Week Lo	$26.82
52 Week Hi	$32.61
AUM	$424.2 M
股數	13.8 M

歷史交易數據

1 個月平均量	144,057
3 個月平均量	98,933

風險統計數據

	3年		5年		10年	
	FLIN	類別平均	FLIN	類別平均	FLIN	類別平均
Alpha	10.66	14.89	7.33	0.73	0	無
Beta值	0.51	0.94	0.75	1.35	0	無
平均年度回報率	1.19	1.18	0.91	0.56	0	無
R平方	36.38	29.6	42.78	43.43	0	無
標準差	14.47	21.68	20.19	27.86	0	無
夏普比率	0.84	0.64	0.45	0.25	0	無
崔納比率	23.58	13.31	0.75	2.47	0	無

持倉分析

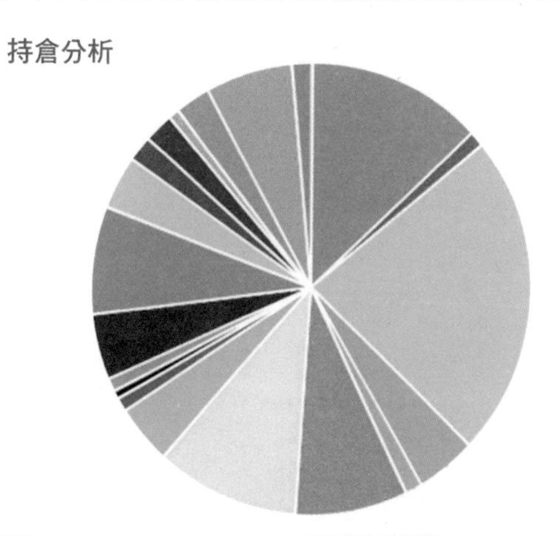

技術服務	12.99%	電子技術	1.12%
健康科技	4.48%	零售業	1.24%
生產者製造	4.26%	消費服務	1%
健康服務	0.97%	公用事業	4.73%
運輸	1.91%	工業服務	2.16%
非能源礦產	6.45%	現金	1.5%
金融	22.91%	能源礦產	10.51%
非耐久性消費品	8.17%	分銷服務	0.79%
商業服務	0.58%	流程工業	3.87%
耐久性消費品	7.78%	通訊	2.61%

10大持股

編碼	持股	% 資產
500325	Reliance Industries Limited	7.79%
500180	HDFC Bank Limited	5.89%
500209	Infosys Limited	4.93%
532540	Tata Consultancy Services Limited	3.55%
500696	Hindustan Unilever Limited	2.25%
532215	Axis Bank Limited	2.23%
532454	Bharti Airtel Limited	2.19%
500510	Larsen & Toubro Ltd.	2.06%
500034	Bajaj Finance Limited	1.93%
N/A	U.S. Dollar	1.51%

資產分配

股票95.72% 短暫0.08% 現金0.33%

持股比較

	FLIN	ETF DB類別平均	FactSet劃分平均
持股數目	213	387	180
10大持股佔比	34.33%	43.42%	41.62%
15大持股佔比	41.53%	52.96%	51.96%
50大持股佔比	67.93%	83.14%	83.15%

SQQQ ProShares UltraPro Short QQQ

SQQQ是一隻三倍反向杠杆ETF，旨在提供NASDAQ-100 Index（QQQ追蹤的指數）當日回報的三倍相反表現。如NASDAQ-100 Index在一天內下跌1%，SQQQ的目標是在同一天內上升3%，反之亦然。這種ETF主要是用於短期交易，而不是長期投資，因為它涉及高風險和高槓桿效應。SQQQ通過使用金融衍生工具如期權和期貨來達成其目標。槓杆和反向ETFs是複雜的金融工具，適用於經驗豐富的交易者。SQQQ每天都重新調整其位置以維持三倍反向杠杆，它的表現在超過一天的時間範圍內通常與預期的三倍相反回報有顯著偏SQQQ不適合不熟悉這種策略的投資者，或是尋求對NASDAQ-100 Index長期反向投資的投資者。

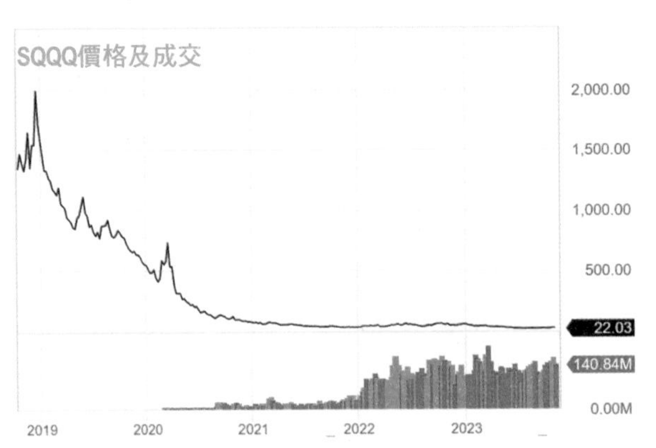

概況	
發行人	ProShares
品牌	ProShares
結構	ETF
費用率	0.95%
創立日期	Feb 09, 2010

費用率分析

SQQQ 費用率	ETF DB類別 平均費用率	FactSet劃分 平均費用率
0.95%	1.04%	1.05%

ETF主題	
類別	反向股票
資產類別	債券
資產類別規模	大盤股
資產類別風格	成長
地區（一般）	北美
地區（具體）	美國

股息

	SQQQ	ETF DB類別平均	FactSet 劃分平均
股息	$0.32	$0.44	$0.25
派息日期	20/9/2023	N/A	N/A
年度股息	$0.95	$0.75	$0.67
年度股息率	4.82%	3.40%	3.25%

回報

	SQQQ	ETF DB類別平均	FactSet 劃分平均
1個月	6.00%	9.34%	7.36%
3個月	16.80%	16.58%	14.08%
今年迄今	-62.32%	-14.26%	-19.24%
1年	-63.93%	-22.85%	-27.19%
3年	-41.92%	-20.15%	-23.70%
5年	-55.78%	-21.57%	-25.20%

年度總回報（%）紀錄

年份	SQQQ	類別
2022	82.36%	無
2021	-60.87%	無
2020	-86.40%	無
2019	-65.92%	無
2018	-20.74%	無
2017	-58.67%	無
2016	-30.13%	無
2015	-37.50%	無
2014	-48.01%	-19.41%
2013	-64.61%	-36.91%

交易數據

52 Week Lo	$16.10
52 Week Hi	$61.07
AUM	$3,759.2 M
股數	200.4 M

歷史交易數據

1 個月平均量	132,432,752
3 個月平均量	129,569,656

風險統計數據

	3年 SQQQ	3年 類別平均	5年 SQQQ	5年 類別平均	10年 SQQQ	10年 類別平均
Alpha	-5.86	無	-30.62	無	-26.49	無
Beta值	-3.42	無	-2.89	無	-2.91	無
平均年度回報率	-2.95	無	-4.67	無	-4.83	無
R平方	85.26	無	73.63	無	73.7	無
標準差	66.17	無	63.99	無	50.81	無
夏普比率	-0.56	無	-0.9	無	-1.16	無
崔納比率	13.38	無	19.5	無	18.23	無

持股比較

	SQQQ	ETF DB 類別平均	FactSet 劃分平均
持股數目	33	3	11
10大持股佔比	60.76%	90.91%	86.83%
15大持股佔比	80.28%	92.54%	95.91%
50大持股佔比	100.02%	93.42%	100.01%

10大持股

編碼	持股	% 資產
N/A	United States Treasury Bills 0.0% 30-NOV-2023	7.81%
N/A	United States Treasury Bills 0.0% 24-NOV-2023	7.81%
N/A	United States Treasury Bills 0.0% 09-NOV-2023	6.53%
N/A	United States Treasury Bills 0.0% 16-NOV-2023	6.52%
N/A	United States Treasury Bills 0.0% 14-MAR-2024	6.40%
N/A	United States Treasury Bills 0.0% 13-FEB-2024	6.18%
N/A	United States Treasury Bills 0.0% 26-OCT-2023	5.23%
N/A	United States Treasury Bills 0.0% 02-NOV-2023	5.23%
N/A	United States Treasury Bills 0.0% 21-MAR-2024	5.12%
N/A	United States Treasury Bills 0.0% 24-OCT-2023	3.93%

SH ProShares Short S&P500

SH是一隻旨在提供S&P 500 指數當日回報相反表現的反向ETF。如果S&P 500 指數下跌，SH 的目標是在相同的交易日內上升相對應的百分比；如果指數上升，則SH會下跌。這種ETF主要用於短期對沖或者投機，當投資者認為市場將下跌時，可以使用它來保護他們的投資組合，或者試圖從市場下跌中獲利。SH不使用槓杆，只是提供1倍的市場反向表現，波動性較低。SH主要適合於短期策略。由於市場的波動和可能的成本（如管理費用），長期持有這類產品可能會導致與期望不符的回報。由於它是每天重新平衡的，多日的結果可能會由於複利效應而與單日的預期表現有所不同，並不適合期望長期持有的投資者。

SH價格及成交

30.00
25.00
20.00
14.98
10.00
25.11M
0.00M
2019 2020 2021 2022 2023

概況	
發行人	ProShares
品牌	ProShares
結構	ETF
費用率	0.88%
創立日期	Jun 19, 2006

費用率分析

SH 費用率	ETF DB類別 平均費用率	FactSet劃分 平均費用率
0.88%	1.04%	1.07%

ETF主題	
類別	反向股票
資產類別	債券
資產類別規模	大盤股
資產類別風格	成長
地區（一般）	北美
地區（具體）	美國

股息

	SH	ETF DB類別平均	FactSet 劃分平均
股息	$ 0.17	$ 0.44	$ 0.25
派息日期	2023-09-20	N/A	N/A
年度股息	$ 0.51	$ 0.75	$ 0.67
年度股息率	3.60%	3.40%	3.25%

回報

	SH	ETF DB類別平均	FactSet 劃分平均
1個月	3.68%	9.34%	7.36%
3個月	6.56%	16.58%	14.08%
今年迄今	-7.06%	-14.26%	-19.24%
1年	-9.91%	-22.85%	-27.19%
3年	-8.61%	-20.15%	-23.70%
5年	-11.63%	-21.57%	-25.20%

年度總回報（%）紀錄

年份	SH	類別
2022	18.07%	無
2021	-24.21%	無
2020	-25.08%	無
2019	-22.12%	無
2018	4.94%	無
2017	-17.36%	無
2016	-12.46%	無
2015	-4.18%	無
2014	-13.67%	-19.41%
2013	-25.86%	-36.91%

交易數據

52 Week Lo	$13.31
52 Week Hi	$16.36
AUM	$1,817.0 M
股數	127.4 M

歷史交易數據

1 個月平均量	24,289,014
3 個月平均量	21,641,010

持股比較

	SH	ETF DB 類別平均	FactSet 劃分平均
持股數目	24	3	11
10大持股佔比	63.09%	90.91%	86.83%
15大持股佔比	83.12%	92.54%	95.91%
50大持股佔比	100.02%	93.42%	100.01%

風險統計數據

	3年		5年		10年	
	SH	類別平均	SH	類別平均	SH	類別平均
Alpha	-1.48	無	-2.84	無	-2.39	無
Beta值	-0.99	無	-0.94	無	-0.95	無
平均年度回報率	-0.71	無	-0.83	無	-0.98	無
R平方	99.71	無	97.72	無	98.14	無
標準差	17.75	無	18.22	無	14.36	無
夏普比率	-0.6	無	-0.65	無	-0.91	無
崔納比率	11.82	無	13.56	無	14.07	無

10大持股

編碼	持股	% 資產
N/A	U.S. Dollar	8.48%
N/A	United States Treasury Bills 0.0% 30-NOV-2023	8.05%
N/A	United States Treasury Bills 0.0% 14-MAR-2024	7.92%
N/A	United States Treasury Bills 0.0% 24-NOV-2023	6.71%
N/A	United States Treasury Bills 0.0% 26-OCT-2023	5.39%
N/A	United States Treasury Bills 0.0% 14-NOV-2023	5.38%
N/A	United States Treasury Bills 0.0% 11-JAN-2024	5.33%
N/A	United States Treasury Bills 0.0% 08-FEB-2024	5.31%
N/A	United States Treasury Bills 0.0% 28-MAR-2024	5.27%
N/A	United States Treasury Bills 0.0% 18-APR-2024	5.25%

SPXU ProShares UltraPro Short S&P500

SPXU是旨在提供 S&P 500 指數日回報三倍相反表現的反向杠杆ETF。如果 S&P 500 指數在一天之內下跌，SPXU 的目標是上升三倍於指數下跌的百分比；如果指數上升，則 SPXU 將下跌三倍於指數上升的百分比。這種ETF適用於經驗豐富的投資者，尋求通過槓桿放大他們對市場短期走勢的看法。因為使用了三倍的槓杆，SPXU的波動性會非常高，而且潛在的損失也會隨之增加。投資這類高杠杆ETF需要小心謹慎，因為市場走勢的不確定性可能會導致重大的資本損失。由於每日重新平衡的機制，持有期超過一天的回報可能會與單日倍率表現相差甚遠，特別是在波動的市場中。這個ETF適用於短期交易，不適合長期投資。

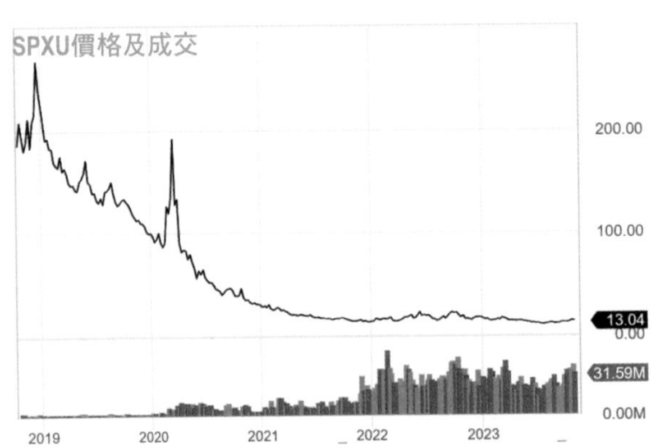

概況	
發行人	ProSPXUares
品牌	ProSPXUares
結構	ETF
費用率	0.90%
創立日期	Jun 25, 2009

費用率分析

SPXU 費用率	ETF DB類別 平均費用率	FactSet劃分 平均費用率
0.90%	1.04%	1.07%

ETF主題	
類別	反向股票
資產類別	債券
資產類別規模	大盤股
資產類別風格	成長
地區（一般）	北美
地區（具體）	美國

股息

	SPXU	ETF DB類別平均	FactSet 劃分平均
股息	$ 0.17	$ 0.44	$ 0.25
派息日期	2023-09-20	N/A	N/A
年度股息	$ 0.49	$ 0.75	$ 0.67
年度股息率	4.36%	3.40%	3.25%

回報

	SPXU	ETF DB類別平均	FactSet 劃分平均
1個月	10.24%	9.34%	7.36%
3個月	17.05%	16.58%	14.08%
今年迄今	-27.85%	-14.26%	-19.24%
1年	-37.29%	-22.85%	-27.19%
3年	-31.87%	-20.15%	-23.70%
5年	-41.20%	-21.57%	-25.20%

年度總回報（%）紀錄

年份	SPXU	類別
2022	36.03%	無
2021	-57.94%	無
2020	-70.39%	無
2019	-56.28%	無
2018	4.03%	無
2017	-44.23%	無
2016	-35.64%	無
2015	-16.64%	無
2014	-36.89%	-19.41%
2013	-60.08%	-36.91%

交易數據

52 Week Lo	$9.51
52 Week Hi	$19.95
AUM	$936.3 M
股數	82.2 M

歷史交易數據

1 個月平均量	29,314,052
3 個月平均量	25,738,812

持股比較

	SPXU	ETF DB 類別平均	FactSet 劃分平均
持股數目	22	3	11
10大持股佔比	62.95%	90.91%	86.83%
15大持股佔比	88.56%	92.54%	95.91%
50大持股佔比	99.98%	93.42%	100.01%

風險統計數據

	3年		5年		10年	
	SPXU	類別平均	SPXU	類別平均	SPXU	類別平均
Alpha	-2.72	無	-12.97	無	-10.51	無
Beta值	-2.92	無	-2.62	無	-2.64	無
平均年度回報率	-2.3	無	-2.99	無	-3.25	無
R平方	98.93	無	88.46	無	90.56	無
標準差	52.58	無	53.05	無	41.62	無
夏普比率	-0.56	無	-0.71	無	-0.97	無
崔納比率	12.38	無	15.9	無	15.03	無

10大持股

編碼	持股	% 資產
N/A	United States Treasury Bills 0.0% 14-MAR-2024	10.20%
N/A	United States Treasury Bills 0.0% 24-NOV-2023	8.82%
N/A	United States Treasury Bills 0.0% 21-MAR-2024	7.64%
N/A	United States Treasury Bills 0.0% 26-OCT-2023	5.21%
N/A	United States Treasury Bills 0.0% 09-NOV-2023	5.20%
N/A	United States Treasury Bills 0.0% 14-NOV-2023	5.20%
N/A	United States Treasury Bills 0.0% 02-NOV-2023	5.20%
N/A	United States Treasury Bills 0.0% 07-DEC-2023	5.18%
N/A	United States Treasury Bills 0.0% 11-JAN-2024	5.15%
N/A	United States Treasury Bills 0.0% 09-JAN-2024	5.15%

PSQ ProShares Short QQQ

PSQ是一支旨在提供和納斯達克100指數（NASDAQ-100 Index）相反表現的反向ETF。這種ETF的目標是在一天內達到納斯達克100指數的反向日回報。如果納斯達克100在一天中下跌，PSQ的價格將會上漲，反之亦然。PSQ適合預期科技重指數在短期內下跌的投資者。由於它提供的是1:1的反向曝露，風險和潛在的回報都相對較低，特別是比起那些提供高槓桿反向曝露的ETF，如SQQQ。像PSQ這樣的反向ETF通常是為了滿足短期交易需求而設計的，而不是作為長期投資持有。因為它們每天都會重新平衡，在波動的市場中，長期表現可能與預期的日相反表現大不相同。

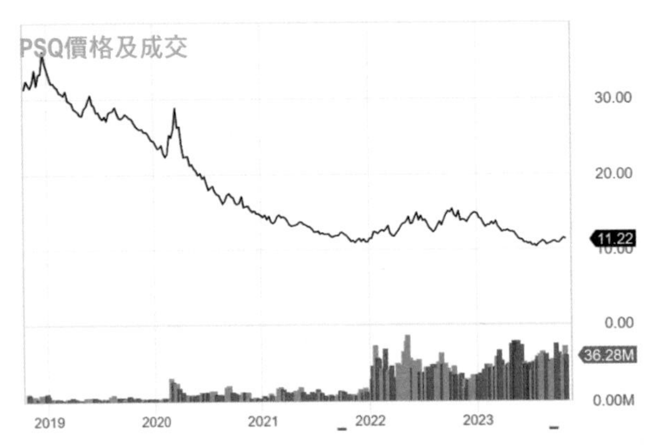

概況	
發行人	ProPSQares
品牌	ProPSQares
結構	ETF
費用率	0.95%
創立日期	Jun 19, 2006

費用率分析		
PSQ 費用率	ETF DB類別 平均費用率	FactSet劃分 平均費用率
0.95%	1.03%	1.07%

ETF主題	
類別	反向股票
資產類別	債券
資產類別規模	大盤股
資產類別風格	成長
地區（一般）	北美
地區（具體）	美國

股息	PSQ	ETF DB類別平均	FactSet 劃分平均
股息	$ 0.14	$ 0.44	$ 0.25
派息日期	2023-09-20	N/A	N/A
年度股息	$ 0.43	$ 0.75	$ 0.67
年度股息率	4.05%	3.40%	3.25%

回報	PSQ	ETF DB類別平均	FactSet 劃分平均
1個月	2.38%	9.34%	7.36%
3個月	6.67%	16.58%	14.08%
今年迄今	-24.22%	-14.26%	-19.24%
1年	-23.28%	-22.85%	-27.19%
3年	-11.02%	-20.15%	-23.70%
5年	-17.87%	-21.57%	-25.20%

年度總回報（%）紀錄

年份	PSQ	類別
2022	36.39%	無
2021	-24.84%	無
2020	-41.23%	無
2019	-27.49%	無
2018	-2.32%	無
2017	-24.77%	無
2016	-9.39%	無
2015	-12.24%	無
2014	-18.52%	-19.41%
2013	-28.63%	-36.91%

交易數據

52 Week Lo	$9.96
52 Week Hi	$14.71
AUM	$897.1 M
股數	84.6 M

歷史交易數據

1 個月平均量	35,746,008
3 個月平均量	35,328,024

風險統計數據

	3年		5年		10年	
	PSQ	類別平均	PSQ	類別平均	PSQ	類別平均
Alpha	-1.62	無	-8.17	無	-7.33	無
Beta值	-1.15	無	-1.04	無	-1.05	無
平均年度回報率	-0.85	無	-1.34	無	-1.49	無
R平方	85.31	無	82.07	無	80.56	無
標準差	22.26	無	21.81	無	17.49	無
夏普比率	-0.55	無	-0.82	無	-1.09	無
崔納比率	12.11	無	18.14	無	18.13	無

持股比較

	PSQ	ETF DB 類別平均	FactSet 劃分平均
持股數目	21	3	11
10大持股佔比	77.52%	90.91%	86.83%
15大持股佔比	102.29%	92.54%	95.91%
50大持股佔比	100.02%	93.42%	100.01%

10大持股

編碼	持股	% 資產
N/A	United States Treasury Bills 0.0% 14-NOV-2023	9.61%
N/A	United States Treasury Bills 0.0% 11-JAN-2024	9.53%
N/A	United States Treasury Bills 0.0% 21-MAR-2024	9.43%
N/A	United States Treasury Bills 0.0% 28-MAR-2024	9.42%
N/A	United States Treasury Bills 0.0% 24-NOV-2023	7.68%
N/A	United States Treasury Bills 0.0% 02-NOV-2023	6.42%
N/A	United States Treasury Bills 0.0% 26-OCT-2023	6.42%
N/A	United States Treasury Bills 0.0% 09-JAN-2024	6.35%
N/A	United States Treasury Bills 0.0% 18-JAN-2024	6.34%
N/A	United States Treasury Bills 0.0% 08-FEB-2024	6.32%

SDS ProShares UltraShort S&P500

SDS是旨在提供標準普爾500指數（S&P 500 Index）兩倍反向表現的槓桿反向ETF。該基金透過期貨合約和衍生金融工具，試圖在任何給定日實現S&P 500指數日回報的兩倍負面表現。這種ETF適合於那些預期在短期內標普500會下跌的投資者。由於其提供的是2倍的日反向曝露，如果投資者的市場方向判斷正確，它可以放大收益；然而，如果市場走勢與投資者預期的相反，損失也會同樣被放大。SDS設計主要是為了短期交易而不是長期投資。持有這樣的ETF需要密切監控市場動向和頻繁交易，以管理風險和潛在的複利效應。

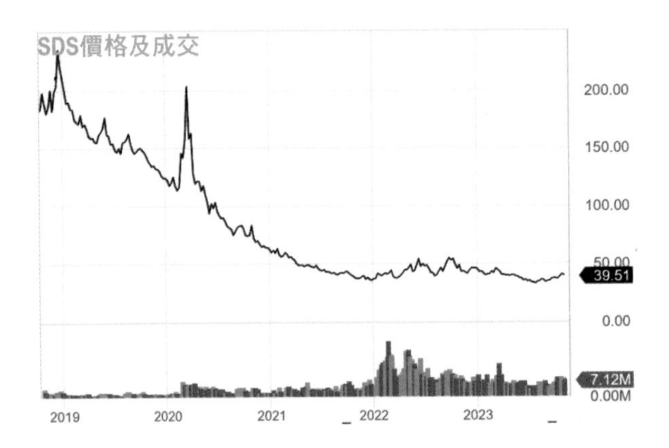

概況	
發行人	ProSDSares
品牌	ProSDSares
結構	ETF
費用率	0.90%
創立日期	Jul 11, 2006

費用率分析

SDS 費用率	ETF DB類別 平均費用率	FactSet劃分 平均費用率
0.90%	1.04%	1.07%

ETF主題	
類別	反向股票
資產類別	債券
資產類別規模	大盤股
資產類別風格	成長
地區（一般）	北美
地區（具體）	美國

股息

	SDS	ETF DB類別平均	FactSet 劃分平均
股息	$0.49	$0.44	$0.25
派息日期	20/9/2023	N/A	N/A
年度股息	$1.30	$0.75	$0.67
年度股息率	3.63%	3.40%	3.25%

回報

	SDS	ETF DB類別平均	FactSet 劃分平均
1個月	7.01%	9.34%	7.36%
3個月	11.99%	16.58%	14.08%
今年迄今	-17.47%	-14.26%	-19.24%
1年	-23.79%	-22.85%	-27.19%
3年	-19.82%	-20.15%	-23.70%
5年	-26.11%	-21.57%	-25.20%

年度總回報（%）紀錄

年份	SDS	類別
2022	30.67%	無
2021	-43.02%	無
2020	-50.08%	無
2019	-41.18%	無
2018	6.08%	無
2017	-32.02%	無
2016	-24.18%	無
2015	-9.61%	無
2014	-25.66%	-19.41%
2013	-45.19%	-36.91%

交易數據

52 Week Lo	$31.72
52 Week Hi	$50.35
AUM	$802.9 M
股數	22.3 M

歷史交易數據

1 個月平均量	6,528,504
3 個月平均量	5,729,162

持股比較

	SDS	ETF DB 類別平均	FactSet 劃分平均
持股數目	19	3	11
10大持股佔比	71.31%	90.91%	86.83%
15大持股佔比	92.49%	92.54%	95.91%
50大持股佔比	100.01%	93.42%	100.01%

風險統計數據

	3年		5年		10年	
	SDS	類別平均	SDS	類別平均	SDS	類別平均
Alpha	-1.94	無	-6.84	無	-5.55	無
Beta值	-1.96	無	-1.82	無	-1.83	無
平均年度回報率	-1.5	無	-1.85	無	-2.07	無
R平方	99.38	無	93.82	無	94.98	無
標準差	35.27	無	35.74	無	28.13	無
夏普比率	-0.57	無	-0.67	無	-1.09	無
崔納比率	12.03	無	14.78	無	14.5	無

10大持股

編碼	持股	% 資產
N/A	United States Treasury Bills 0.0% 21-MAR-2024	12.27%
N/A	United States Treasury Bills 0.0% 02-NOV-2023	9.39%
N/A	United States Treasury Bills 0.0% 26-OCT-2023	6.27%
N/A	United States Treasury Bills 0.0% 14-NOV-2023	6.25%
N/A	United States Treasury Bills 0.0% 24-NOV-2023	6.24%
N/A	United States Treasury Bills 0.0% 11-JAN-2024	6.20%
N/A	United States Treasury Bills 0.0% 09-JAN-2024	6.20%
N/A	United States Treasury Bills 0.0% 18-JAN-2024	6.19%
N/A	United States Treasury Bills 0.0% 22-FEB-2024	6.16%
N/A	United States Treasury Bills 0.0% 14-MAR-2024	6.14%

GLD SPDR Gold Shares

GLD是是全球規模最大的黃金ETF，旨在反映黃金的價格表現，提供投資者一種相對方便且成本效率高的方法，以股票的形式投資黃金。GLDD持有實物黃金作為基礎資產，並通過其基金份額的買賣，反映每盎司黃金的價格變動。這款ETF常被投資者用作對沖通脹、貨幣貶值和市場波動的工具。黃金通常被視為避險資產，在市場動盪時可能表現出穩定性，但在股市強勁上漲期間，其表現可能會落後於股票和其他風險資產。

概況	
發行人	World Gold Council
品牌	SPDR
結構	ETF
費用率	0.40%
創立日期	Nov 18, 2004

ETF主題	
類別	貴金屬
資產類別	商品
商品類型	貴金屬
商品	金
商品風險	實物支持

GLD價格及成交

交易數據	
52 Week Lo	$150.57
52 Week Hi	$191.36
AUM	$51,481.9 M
股數	298.9 M

歷史交易數據	
1 個月平均量	9,212,587
3 個月平均量	6,825,302

費用率分析

GLD 費用率	ETF DB類別 平均費用率	FactSet劃分 平均費用率
0.40%	0.47%	0.36%

回報

	GLD	ETF DB類別平均	FactSet 劃分平均
1個月	2.06%	-0.22%	1.27%
3個月	-0.30%	-4.04%	-0.47%
今年迄今	7.93%	-1.22%	4.98%
1年	20.70%	12.77%	13.79%
3年	0.89%	-1.99%	0.09%
5年	9.57%	5.58%	3.94%

年度總回報（%）紀錄

年份	GLD	類別
2022	-0.77%	無
2021	-4.15%	無
2020	24.81%	無
2019	17.86%	無
2018	-1.94%	無
2017	12.81%	無
2016	8.03%	無
2015	-10.67%	無
2014	-2.19%	無
2013	-28.33%	無

風險統計數據

	3年 GLD	3年 類別平均	5年 GLD	5年 類別平均	10年 GLD	10年 類別平均
Alpha	-3.5	無	7.38	無	2.93	無
Beta值	0.13	無	0.09	無	0.19	無
平均年度回報率	0.03	無	0.81	無	0.33	無
R平方	1.95	無	1.08	無	4.02	無
標準差	14.71	無	14.29	無	13.67	無
夏普比率	-0.11	無	0.55	無	0.2	無
崔納比率	-21.64	無	79.48	無	9.8	無

股息

	GLD	ETF DB類別平均	FactSet劃分平均
股息	N/A	$0.20	$0.21
派息日期	N/A	N/A	N/A
年度股息	N/A	$0.29	$0.33
年度股息率	N/A	0.83%	1.04%

持股

N/A	Gold	100.00%

持股比較	GLD	ETF DB 類別平均	FactSet 劃分平均
持股數目	1	1	1
10大持股佔比	100.00%	95.24%	100.00%
15大持股佔比	100.00%	95.24%	100.00%
50大持股佔比	100.00%	95.24%	100.00%

IAU iShares Gold Trust

IAU是追蹤黃金現貨價格的ETF，IAU的目的是為投資者提供黃金價格表現的曝光，該基金通過持有實體黃金來達到這目標。與GLD相似，IAU提供一種相對簡單和低成本的方式來投資黃金，允許投資者在沒有直接購買、儲存和保險實物黃金的情況下，獲得黃金的經濟利益。IAU通常被用來對沖通貨膨脹、貨幣貶值風險。投資於IAU可以在金融市場出現波動時提供一定程度的保護。IAU的費用比率相對於其他類似的黃金投資工具較低的。

概況	
發行人	Blackrock Financial Mgt
品牌	iShares
結構	ETF
費用率	0.25%
創立日期	Jan 21, 2005

ETF主題	
類別	貴金屬
資產類別	商品
商品類型	貴金屬
商品	金
商品風險	實物支持

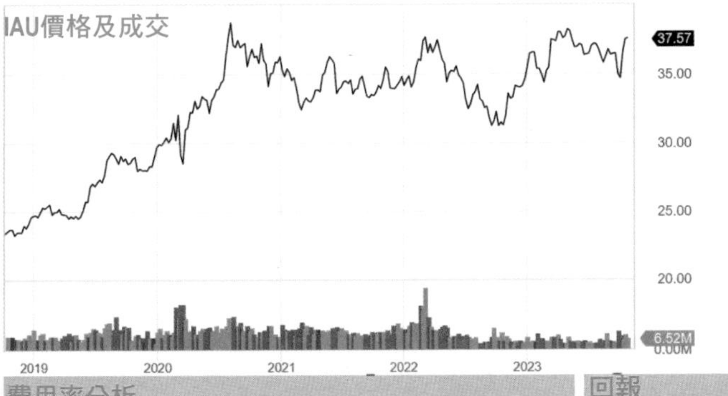

交易數據	
52 Week Lo	$30.69
52 Week Hi	$39.04
AUM	$28,111.4 M
股數	753.1 M

歷史交易數據	
1 個月平均量	7,387,317
3 個月平均量	5,631,826

費用率分析

IAU 費用率	ETF DB類別 平均費用率	FactSet劃分 平均費用率
0.25%	0.47%	0.36%

回報

	IAU	ETF DB類別平均	FactSet 劃分平均
1個月	2.05%	-0.22%	1.27%
3個月	-0.24%	-4.04%	-0.47%
今年迄今	8.04%	-1.22%	4.98%
1年	20.86%	12.77%	13.79%
3年	1.05%	-1.99%	0.09%
5年	9.72%	5.58%	3.94%

年度總回報（%）紀錄

年份	IAU	類別
2022	-0.63%	無
2021	-4.00%	無
2020	25.03%	無
2019	17.98%	無
2018	-1.76%	無
2017	12.91%	無
2016	8.31%	無
2015	-10.58%	無
2014	-2.05%	無
2013	-28.25%	無

風險統計數據

	3年 IAU	3年 類別平均	5年 IAU	5年 類別平均	10年 IAU	10年 類別平均
Alpha	-3.34	無	7.53	無	3.08	無
Beta值	0.13	無	0.09	無	0.19	無
平均年度回報率	0.04	無	0.82	無	0.34	無
R平方	1.95	無	1.08	無	4.02	無
標準差	14.71	無	14.29	無	13.67	無
夏普比率	-0.1	無	0.56	無	0.21	無
崔納比率	-20.45	無	81.37	無	10.61	無

股息

	IAU	ETF DB類別平均	FactSet劃分平均
股息	N/A	$0.17	$0.18
派息日期	N/A	N/A	N/A
年度股息	N/A	$0.26	$0.30
年度股息率	N/A	0.79%	1.02%

持股

N/A	Gold	100.00%

持股比較

	IAU	ETF DB 類別平均	FactSet 劃分平均
持股數目	1	1	1
10大持股佔比	100.00%	95.24%	100.00%
15大持股佔比	100.00%	95.24%	100.00%
50大持股佔比	100.00%	95.24%	100.00%

SLV iShares Silver Trust

SLV是是追蹤白銀現貨價格的ETF，旨在為投資者提供與白銀價格變動大致相當的投資結果，並通過持有實體白銀來達到目標。與黃金相似，白銀是貴金屬，被視為避險資產，也被用於珠寶和工業用途。SLV提供了一種方便的途徑，讓投資者能夠直接參與到白銀市場而無需實際擁有實物白銀。白銀的價格波動可能會受到多種因素的影響，包括供需關係、美元匯率波動、全球經濟狀況、利率水平以及礦產開採成本等。此外，由於其在工業中的用途，白銀的價格也可能會受到工業需求的影響。

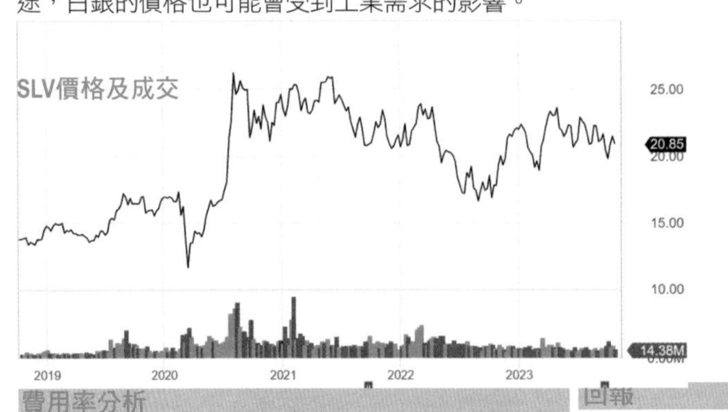

概況	
發行人	Blackrock Financial Mgt
品牌	iShares
結構	ETF
費用率	0.50%
創立日期	Apr 21, 2006

ETF主題	
類別	貴金屬
資產類別	商品
商品類型	貴金屬
商品	金
商品風險	實物支持

交易數據	
52 Week Lo	$16.91
52 Week Hi	$23.94
AUM	$10,989.0 M
股數	491.9 M

歷史交易數據	
1個月平均量	19,716,326
3個月平均量	16,212,835

費用率分析

SLV 費用率	ETF DB類別 平均費用率	FactSet劃分 平均費用率
0.50%	0.47%	0.53%

年度總回報（%）紀錄

年份	SLV	類別
2022	2.37%	無
2021	-12.45%	無
2020	47.30%	無
2019	14.88%	無
2018	-9.19%	無
2017	5.82%	無
2016	14.56%	無
2015	-12.42%	無
2014	-19.51%	無
2013	-36.30%	無

股息

	SLV	ETF DB類別平均	FactSet劃分平均
股息	N/A	$0.17	$0.17
派息日期	N/A	N/A	N/A
年度股息	N/A	$0.26	$0.17
年度股息率	N/A	0.79%	0.21%

回報

	SLV	ETF DB類別平均	FactSet 劃分平均
1個月	-0.89%	-0.22%	-0.85%
3個月	-8.18%	-4.04%	-5.84%
今年迄今	-4.13%	-1.22%	-5.27%
1年	24.10%	12.77%	11.26%
3年	-1.99%	-1.99%	-3.11%
5年	9.03%	5.58%	3.36%

風險統計數據

	3年		5年		10年	
	SLV	類別平均	SLV	類別平均	SLV	類別平均
Alpha	-6	無	7.94	無	2.91	無
Beta值	0.42	無	0.73	無	0.74	無
平均年度回報率	0.18	無	1.15	無	0.29	無
R平方	6.31	無	14.3	無	15.9	無
標準差	27.4	無	31.48	無	26.35	無
夏普比率	0	無	0.38	無	0.08	無
崔納比率	-8.17	無	10.49	無	-1.47	無

持股

N/A	Gold	100.00%

持股比較	SLV	ETF DB 類別平均	FactSet 劃分平均
持股數目	1	1	0
10大持股佔比	100.00%	95.24%	75.00%
15大持股佔比	100.00%	95.24%	75.00%
50大持股佔比	100.00%	95.24%	75.00%

GLDM SPDR Gold MiniShares Trust

GLDM是規模較小、成本較低的黃金交易所ETF，它提供投資者與黃金現貨價格表現相關的曝光。GLDM由世界上最大的資產管理公司之一的State Street Global Advisors提供。與GLD相比，GLDM的最大特點是其較低的費用和較小的份額價格，使得投資門檻更低，更適合希望以較小資本投資黃金的投資者，讓更多的投資者能夠利用黃金的傳統避險特性，對沖通脹、貨幣貶值或經濟不確定性。GLDM和其他黃金ETF一樣，通過持有實物黃金來追蹤金價，並且通常在金融市場出現波動時表現出穩定性。

概況	
發行人	World Gold Council
品牌	SPDR
結構	ETF
費用率	0.10%
創立日期	Jun 25, 2018

ETF主題	
類別	貴金屬
資產類別	商品
商品類型	貴金屬
商品	金
商品風險	實物支持

GLDM價格及成交

交易數據	
52 Week Lo	$32.12
52 Week Hi	$40.87
AUM	$5,663.7 M
股數	153.8 M

歷史交易數據	
1 個月平均量	1,713,722
3 個月平均量	1,371,030

費用率分析

GLDM 費用率	ETF DB類別 平均費用率	FactSet劃分 平均費用率
0.10%	0.47%	0.36%

回報

	GLDM	ETF DB類別平均	FactSet 劃分平均
1個月	2.11%	-0.22%	1.27%
3個月	-0.20%	-4.04%	-0.47%
今年迄今	8.23%	-1.22%	4.98%
1年	21.04%	12.77%	13.79%
3年	1.14%	-1.99%	0.09%
5年	9.84%	5.58%	3.94%

年度總回報（%）紀錄

年份	GLDM	類別
2022	-0.47%	無
2021	-4.01%	無
2020	25.10%	無
2019	18.10%	無

風險統計數據

	3年 GLDM	3年 類別平均	5年 GLDM	5年 類別平均	10年 GLDM	10年 類別平均
Alpha	-3.23	無	7.63	無	0	無
Beta值	0.13	無	0.09	無	0	無
平均年度回報率	0.05	無	0.83	無	0	無
R平方	1.94	無	1.08	無	0	無
標準差	14.71	無	14.29	無	0	無
夏普比率	-0.1	無	0.57	無	0	無
崔納比率	-19.61	無	82.51	無	0	無

股息

	GLDM	ETF DB類別平均	FactSet劃分平均
股息	N/A	$0.17	$0.18
派息日期	N/A	N/A	N/A
年度股息	N/A	$0.26	$0.30
年度股息率	N/A	0.79%	1.02%

持股

N/A	Gold	100.00%

持股比較

持股比較	GLDM	ETF DB 類別平均	FactSet 劃分平均
持股數目	1	1	1
10大持股佔比	100.00%	95.24%	100.00%
15大持股佔比	100.00%	95.24%	100.00%
50大持股佔比	100.00%	95.24%	100.00%

PDBC Invesco Optimum Yield Diversified Commodity Strategy No K-1 ETF

PDBC是旨在提供廣泛的商品市場曝露，通過投資於各種期貨合約，追蹤DBIQ Optimum Yield Diversified Commodity Index Excess Return（商品期貨指數）的表現。該基金的投資組合包括能源、貴重金屬、工業金屬和農產品等多種商品，提供對抗通貨膨脹的潛力以及非傳統資產類別的收益。PDBC的一個重要特點是不需要投資者提交美國稅務表格K-1，對某些投資者來說尤其有吸引力。商品市場具有高波動性，PDBC的價值可能會因為市場供需變化、全球經濟情況、政策決策以及自然災害等因素而劇烈波動。

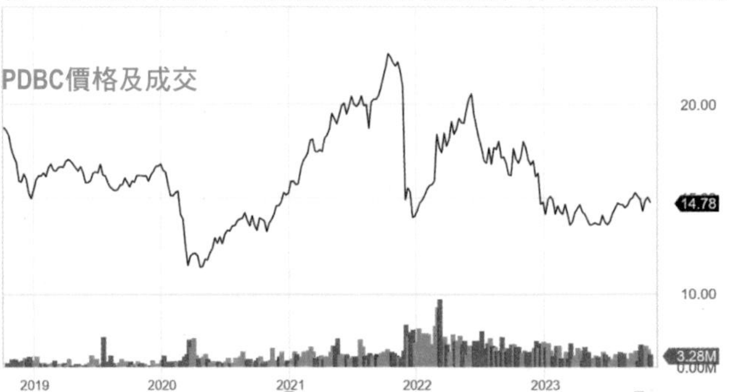

概況	
發行人	Invesco
品牌	Invesco
結構	ETF
費用率	0.59%
創立日期	Nov 07, 2014

ETF主題	
類別	商品
資產類別	商品
商品類型	多元化
商品	廣泛
商品風險	基於期貨

交易數據	
52 Week Lo	$13.21
52 Week Hi	$15.91
AUM	$5,226.5 M
股數	353.4 M

歷史交易數據	
1個月平均量	4,950,370
3個月平均量	3,881,292

年度總回報（%）紀錄

年份	PDBC	類別
2022	19.25%	無
2021	41.86%	無
2020	-7.84%	無
2019	11.44%	無
2018	-12.77%	無
2017	5.03%	無
2016	17.98%	無
2015	-26.85%	-26.94%

股息

	PDBC	ETF類別平均	FactSet劃分平均
股息	$1.93	$1.06	$1.27
派息日期	19/12/2022	N/A	N/A
年度股息	$1.93	$1.74	$1.81
年度股息率	12.71%	6.97%	7.96%

回報

	PDBC	ETF DB類別平均	FactSet 劃分平均
1個月	-0.91%	-1.31%	-1.17%
3個月	6.53%	1.16%	2.53%
今年迄今	2.64%	-2.12%	0.49%
1年	2.46%	2.58%	2.36%
3年	23.99%	12.20%	11.32%
5年	7.98%	2.17%	3.67%

費用率分析

PDBC 費用率	ETF DB類別 平均費用率	FactSet劃分 平均費用率
0.59%	0.68%	0.72%

風險統計數據

	3年		5年		10年	
	PDBC	類別平均	PDBC	類別平均	PDBC	類別平均
Alpha	6.9	-2.82	1.32	-2.23	0	-4.82
Beta值	0.99	0.89	1.08	0.94	0	1.06
平均年度回報率	1.93	-1.34	0.75	-0.83	0	-0.46
R平方	80.32	88.8	80.13	88.67	0	90.97
標準差	17.72	16.25	19.56	16.12	0	21.98
夏普比率	1.18	-0.98	0.36	-0.62	0	-0.28
崔納比率	22.06	-18.01	5.11	-11.47	0	-7.93

持股

編碼	持股	%資產
IUGXX	AIM Treasurers Series Funds Inc Premier US Government Money Portfolio Institutional	41.99%
N/A	MUTUAL FUND (OTHER)	21.12%
N/A	United States Treasury Bills 0.0% 07-DEC-2023	13.47%
N/A	United States Treasury Bills 0.0% 07-MAR-2024	13.29%
N/A	United States Treasury Bills 0.0% 24-NOV-2023	10.12%

持股比較	PDBC	ETF DB 類別平均	FactSet 劃分平均
持股數目	5	14	18
10大持股佔比	99.99%	77.63%	75.65%
15大持股佔比	99.99%	81.56%	79.79%
50大持股佔比	99.99%	85.65%	85.12%

ETF大圖鑑：100間不同類別最大的ETF

作　　者：香港財經移動研究部
出　　版：香港財經移動出版有限公司
地　　址： 香港柴灣豐業街 12 號啟力工業中心 A 座 19 樓 9 室
電　　話：（八五二）三六二零 三一一六
發　　行：一代匯集
地　　址：香港九龍大角咀塘尾道 64 號龍駒企業大廈 10 字樓 B 及 D 室
電　　話：（八五二）二七八三 八一零二
印　　刷：培基雷射分色有限公司
初　　版：二零二三年十一月
如有破損或裝訂錯誤，請寄回本社更換。

免責聲明

本書僅供一般資訊及教育之用途，並不擬作為專業建議或對任何投資計劃的具體推薦。本書的出版商、作者以及參與創作本書的任何其他人士、機構於提供的信息的準確性、可靠性、完整性或及時性不作任何陳述或保證。金融市場瞬息萬變，本書的信息隨時發生變更，我們不能保證讀者使用時是最新的。

我們已竭力提供準確的信息，對於因提供的信息中的任何錯誤、不準確之處或遺漏，或基於本書中提供的信息而採取或不採取的任何行動，我們概不負責。讀者有責任自行研究並在進行投資計劃之前自行評估核實。本書的出版商、作者對因使用本書中提供的信息而可能導致的任何損失、不便或其他損害概不負責。

PRINTED IN HONG KONG

ISBN：978-988-76533-1-8